高职高专“十三五”规划教材

钢铁材料及热处理技术

主　编　张文莉　杨朝聪
副主编　吴承玲　苏海莎

北　京
冶 金 工 业 出 版 社
2018

内 容 提 要

本书以材料科学与工程“服役条件—成分—加工工艺—组织—性能”为主线，系统地阐述了钢铁基本知识、铁碳相图、钢的热处理、钢的合金化、工程结构钢、机械结构用钢、工具钢、不锈钢、典型钢材热处理工艺和钢材缺陷及改善方法等内容。

本书可供高等职业技术院校教学使用，也可作为相关生产企业技术人员和钢材生产企业高级工培训用书。

图书在版编目(CIP)数据

钢铁材料及热处理技术/张文莉，杨朝聪主编. —北京：冶金工业出版社，2018.1

高职高专“十三五”规划教材

ISBN 978-7-5024-7728-8

Ⅰ.①钢… Ⅱ.①张… ②杨… Ⅲ.①钢—金属材料—热处理—高等职业教育—教材 ②铜—金属材料—热处理—高等职业教育—教材 Ⅳ.①TG151

中国版本图书馆 CIP 数据核字（2018）第013245号

出版人 谭学余

地　址 北京市东城区嵩祝院北巷39号 邮编 100009 电话 (010)64027926

网　址 www.cnmip.com.cn 电子信箱 yjcbs@cnmip.com.cn

责任编辑 杨盈园 陈嘉君 美术编辑 杨 帆 版式设计 禹 蕊

责任校对 郭惠兰 责任印制 牛晓波

ISBN 978-7-5024-7728-8

冶金工业出版社出版发行；各地新华书店经销；三河市双峰印刷装订有限公司印刷

2018年1月第1版，2018年1月第1次印刷

787mm×1092mm 1/16；14.5印张；350千字；220页

38.00元

冶金工业出版社 投稿电话 (010)64027932 投稿信箱 tougao@cnmip.com.cn

冶金工业出版社营销中心 电话 (010)64044283 传真 (010)64027893

冶金书店 地址 北京市东四西大街46号(100010) 电话 (010)65289081(兼传真)

冶金工业出版社天猫旗舰店 yjgycbs.tmall.com

前言

本书按照教育部高职高专人才培养目标和规划应具有的知识结构、能力结构和素质要求，以及按照普通高等学校“十三五”规划教材的各项要求，广泛征求相关企业工程技术人员的意见，其教学内容的选取、组织和案例选择更偏重立足企业生产，实现教材内容与企业标准的对接；为体现职业教育的特点，使学生既具备一定的理论知识，又具有较强的实践操作能力，遵循理论知识以够用为度的原则，讲求工作过程、实践过程的系统性和完整性，力求体现出学习过程和工作过程的一致性。注意吸收国内外先进的技术成果和生产经验，培养学生可持续发展的能力和职业迁移能力。

本书依据《钢材热处理工国家职业标准》的知识要求和技能要求，按照技能考核的需要而编写。着重体现了“以职业活动为导向，以职业技能为核心”的指导思想，以“实用、够用”为宗旨，突出职业培训特色，以技能为主线，理论为技能服务，将理论知识和操作技能有机地结合起来，培养学生了解钢铁材料的生产过程，掌握钢铁材料的组织结构、力学性能和热处理的基本知识，能够合理制订钢铁材料的热处理工艺，满足钢材的性能要求。与国内相近教材相比更突出钢材生产中的热处理过程。

在编写中力求做到“知识新、工艺新、技术新、设备新和标准新”，强调先进性；通俗易懂，覆盖面广，通用性强。在“学、做、练”中加大“做、练”的比例，提高学生的学习兴趣，通过训练获得扎实的专业基本技能。

本书由昆明冶金高等专科学校张文莉和杨朝聪担任主编，昆明冶金高等专科学校苏海莎和昆明理工大学城市学院吴承玲担任副主编。第1、2、3章由张文莉编写；第4、5、6章由杨朝聪、胡新编写；第7、8章由苏海莎、刘捷编写，第9、10章由吴承玲编写。

全书由张文莉整理定稿。本书在编写过程中引用了有关文献资料，谨向各位资料作者致以诚挚的谢意！

由于编者水平所限，书中不妥之处，恳请读者批评指正。

编者

2018年1月

目录

1 钢铁基础知识

1.1 钢材生产知识

钢铁材料是由铁、碳及硅、锰、硫、磷等杂质元素组成的金属材料，是铁和碳的合金。钢铁材料的生产过程包括炼铁、炼钢和轧钢等环节。铁矿石等原料经高炉冶炼获得生铁，高炉生铁大部分用来炼钢，少数生产铸铁件。钢是生铁经高温熔炼降低其含碳量和除去杂质后得到的。钢液除少数浇成铸钢件以外，绝大多数都浇铸成钢锭或连铸坯，经过轧制或锻压制成各种钢材（板材、型材、管材、线材等）或锻件，供加工使用。图 1-1 为钢铁材料的生产过程示意图。

1.1.1 钢铁概念

钢铁是钢和铁的总称。工业上按含碳量的多少将钢铁分为三大类：按碳的质量分数 $w(\mathrm{C})$ 可分为工业纯铁（$w(\mathrm{C})<0.0218\%$）、钢（$w(\mathrm{C})=0.0218\%\sim2.11\%$）和生铁（$w(\mathrm{C})>2.11\%$）三类。

纯铁，也称熟铁。其成分除碳和铁外还含有少量的其他元素。工业纯铁质地软，韧性好，电磁性能良好，常见有两种用途，一种作为深冲材料，冲压成极复杂形状；另一种作为电磁材料，有高的感磁性和低的抗磁性。

含碳量 2.11%~4.30%的铁碳合金称为生铁。生铁除铁和碳外，还含有硅、锰、硫和磷等。其性质较脆，几乎没有韧性，不能锻压变形和成形。按其用途可分三类：炼钢生铁（含硅量低，又称为白口铁）、铸造生铁（含硅量高，又称为灰口铁）、特殊生铁。

碳在生铁中有两种状态：石墨和碳化铁。石墨是碳的一种形态，滑润柔软，很不坚固，分散在铁中，将铁的基体割裂，破坏了铁的坚固性，这种生铁断口呈灰色，所以称灰口铁，这种生铁适合作铸件，故又叫铸造生铁；碳化铁是白色的，又硬又脆，铁会失去可塑性，这种生铁的断口呈白色，则称白口铁。这种生铁用来炼钢，故又叫炼钢生铁。

含碳量低于 2.11%的铁碳合金称为钢。实际上，钢的含碳量一般在 0.04%~1.7%，绝大部分又低于 1.4%。工业用钢除铁和碳外还含有其他元素，如硅、锰、磷、氧、氮、氢等，其中硅、锰是在冶炼钢时作为脱氧元素而加入的。一般来说，钢中含碳量越高，强度、硬度越高，而韧性越低；反之强度、硬度越低，而韧性越高。

1.1.2 钢的生产工艺

1.1.2.1 炼钢方法

炼钢是以生铁（铁水和生铁锭）和废钢为主要原料，添加熔剂（石灰石、萤石）、氧

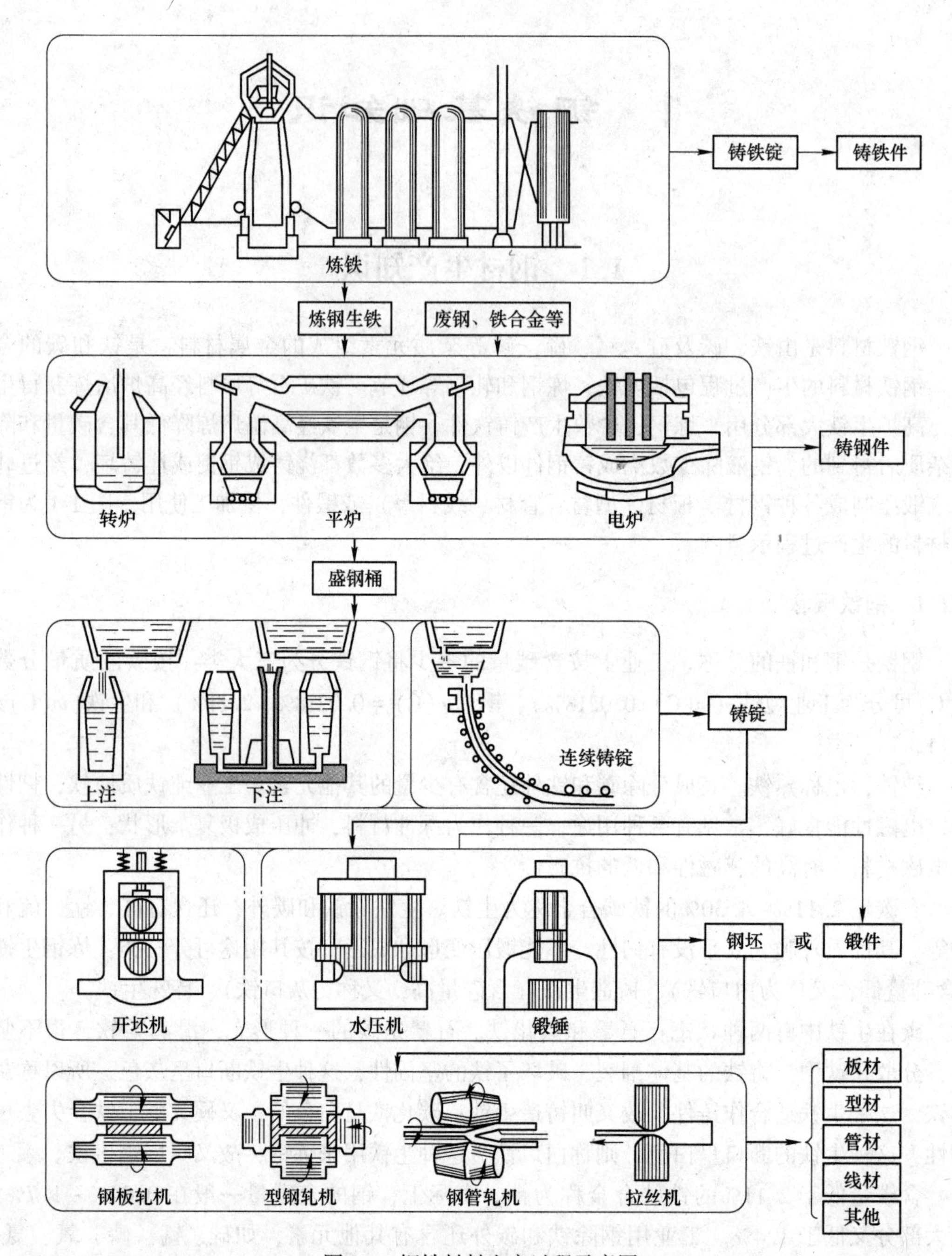

图 1-1　钢铁材料生产过程示意图

化剂（O_2、铁矿石）和脱氧剂（铝、硅铁、锰铁）等，利用氧化作用将碳及其他杂质元素减少到规定的化学成分范围内，生铁炼钢实质上是一个氧化过程。

炼出的钢水，由于在炼钢（氧化）过程中吸收了过量的氧，如不除掉，会降低钢的力学性能。因此，在炼钢最后阶段的操作中，还要用锰铁、硅铁或铝进行脱氧。这样，达到要求的化学成分和温度的钢水，用钢锭模铸成钢锭，或用连续铸钢机铸成钢坯。有许多方法，常用的炼钢方法有以下几种。

A 转炉炼钢

转炉炼钢（底吹转炉、侧吹转炉、氧气顶吹转炉等）是利用氧与铁水中的元素碳、硅、锰、磷反应放出的热量进行冶炼，不属于自热熔炼。

氧气转炉目前主要有两种形式：一种是炼钢时从上部吹氧，炉子保持不动，但在装料和出钢时可以前后转动，称氧气顶吹转炉；另一种是炼钢时从斜线方向吹氧，炉子倾斜旋转，称氧气斜吹转炉。它能处理含磷较高的生铁，炼制比较高级的钢。

氧气顶吹转炉的形状如圆筒（图 1-2），外部是用钢板制成的炉壳，里面砌有耐火砖（主要有焦油白云石、镁质砖、含镁较高的白云石砖）。炼钢的原材料主要是铁水、废钢和造渣剂（石灰、萤石等）。

冶炼时，用一支水冷喷枪将压力 $12.159\times10^5 \sim 8.106\times10^6$Pa（8~12 个大气压）、纯度 99.0%以上的氧气通过炉口喷入炉内。氧气将铁水中的硅、锰、碳、磷等迅速氧化到一定范围，并发出大量的热量，使加入的废钢（10%~20%）熔化和使钢水提高到规定的温度，杂质、氧化物与造渣剂生成炉渣，去除炉渣，得到钢水。

B 电弧炉炼钢

电弧炉炼钢是利用电能作热源来进行冶炼的，就是用电极和炉料之间放电产生电弧所发出的热能进行炼钢的（图 1-3），用供电控制炉温，造成氧化或还原性气氛，有目的地调节钢液成分达到改善钢质量要求。

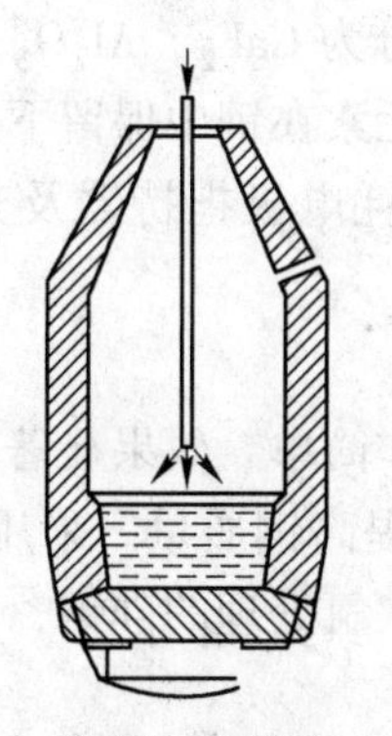

图 1-2 氧气顶吹转炉示意图

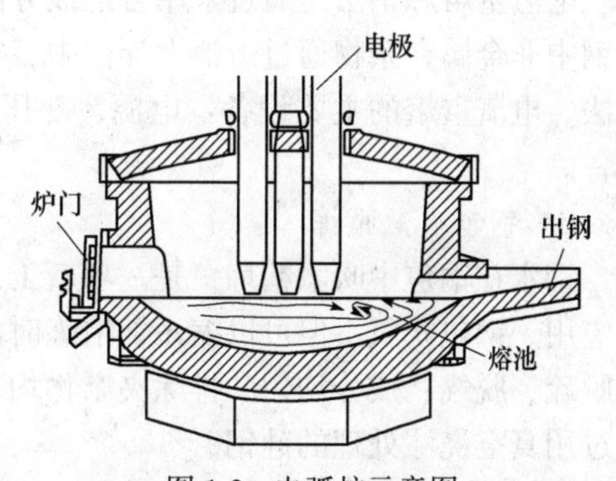

图 1-3 电弧炉示意图

电弧炉炼钢法有酸性和碱性之别。酸性炉炉衬用酸性耐火材料，采用酸性炉渣冶炼，不能去除硫、磷；碱性电弧炉，炉衬为碱性耐火材料砌筑。采用碱性渣冶炼，可以去除硫、磷等杂物。

电弧炉可全部用废钢，也可用废钢和生铁，可以冷装或部分热装。

C 感应电炉炼钢

感应电炉炼钢是利用高频电流通过原边线圈产生的交流磁场，交流磁场在负边线圈（即炉料）形成感应电流，依靠炉料本身的电阻，按照焦耳-楞次定律将电能转换成热能，用以熔炼金属。

感应电炉炼钢不用电极，可以熔炼含碳量很低的钢种；炉内又没有弧光，钢液里气体含量少；原边线圈的磁力线对钢液有搅拌作用，使钢液化学成分均匀；加速钢渣界面的反应，非金属夹杂上浮；合金元素损失少；电效率高；操作简单；炉温可准确控制。

感应炉所用原材料要求严格，钢铁料不能有锈和大量非金属杂质，硫、磷及有害金属元素含量要低。熔化后在足够的温度时才能扒渣或造新渣。应该指出：炉衬是碱性材料捣筑的，可以造碱性渣，排除钢液中硫、磷等杂质。

D　电渣炉炼钢

电渣重熔是一种钢液的精炼与铸锭同时在水冷模中进行的冶金技术。其原理是采用化学成分与所要求产的钢种同样的钢为自耗电极，自耗电极可用铸造、锻轧方法制成。冶炼原理如图 1-4 所示，当电流在自耗电极与熔渣之间通过时，利用熔渣中的电阻，将电能转化为热能，不断地把熔渣温度提高，当熔渣温度高于钢电极的熔点时，电极端部的钢便逐步形成钢的熔滴，熔滴形成后不断地坠入熔渣中，并经熔池最后聚集在水冷底板上并逐渐凝固，随着钢熔滴不断地在底板上聚集、凝固，熔池液面不断地上升。当熔渣液面与模壁接触时，便在模壁上形成连续的渣壳。自耗电极形成钢熔滴在底板上凝固成的锭达到要求时，脱锭时，渣壳因冷却收缩会破裂成小块而自动脱落，获得表面光滑的锭子。

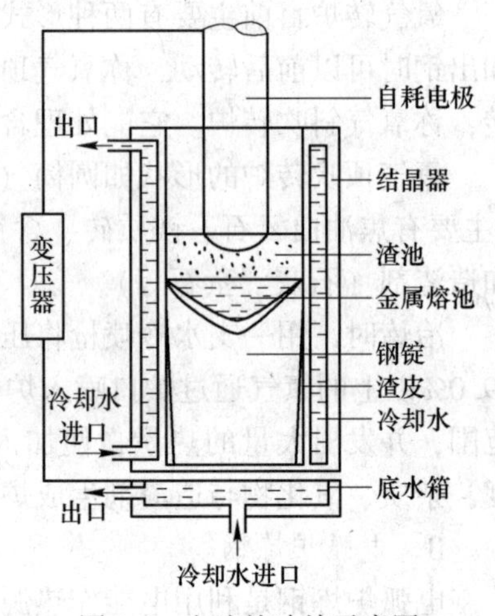

图 1-4　电渣炉冶炼示意图

电渣重熔炼钢法是通过采用合适成分的熔渣（熔渣成分为 CaF_2、Al_2O_3、少量 CaO），使钢中非金属夹杂物通过熔池上浮渣中，也可以阻止那种元素在钢中保留下来的一种精炼方法。电渣重熔的主要设备：电源、变压器、水冷模、自耗电极把持器及其运动的控制设备。

E　钢包吹氩精炼

钢水在钢包中吹氩精炼，是一项新工艺，投资少、操作简单、效果显著，广泛在钢铁上应用。钢包吹氩不但可以缩短锭冶炼时间，而且明显地提高钢质量。采用大压力吹氩，对脱硫、脱气、成分均匀和排除夹杂物均有较好效果。经吹氩处理的硅钢，电磁性能方面超过用真空浇注处理的硅钢。

吹氩精炼的钢种：不锈钢、轴承钢、高锰钢、硅钢及合金结构钢。近年来，连铸不断发展，连铸的钢水要求质量高，尤其用次废钢，往往采用钢包吹氩改善钢水质量，实现连铸。

F　钢包精炼炉

钢包精炼法，即把其他炉子熔化的钢液注入一个特殊设计的钢包中进行精炼。

钢包精炼包括在电磁搅拌作用下进行真空除气和电弧加热，在除气和加热过程中，依据熔炼的要求，可进行造渣、脱碳、脱硫、添加合金元素和终脱氧。

钢包精炼包括两个步骤：

（1）炉料熔化、氧化。可在电弧炉、转炉内进行，对冶炼过程无严格要求，充分发挥设备能力。

（2）钢包内精炼。钢包在电磁搅拌的作用下，钢液进行加热、除气、脱碳、脱硫、合金化、调整成分及温度，炼出高质量优质钢。

钢包精炼炉主要设备：钢包、钢包车；感应搅拌器和低频电源；带电极的钢包加热盖和电源；真空盖和抽气系统；电控设备及其他辅助设备。

1.1.2.2 连续铸钢

连续铸钢是20世纪60年代开始大规模用于钢铁生产的一项新技术。普通的铸锭方法，是将钢水浇注在一个一个的钢锭模内铸成钢锭，经过脱模、加热、初轧机轧成钢坯、然后再轧制成各种钢材；连续铸钢是用连续铸钢机将钢水连续铸成钢坯，省掉了钢锭模及初轧机这一套系统，使金属收得率提高，降低吨钢成本费用，更节省基建费用和生产费用。所以近20年来技术不断成熟，发展很快，其结构如图1-5所示。

连续铸钢机的形式主要有立式、立弯式、水平式、弧形和椭圆形。现场使用最普遍的仍是弧形连续铸钢机。

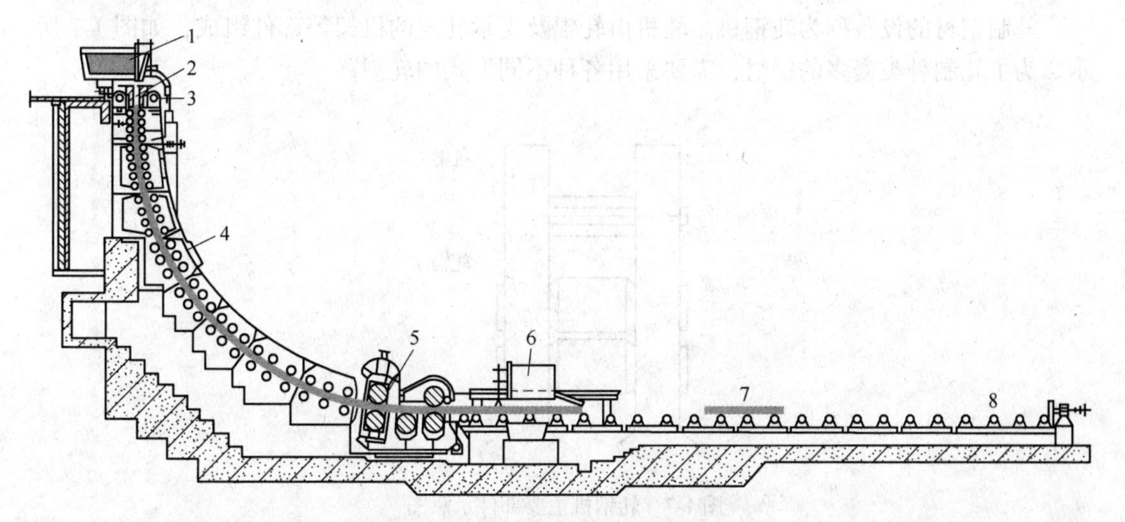

图1-5 弧形连铸机示意图

1—中间罐；2—结晶器；3—振动机构；4—二次冷却；5—拉矫机；6—切割车；7—坯料；8—辊道

1.1.2.3 轧钢

炼钢炉冶炼成钢水，浇注成钢锭或连铸坯。钢锭或连铸坯要轧成钢材才能使用。因此，轧钢生产是钢铁生产系统中的重要环节。

A 轧制

轧钢就是把钢锭或钢坯送入两个反向旋转的轧辊中碾压（见图1-6）。采用具有不同孔型的轧辊，可得到所需的各种形状的钢材。

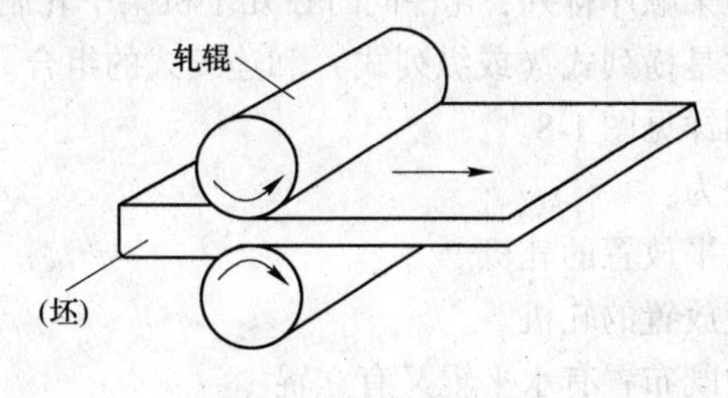

图1-6 轧制示意图

热轧和冷轧：钢锭或钢坯在常温下很硬，不易加工，加热到再结晶温度以上的轧制称为热轧。大部分钢材是采用热轧。但在高温下钢材表面产生许多氧化铁皮，使热轧材表面粗糙，尺寸波动大。对于要求表面光洁、尺寸精确、力学性能好的钢材，则采用冷轧。

冷轧是将钢锭或钢坯热轧到一定尺寸后，在冷状态下（再结晶温度以下）进行轧制。

初轧：轧制钢材的原料是钢锭。钢锭一般都很大，几吨到几十吨，必须先要进行初轧，轧成适合各种规格的半成品（方坯、扁坯、板坯等），然后再送去轧成钢材。

粗轧和精轧：钢坯轧制成钢材时，常分粗轧和精轧两步进行。粗轧阶段采用大的压下量，以减少轧制道次，提高产量。后以小的压下量进行精轧，以达到良好的表面和精确的尺寸。

B　轧钢机

轧制钢材的设备称为轧钢机。轧机由轧辊及支承轧辊的机架等部件组成，如图1-7所示。为了轧制种类繁多的钢材，需要采用各种不同形式的轧制。

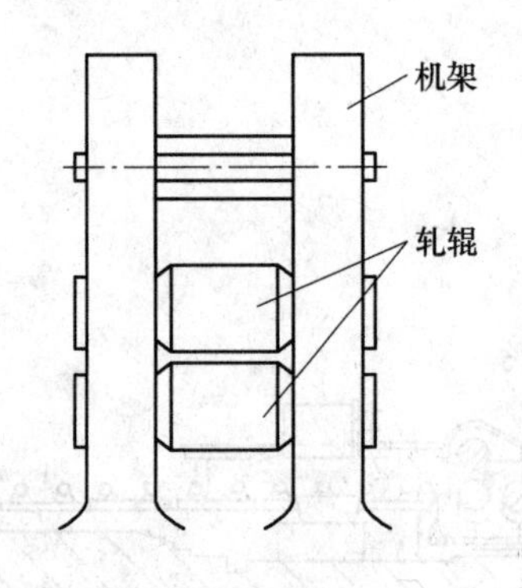

图1-7　轧钢机主要部件示意图

按轧机用途轧钢机分为：

初轧机：将钢锭轧成半成品，即方坯、扁坯。

型钢轧机：轧制型钢。

钢板轧机：轧制钢板。

按轧机排列轧钢机分为：

单机架轧机：轧件仅在一个机架中完成轧制。

横列式轧机：数个机架横列，由一电机驱动，轧件依次在各机架轧制数道或一道。

纵列式轧机：数个机架顺序排列，轧件依次在各机架中轧制一道。

连续式轧机：数个机架顺序排列，轧件同时在几个机架中轧制。

半连续式轧机：通常是横列式（或纵列式）和连续式的组合。

轧机排列方式示意图详见图1-8。

按轧辊排列轧钢机分为：

水平式轧机：轧辊水平放置的轧机。

立式轧机：轧辊垂直放置的轧机。

万能轧机：在机座中既布置有水平辊又有立辊。

斜辊轧机：轧辊倾斜放置的轧机。

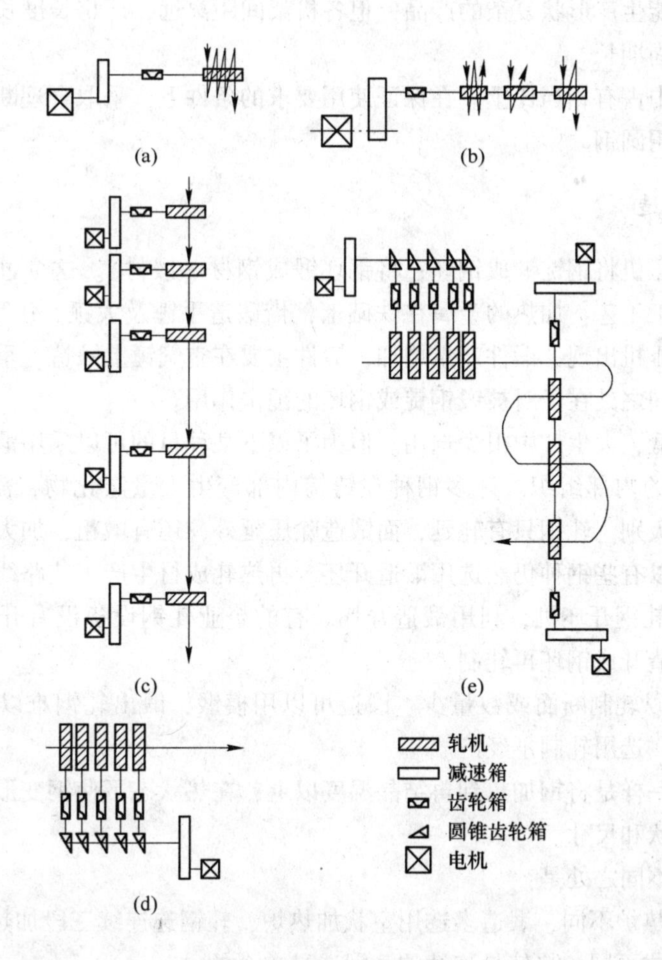

图 1-8 轧机排列方式示意图

(a) 单机架；(b) 横列式；(c) 纵列式；(d) 连续式；(e) 半连续式（型钢）

按轧辊直径轧钢机分为：

初轧机：轧辊直径 750mm 以上。

中型轧机：轧辊直径 350~650mm。

小型线材轧机 ：轧辊直径 350mm 以下，250~ 300mm。

C 型钢轧制

型钢的品种繁多，产品形状复杂。从简单断面的钢坯轧成复杂断面的钢材，需要通过不同形状的孔型，经过数道次甚至数十道次的轧制，使其逐渐变形。这些孔型分配在若干台轧机上。

中小型钢材，可采用横列式、纵列式、半连续式和连续式轧制。线材和简单断面钢材可采用横列式、半连续式、连续式轧制。

横列式轧机适合轧制复杂形状产品，基建投资少，投入生产快，但产量低，一般劳动强度大。连续式轧机适合轧制简单断面的产品，产量高，机械化自动化程度高。但轧机调整困难，难以轧制形状复杂的产品，基建投资多，建设周期长。

纵列式轧机能生产形状复杂的产品，但各机架间距离远，厂房长度长，调整不便，基建投资大，建设周期长。

型钢在轧材中占有相当比重。在保证使用要求的条件下，采取合理断面，可以节省大量金属，一般选用圆钢。

1.1.2.4 锻造

用锻锤或水压机将钢锭锻成钢坯；将钢坯锻成钢材（锻材）。这个过程统称锻造。锻造是古老金属加工工艺：加热的金属在铁砧上，借锻造手锤及大锤，用手工来锻造锻件。由于空气锤和水压机出现，锻件产量增加，锻件主要在空气锤上锻造，重型锻件在水压机上进行锻造。不同之处在于对被锻钢锭或钢坯的锤击作用。

锻造生产力低，大生产中很少选用。但为了以下某种目的可以采用锻造：

（1）改善钢的内部组织。许多钢种在铸锭内部产生大量碳化物，需要加大变形量，改善钢中碳化物级别。轧钢只有轧延，而锻造除压延外，还有墩粗，加大了变形，大大改善内部组织。所以有些钢种仍然选用锻造开坯，再热轧成材生产工艺路线。

（2）轧钢无轧钢开坯机，利用锻造开坯。有的企业轧钢设备没有开坯机，钢锭无法轧制，只好用锻造开成钢坯再轧制。

（3）轧钢难以轧制断面或数量少。锻造可以用模锻，锻出轧钢难以轧制断面。同样还有要求数量少，选用轧制不经济。

锻造与轧制一样是将钢加热到再结晶温度以上，在热状态下使钢变形，以达到钢坯和钢材所要求的形状和尺寸。

锻造和热轧不同之处是：

（1）选择加热炉不同，锻造多选用室状加热炉，轧钢选连续三段加热炉。

（2）生产方式不同，热轧是连续的；锻造是单个的。

1.1.2.5 冷拔

将热轧材经过多次冷拉，达到表面光滑、力学性能良好、尺寸稳定的钢材，这个过程称为冷拔。钢丝生产严格说，同属冷拔。冷拔材的生产过程如下：钢材—锻尖—酸洗去锈—坯火—冷拉—中间坯火—冷拉—光亮退火。

钢材冷拔在冷拔机上进行。先把钢材一端搞出一个尖来（锻尖），然后穿过冷拔机模孔，被钳住后就从这个模孔中拉过去，成了比原来更细更长的钢材。

钢材在冷拔前，必须除锈使冷拔材有光洁表面。除掉锈的方法主要是酸洗法，即用酸浸洗去锈。

为了使钢材变软变韧，利于冷拉，在冷拉前需作钢材热处理。首次钢材热处理称为还火；冷拔过程（两次冷拉之间）热处理称为中间坯火；最后一次热处理，为防止氧化脱碳，保持光亮的表面，通常在保护气体中热处理，称为光亮退火。

为进一步了解，图1-9给出了钢材生产流程示意图。

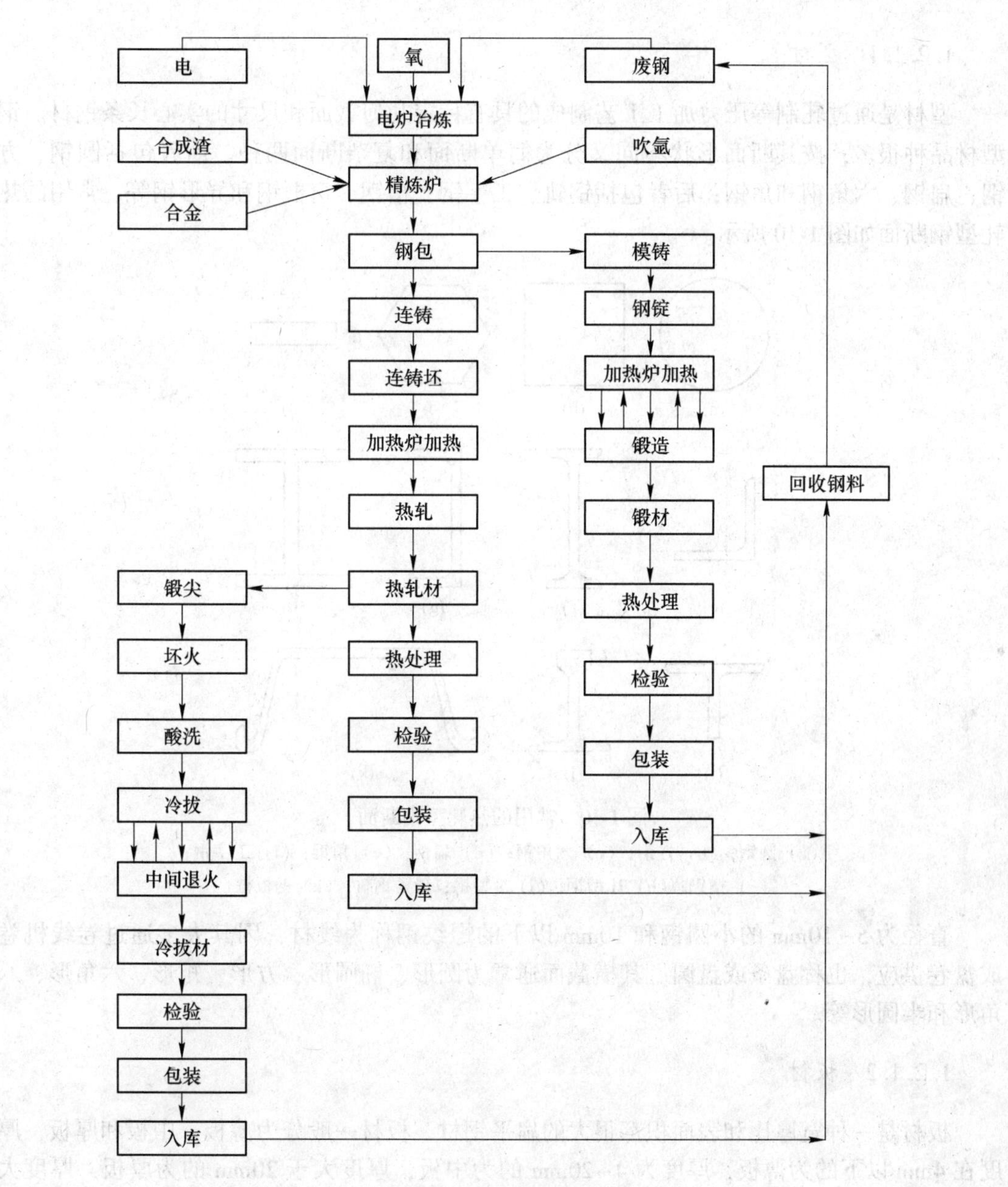

图 1-9 钢材生产流程示意图

1.2 钢材产品的种类和规格

1.2.1 钢材产品的种类

由生铁经冶炼直接得到的产品为粗钢，固体状态称为钢坯或钢锭。粗钢通过轧制、锻造、拉拔、挤压等压力加工方法加工后成为钢材。常用的钢材产品有型材、板材、管材、金属制品四大品种。

1.2.1.1　型材

型材是通过轧制等压力加工工艺制成的具有特定几何截面和尺寸的实心长条钢材。钢型材品种很多，按其断面形状不同又分为简单断面和复杂断面两种。前者包括圆钢、方钢、扁钢、六角钢和角钢；后者包括钢轨、工字钢、槽钢、窗框钢和异形钢等。常用的热轧型钢断面如图1-10所示。

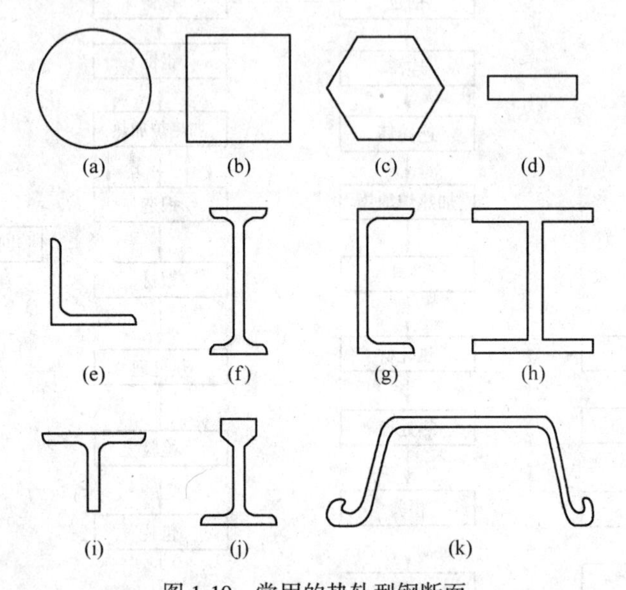

图1-10　常用的热轧型钢断面
(a) 圆钢；(b) 方钢；(c) 六角钢；(d) 扁钢；(e) 角钢；(f) 工字钢；
(g) 槽钢；(h) H型钢；(i) T型钢；(j) 钢轨；(k) 钢板桩

直径为5~10mm的小圆钢和10mm以下的螺纹钢称为线材，因其大多通过卷线机卷成盘卷供应，也称盘条或盘圆。其横截面通常为圆形、椭圆形、方形、矩形、六角形、八角形和半圆形等。

1.2.1.2　板材

板材是一种宽厚比和表面积都很大的扁平钢材。板材一般分为薄板、中板和厚板，厚度在4mm以下的为薄板，厚度为4~20mm的为中板，厚度大于20mm的为厚板，厚度大于60mm的钢板称为特厚板。薄板又分为冷轧板和热轧板两种。

宽度比较小、长度很长的钢板称为钢带，列为一个独立的品种。电工硅钢薄板也称硅钢片或矽钢片。

1.2.1.3　管材

管材是一种中空截面的长条钢材，按其截面形状不同可分圆管、方形管、六角形管和各种异形截面钢管。按加工工艺不同，钢管又可分为无缝钢管和焊接钢管两大类。

1.2.1.4　金属制品

金属制品包括钢丝、钢丝绳、钢绞线和其他制品。钢丝是用直径为6~9mm的热轧线材再经拉拔而成的，按形状不同分为圆钢丝、扁形钢丝和三角形钢丝等。

1.2.2 钢材产品的长度尺寸

钢材的长度尺寸是各种钢材最基本的尺寸，是指钢材的长、宽、高、直径、半径、内径、外径以及壁厚等数值。钢材长度的法定计量单位是米（m）、厘米（cm）、毫米（mm）。在现行习惯中，也有用英寸（in）表示的，但不是法定计量单位。

常用型钢的长度尺寸见表1-1。钢板的长度尺寸一般以厚度 d 的毫米（mm）数标定，而钢带的长度尺寸则以宽度 U 和厚度 d 的毫米（mm）数标定。钢管的长度尺寸一般以钢管的外径 D、内径和壁厚 S 的毫米（mm）数标定。

表1-1 常用型钢的长度尺寸

型钢名称	断面形状及尺寸	型钢名称	断面形状及尺寸
圆钢	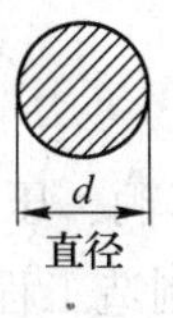 d 直径	工字钢	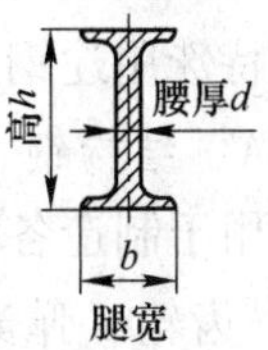 高 h 腰厚 d b 腿宽
方钢	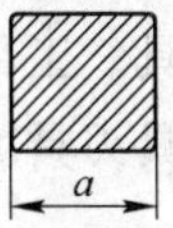 a	槽钢	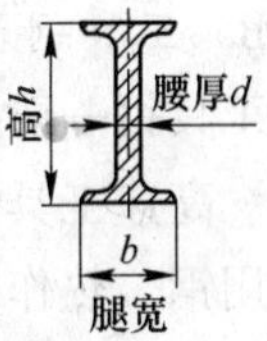 高 h 腰厚 d b 腿宽
扁钢	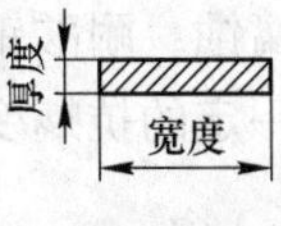 厚度 宽度	等边角钢	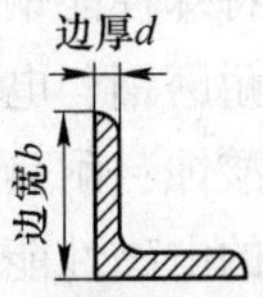 边厚 d 边宽 b
六角钢 八角钢	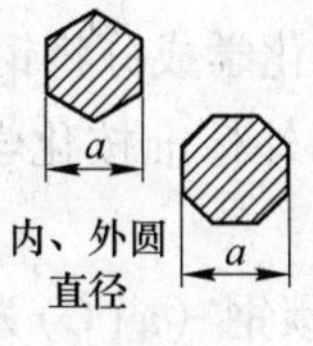 a a 内、外圆直径	不等边角钢	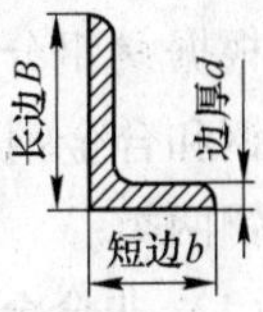 长边 B 边厚 d 短边 b

在钢材贸易中或进行工程成本核算时，经常需要计算钢材的重量。钢的密度为 7.85g/cm^3，其理论质量等于体积与密度的乘积。但在工程实践中，常采用经过推导的公式对钢材的质量进行快速计算。

每米圆钢或盘条的质量：$W = 0.006165d^2$。式中，d 为直径，mm。

每平方米钢板的质量：$W = 7.85d$。式中，d 为厚度，mm。

1.3　钢的分类和编号

钢的分类方法很多，通常按其用途、化学成分、冶炼方法和金相组织等分类。为了使用方便，多按用途分类；为了科研的需要，多按化学成分分类；为了便于管理，多按冶炼方法分类；为了检验工作的需要，多按金相组织分类。

1.3.1　钢的分类

1.3.1.1　按用途分类

按钢的用途分类是钢的主要分类方法。我国冶金行业标准（YB）和国家标准（GB）一般都是按钢的用途分类法制订标准。根据工业用钢的不同用途，可分为结构钢、工具钢、特殊用途钢三大类。

A　结构钢

用于制造各种工程结构（建筑、船舶、桥梁、车辆、压力容器等）和各种机器零件（轴、齿轮、弹簧等）的钢种称为结构钢。其中用于制造工程结构的钢又称为工程构件用钢；机器零件用钢则包括渗碳钢、调质钢、弹簧钢、滚动轴承钢等。

B　工具钢

工具钢一般用于制造刃具、量具、模具及其他工具。工具钢包括碳素工具钢、合金工具钢、高速工具钢三种。其中合金工具钢又常分为量具刃具用钢、耐冲击工具用钢、冷作模具用钢、热作模具钢、无磁模具钢和塑料模具钢等。

C　特殊性能钢

特殊性能钢是指具有某种特殊物理或化学性能的钢种。特殊性能钢包括不锈钢、耐热钢、耐磨钢、电工用钢等。不锈钢在空气中能够抗腐蚀；耐酸钢在某些化学浸蚀介质中能够抗酸蚀；耐热钢在高温下抗氧化性能好；并具有一定的抗蠕变、抗破断能力；硅钢具有良好的电磁性能，专门用于电器制造工业。

1.3.1.2　按化学成分分类

根据《钢分类》（GB/T 13304—2008）中按照化学成分将钢分为三类：非合金钢、低合金钢和合金钢。而国际标准和欧洲标准及一些国外标准按化学成分将钢分为非合金钢、合金钢两类。

（1）非合金钢：低碳钢（$w(C)<0.25\%$）、中碳钢（$w(C)$为0.25%~0.6%）、高碳钢（$w(C)\geqslant0.6\%$）；

（2）低合金钢：合金总含量低于5%；

（3）合金钢：合金总含量大于5%。中合金钢（$w(Me)$为5%~10%）、高合金钢（$w(Me)\geqslant10\%$）。

另外，根据钢中所含主要合金元素种类的不同，也可分为锰钢、铬钢、铬镍钢、硼钢等。

1.3.1.3 按显微组织分类

钢的金相组织对研究钢的相变和检验钢的质量是极为重要的。对正确选择浇注和冷却方式以及热压力加工、热处理和焊接等工艺具有重要的作用。例如，莱氏体钢不宜在过大的锭模中浇注，以防止碳化物加工破碎不够、分布不均；奥氏体钢具有较高的抗变形能力，要求热加工温度范围比较狭窄；铁素体钢要求较低的终锻或终轧温度，以防止晶粒粗大而使钢变脆；在马氏体钢热轧、热锻或焊接后，应采取缓冷措施，以降低其内应力，并消除开裂倾向。

A 按退火钢的金相组织分类

亚共析钢：其金相组织为铁素体和珠光体。

共析钢：其金相组织全部为珠光体。

过共析钢：其金相组织为珠光体和二次碳化物。

莱氏体钢：其金相组织类似铸铁，在钢的基体上分布着由液体结晶形成的合金碳化物——共晶碳化物。

B 按正火后钢的金相组织分类

按钢材正火后的金相组织可将钢分为珠光体钢、贝氏体钢、马氏体钢及奥氏体钢四种。

钢的空冷组织与钢中碳及合金元素的含量有关。一般来说，合金元素含量不高的钢属于珠光体钢。在空气中冷却时，这种钢在等温转变曲线上部的温度范围内出现奥氏体向珠光体的转变，转变组织随钢的碳含量和合金含量的不同而为铁素体和珠光体，也可能是珠光体或碳化物和珠光体。含有适量碳和能延缓奥氏体高温转变而促进中温转变的合金元素的钢，往往是贝氏体钢。金相组织一般是过饱和针状铁素体和渗碳体的混合物。如果合金元素的含量较高，以致在空冷速度下不足以发生 Ar' 转变的钢称马氏体钢，此时金相组织呈马氏体组织。如果合金含量较高，既抑制了 Ar' 的转变，又使马氏体点降低到室温以下，空冷后仍保持奥氏体组织的钢即为奥氏体钢。

C 按加热和冷却时有无相变及室温下的主要金相组织分类

铁素体钢　含碳量很低，并含有较多的能形成或稳定铁素体的元素，在任何温度下均保持铁素体组织的钢。

珠光体钢　在加热和冷却时仅发生部分 $F \rightleftharpoons A$ 相变，其余始终保持珠光体组织的钢。

半奥氏体钢　含有较多的能形成或稳定奥氏体的元素，在加热和冷却时仅发生部分 $A \rightarrow F$ 相变，其余始终保持奥氏体组织的钢。

奥氏体钢　在加热和冷却时始终保持奥氏体组织的钢。

D 按品质分类

按钢中的 P、S 等有害杂质的含量来分类，可分为：

普通质量钢：$w(P) \leqslant 0.045\%$，$w(S) \leqslant 0.050\%$；

质量钢：$w(P) \leqslant 0.035\%$，$w(S) \leqslant 0.035\%$；

优质钢：$w(P) \leqslant 0.025\%$，$w(S) \leqslant 0.025\%$；

高级优质钢：$w(P) \leqslant 0.025\%$，$w(S) \leqslant 0.015\%$。

1.3.2　钢铁产品的命名符号

《钢铁产品牌号表示方法》（GB/T 211—2008）规定了钢铁产品牌号的表示方法，以示统一和便于使用。我国钢铁产品牌号采用汉语拼音字母、化学元素符号和阿拉伯数字相结合的方法来表示。采用汉语拼音字母或英文字母表示产品名称、用途、特性和工艺方法时，一般从产品名称中选取有代表性的汉字的汉语拼音的首写字母或英文单词的首写字母。当和另一个产品所选用的字母重复时，可改，第二个字母或第三个字母，或同时选取两个汉字中的第一个汉语拼音字母，见表 1-2。

表 1-2　常用钢铁产品的名称命名符号（GB/T 211—2008）

名　称	采用的汉字及其汉语拼音		符号	位置
	汉字	汉语拼音		
铸造用生铁	铸	ZHU	Z	牌号头
冶炼用生铁	炼	LIAN	L	牌号头
碳素工具钢	屈	QU	Q	牌号头
低合金高强度结构钢	屈	QU	Q	牌号头
耐候钢	耐候	NAIHOU	NH	牌号尾
易切削钢	易	YI	Y	牌号头
碳素工具钢	碳	TAN	T	牌号头
塑料模具钢	塑模	SU MO	SM	牌号头
（滚珠）轴承钢	滚	GUN	G	牌号头
焊接用钢	焊	HAN	H	牌号头
铆螺钢	铆螺	MAO LUO	ML	牌号头
汽车大梁用钢	梁	LIANG	L	牌号尾
桥梁用钢	桥	QIAO	q	牌号尾
钢轨钢	轨	GUI	U	牌号头
锅炉用钢	锅	GUO	G	牌号尾
焊接气瓶用钢	焊瓶	HAN PING	HP	牌号尾
压力容器用钢	容	RONG	R	牌号尾
低温压力容器用钢	低容	DI RONG	DR	牌号尾
沸腾钢	沸	FEI	F	牌号尾
特殊镇静钢	特镇	TE ZHEN	TZ	牌号尾

1.3.3　钢号表示方法

1.3.3.1　碳素结构钢和低合金高强度结构钢

这两类钢采用“Q”+屈服强度数值（单位为 MPa）+质量等级+脱氧方法等符号表

示。例如碳素结构钢牌号Q235AF、Q235BZ等；低合金高强度结构钢牌号表示为Q345C、Q345D等。碳素结构钢中表示镇静钢的符号“Z”或“TZ”可以省略；低合金高强度结构钢都是镇静钢或特殊镇静钢，其牌号中没有表示脱氧方法的符号。

1.3.3.2　优质碳素结构钢

牌号用两位数字（含碳量的万分之几）+合金元素+专门用途标记。例如45钢表示钢中平均含碳量为0.45%，20g 50Mn钢含碳量约为0.70%~1.00%。

1.3.3.3　碳素工具钢

碳（T）+数字（含碳量的千分之几）+合金元素（Mn）+A（表示高级优质）。例如：T8A、T10MnA等。

1.3.3.4　合金结构钢

数字（含碳量的万分之几）+合金元素（化学元素符号）+数字（合金元素的百分之几）。例如：20MnVBA、36Mn2Si、40CrNiMo等。

1.3.3.5　合金工具钢

含碳量+合金元素+数字。含碳量≥1.0%时不标，<1.0%时用千分之几表示。例如CrMn、9Mn2V（含碳量为0.85%~0.95%）等。含铬量低时，用千分之几表示，并在数字前加0，如Cr06（平均含铬量为0.6%）。高速钢中不标含碳量，如W18Cr4V、W6Mo5Cr4V2等。

1.3.3.6　铬滚动轴承钢

滚或G+Cr+数字（含铬量的千分之几），例如：GCr15（平均含铬量为1.5%）。

1.3.3.7　不锈钢与耐热钢

数字+元素+数字。第一个数字表示含碳量的千分之几，第二个数字表示合金元素的百分之几。起重要作用的微量元素也要标出。例如：9Cr18、00Cr18Ni10（$w(C) \leq 0.03\%$）、0Cr18（$w(C) \leq 0.08\%$）等。

1.4　杂质元素对非合金钢性能的影响

《钢分类》（GB/T 13304—2008）中按照化学成分将钢分为三类：非合金钢、低合金钢和合金钢。

非合金钢是指碳的质量分数为0.0218%~2.11%的铁碳合金，俗称碳素钢，简称碳钢。

非合金钢冶炼方便、价格便宜，性能能满足一般的工程需要，其产量约占工业用钢总产量的80%。除Fe、C外，非合金钢中还含有少量Mn、Si、S、P、H、O、N等非特意加入的杂质元素，它们对钢材的性能和质量影响很大，必须严格控制在规定的范围之内。

1.4.1　锰的影响

锰在钢中作为杂质存在时，其质量分数一般均小于 0.8%，有时也可达到 1.2%。锰来自作为炼钢原料的生铁及脱氧剂（锰铁）。

在炼钢过程中，锰是良好的脱氧剂和脱硫剂。锰有很好的脱氧能力，锰与硫化合生成 MnS，可消除硫的有害作用，这些反应产物大部分进入炉渣而被除去，小部分残留于钢中成为非金属夹杂物。

在室温下，锰大部分能溶于铁素体中，对钢有一定的固溶强化作用。因此，锰在碳钢中是有益元素，但其作为常存元素少量存在时对钢的性能影响不显著。

1.4.2　硅的影响

硅在钢中作为杂质存在时，其质量分数一般均小于 0.4%，它也来自生铁与脱氧剂（硅铁）。

在室温下，硅溶入铁素体中起固溶强化作用，从而提高了热轧钢材的强度、硬度和弹性极限，但会降低其塑性、韧性。硅的脱氧作用比锰强，可以消除 FeO 夹杂对钢的有害作用。

因此，硅在碳钢中也是有益元素，但其作为常存元素少量存在时对钢的性能影响不显著。

1.4.3　硫的影响

硫是由生铁及燃料带入钢中的杂质。

在固态下，硫在铁中的溶解度极小，主要以 FeS 形态存在于钢中，由于 FeS 的塑性差，使含硫较多的钢脆性较大。更严重的是，FeS 与 Fe 可形成低熔点（985℃）的共晶体（FeS+Fe），分布在奥氏体的晶界上。将钢加热到 1000～1200℃进行热压力加工时，低熔点的共晶体已经熔化，晶粒间结合被破坏，导致钢材在加工过程中沿晶界开裂，这种现象称为钢的热脆。

为了消除硫的有害作用，必须增加钢中的含锰量。Mn 与 S 优先形成高熔点（1620℃）的 MnS，并呈粒状分布于晶粒内，它在高温下具有一定的塑性，从而避免了热脆性。

硫对钢的焊接性也有不良影响，它不但会导致焊缝产生热裂，而且硫在焊接过程中容易生成 SO_2 气体，从而使焊缝产生气孔和疏松。

因此，通常情况下硫是有害元素，在钢中要严格限制硫的含量，通常要求硫的质量分数小于 0.050%。但含硫量较多的钢可形成较多的 MnS，在切削加工中，MnS 能起断屑作用，改善了钢的可加工性，这是硫有利的一面。

1.4.4　磷的影响

磷由生铁带入钢中，在一般情况下，钢中的磷能全部溶于铁素体中。

磷有强烈的固溶强化作用，可使钢的强度、硬度增加，但塑性、韧性则显著降低。这种量化现象在低温时更为严重，故称为冷脆。冷脆对在高寒地带和其他低温条件下工作的结构具有严重的危害性，一般希望冷脆转变温度低于工件的工作温度，以免发生冷脆。而磷在结晶过程中容易产生晶内偏析，使局部含磷量偏高，导致冷脆转变温度升高，从而易发生冷脆。此外，磷的偏析还会使钢材在热轧后形成带状组织。

因此，磷也是有害的杂质。在钢中也要严格控制磷的含量，通常要求钢中磷的质量分数小于0.045%。但含磷量较多时，由于脆性较大，在制造炮弹钢以及改善钢的可加工性方面是有利的。此外，磷还可以提高钢在大气中的耐蚀性，特别是钢中同时含有铜的情况下，这种效果更加显著。

1.4.5 氮、氧、氢的影响

大部分钢在整个冶炼过程中都与空气接触，因而钢液中总会吸收一些气体，如氮、氯、氢等，它们对钢的质量都会产生不良影响。

室温下氮在铁素体中的溶解度很低，钢中的过饱和N在常温放置过程中会以Fe_2N、FeN的形式析出而使钢变脆，称为时效脆化。在钢中加入Ti、V、Al等元素可使氮被固定在氮化物中，从而消除时效倾向。

氧在钢中主要以氧化物夹杂的形式存在，氧化物夹杂与基体的结合力弱，不易变形，易成为疲劳裂纹源。

氢对钢的危害性更大，主要表现为氢脆。常温下氢在钢中的溶解度很低，原子态的过饱和氢将降低钢的韧性，引起氢脆。当氢在缺陷处以分子态析出时，会产生很高的内压，形成微裂纹，这将严重影响钢的力学性能，使钢易于脆断。这种裂纹在横断面宏观磨片上腐蚀后呈现为毛细裂纹，故又称发裂；在纵向断面上，裂纹呈现近似圆形或椭圆形的银白色斑点故称白点。

1.4.6 非金属夹杂物的影响

非金属夹杂物是指在金属冶炼和浇注过程中产生或混入的，与金属基体成分和结构都不同的非金属化合物。钢中的非金属夹杂物是由于炉料带入，炉渣、耐火材料浸蚀剥落及冶炼中的反应物熔入钢液中形成的，常见的有氧化物、硫化物和硅酸盐等，非金属夹杂物破坏了金属基体的连续性，加大了组织的不均匀性，严重影响了金属的各种性能。例如，钢中的非金属夹杂物导致应力集中，引起疲劳断裂数量多且分布不均匀的夹杂物会使材料具有各向异性，明显降低金属的塑性、韧性、焊接性以及耐蚀性，钢中呈网状存在的硫化物会造成热脆性。因此，夹杂物的数量和分布是评定钢材质量的一个重要指标，并且被列为优质钢和高级优质钢出厂的常规检测项目之一。

1.5 非合金钢、低合金钢和合金钢的分类

1.5.1 非合金钢的分类

1.5.1.1 按碳的质量分数分类

按钢中碳的质量分数高低，可将非合金钢分为低碳钢（$w(C)<0.25\%$）、中碳钢（$0.25\%\leqslant w(C)<0.60\%$）和高碳钢（$w(C)\geqslant 0.60\%$）。

1.5.1.2　按主要质量等级分类

根据钢中硫和磷等杂质含量、微量残存元素含量、非金属夹杂物含量、碳含量的波动范围、低温韧性、屈服强度的控制程度不同，非合金钢可分为普通质量非合金钢、优质非合金钢和特殊质量非合金钢。

1.5.1.3　按用途分类

（1）碳素结构钢主要用于各种工程构件，如桥梁、船舶、建筑构件等，也可用于不大重要的零件。这类钢的碳含量较低，一般属于低碳钢系列。

（2）优质碳素结构钢主要用于制造各种机器零件，如轴、齿轮、弹簧、连杆等。这类钢一般为低、中碳钢系列。

（3）碳素工具钢主要用于制造各类刃具、量具和模具。这类钢的碳含量较高，属于高碳钢系列。

（4）一般工程用铸造碳素钢主要用于制造形状复杂且需要具有一定强度、塑性和韧性的零件。

在给钢产品命名时，为了能充分反映它的本质属性，往往把用途、成分和质量这三种分类方法结合起来，从而将钢命名为碳素结构钢、优质碳素钢结构钢、碳素工具钢以及高级优质碳素工具钢等。

1.5.2　低合金钢和合金钢

1.5.2.1　低合金钢和合金钢的定义

随着科学技术和工业的发展，对材料提出了更高的要求，如更高的强度，更高的耐高温性、耐低温性、耐蚀性、耐磨性以及其他特殊的物理、化学性能。

非合金钢虽然具有较好的力学性能和工艺性能，并且产量大、价格低，在机械工程上应用十分广泛，但其也有明显的不足，如强度级别低、淬透性较低、耐回火性差、无特殊性能等。

为了改善钢的性能，在非合金钢的基础上，有意添加某些合金元素所冶炼而成的钢称为低合金钢或合金钢。

与非合金钢相比，低合金钢和合金钢用量（按重量计）虽少，但种类繁多，工程意义重大。

1.5.2.2　钢中常用的合金元素

在低合金钢与合金钢中，常用的合金元素有硅、锰、铬、镍、钼、钨、钒、钛、铌、锆、钴、铝、铜、硼、稀土等。磷、硫、氮等在某些情况下也起合金元素的作用。

合金元素在钢中主要以两种形式存在：一种是溶解于非合金钢原有的相中，如铁素体、奥氏体或马氏体中；另一种是与碳形成化合物，生成一些非合金钢中所没有的新相。

钢的合金化是对其改性的基本途径之一。合金化思想的基本原则是：一要考虑合金元素对钢性能的影响；二要考虑合金元素的资源情况。

1.5.2.3　低合金钢和合金钢的分类

低合金钢和合金钢的种类繁多，为了便于生产、使用和研究，可以按照合金元素含量、用途、金相组织等对其进行分类。

A　按合金元素分类

习惯上按合金元素的含量（质量分数）将钢分为低合金钢（合金元素总量<5%）、中合金钢（合金元素总量为5%~10%）和高合金钢（合金元素总量>10%）三类。

按主要合金元素的种类，低合金钢和合金钢可分为锰钢、铬钢、硼钢、铬镍钢、硅锰钢等。

B　按用途分类

低合金钢和合金钢按用途可分为合金结构钢、合金工具钢和特殊性能钢三大类。合金结构钢又分为工程结构用钢和机械结构用钢。工程结构用钢包括建筑工程用钢、桥梁工程用钢、船舶及海洋工程用钢和车辆工程用钢等。机械结构用钢包括调质钢、弹簧钢、滚动轴承钢、渗碳钢和渗氮钢等。这类钢一般属于低、中合金钢。

合金工具钢分为刃具钢、量具钢、模具钢，主要用于制造各种刃具、模具和量具。这类钢除模具钢中包含中碳合金钢外，一般多属于高碳合金钢。

特殊性能钢分为不锈钢、耐热钢、耐磨钢等。这类钢主要用于各种特殊要求的场合，如化学工业用的不锈耐酸钢、核电站用的耐热钢等。

C　按金相组织分类

按钢退火态的金相组织可分为亚共析钢、共析钢、过共析钢三种。

按钢正火态的金相组织可分为珠光体钢、贝氏体钢、马氏体钢、奥氏体钢和铁素体钢等。

习　题

1-1 硫和磷在钢中有哪些危害，如何消除？

1-2 常用的非合金钢有哪些种类？

1-3 有一垛热轧板规格为 10mm×1250mm×4000mm，张数为 100 张，求其板垛重量。（钢的密度 $7850kg/m^3$。）

1-4 有一钢卷内径 600mm、外径 1m、宽 1.2m，求该钢卷总重量 G。（钢的密度为 $7850kg/m^3$。）

2 铁碳合金相图

铁碳合金相图是研究铁碳合金的工具，是研究钢铁材料成分、温度、组织和性能之间关系的理论基础，是制定钢铁铸造、锻压、焊接、热处理等热加工工艺的重要依据。

钢铁是工程中应用最广泛的金属材料，虽然钢铁的成分各不相同、品种繁多，但都是以铁与碳两种元素为主所组成的合金。因此，研究铁碳合金的组织结构和性能变化规律，对掌握钢铁的组织、性能及应用具有重要意义。

2.1 铁碳合金的组元和基本相

Fe 和 Fe_3C 是组成 Fe-Fe_3C 相图的两个基本组元。在 Fe-Fe_3C 二元合金系中，由于铁和碳之间相互作用不同，铁与碳既可形成固溶体，也可形成金属化合物。

碳溶解于体心立方晶格的 α-Fe 中所形成的间隙固溶体称为铁素体；碳溶解于面心立方晶格 γ-Fe 中形成的间隙固溶体称为奥氏体；碳与铁形成的间隙化合物称为渗碳体。铁素体、奥氏体和渗碳体是铁碳合金的三个基本相。

2.1.1 铁的同素异晶转变

铁是元素周期表上的第 26 个元素，相对原子质量为 55.85，属于过渡族元素。熔点为 1538℃，2738℃ 气化。在 20℃时的密度为 7.87g/cm^3。

图 2-1 是铁的冷却曲线。由图可以看出，纯铁具有同素异构转变，常压下纯铁的同素异构转变可表示如下：

铁在 1538℃ 结晶为 δ-Fe，它具有体心立方晶格。当温度继续冷却至 1394℃时，δ-Fe 转变为面心立方晶格的 γ-Fe，当温度继续降至 912℃时，面心立方晶格的 γ-Fe 又转变为体心立方晶格的 α-Fe，在 912℃以下，铁的结构不再发生变化，这样一来，铁就具有三种同素异晶状态 δ- Fe、γ-Fe 和 α- Fe。铁的多晶型转变具有很大的实际意义，它是钢的合金化和热处理的基础。

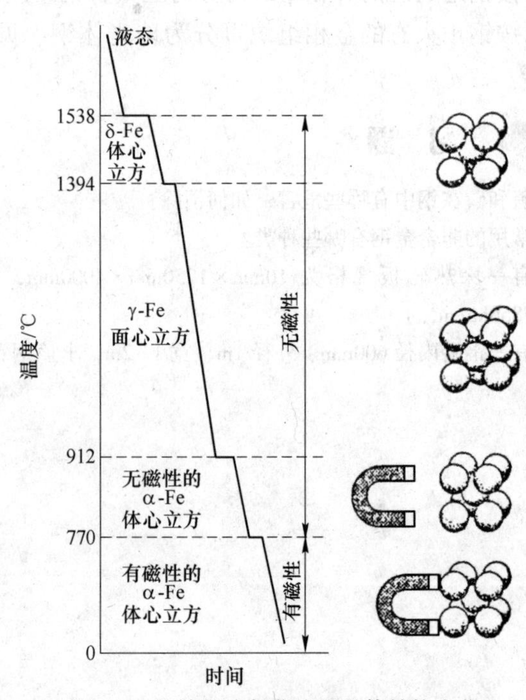

图 2-1　纯铁的冷却曲线及晶体结构变化

α-Fe　→　γ-Fe　→　δ-Fe

（体心立方）912℃（面心立方）1394℃（体心立方）

2.1.2 铁素体

铁素体是碳溶于α-Fe中形成的间隙固溶体，具有体心立方晶格如图2-2（a）所示，常用符号“α”或“F”表示。

由于体心立方晶格的间隙很小，故溶碳能力极弱。在727℃时，α-Fe的最大溶碳量为0.0218%，随温度的下降，其溶碳量逐渐减少，在室温时溶碳量仅为0.0008%。铁素体显微组织如图2-2（b）所示。铁素体在室温时的性能与纯铁相似，其强度、硬度低，塑性、韧性高，在770℃以下具有铁磁性。

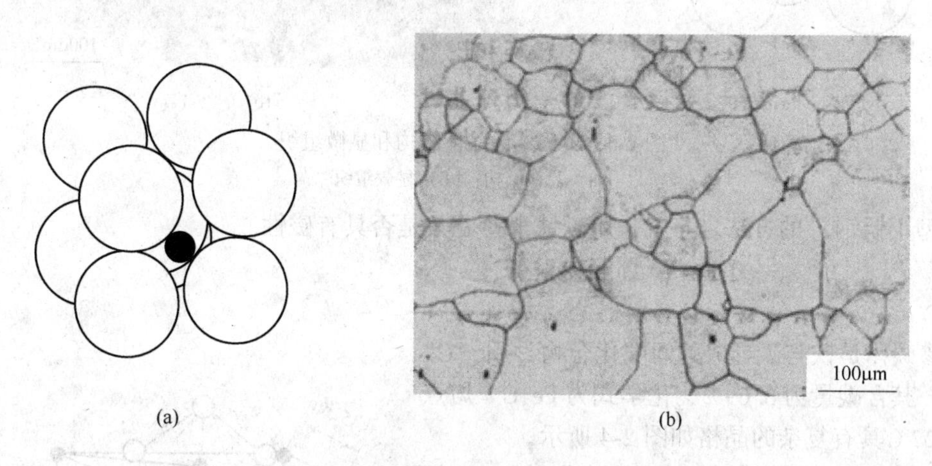

图2-2 铁素体的晶体结构和显微组织
（a）晶体结构；（b）显微组织

体心立方晶格的Fe存在于低于912℃和1394~1538℃的两个温度范围，故铁素体有两种：

（1）α铁素体或低温铁素体，碳溶解于912℃以下α-Fe中所形成的间隙固溶体；

（2）δ铁素体或高温铁素体，C溶解于1394℃以上δ-Fe中所形成的间隙固溶体。

2.1.3 奥氏体

奥氏体是碳溶于γ-Fe中形成的间隙固溶体，具有面心立方晶格如图2-3（a）所示，常用符号“γ”或“A”表示。

由于面心立方晶格的间隙较大，故γ-Fe的溶碳能力较α-Fe大。在1148℃时，γ-Fe的溶碳量最大，为2.11%；随着温度下降，其溶碳量逐渐减少，在727℃时为0.77%。

在普通的铁碳合金中，奥氏体是一种高温相，它只在727~1495℃范围内存在。奥氏体的显微组织如图2-3（b）所示，其晶粒呈多边形，与铁素体的显微组织近似，但晶粒边界较铁素体平直，且晶粒内常有孪晶出现。

奥氏体的强度、硬度较低，塑性、韧性好，其硬度（HBW）为110~220，断后伸长率为40%~50%，所以奥氏体是硬度较低而塑性较高的相，易于进行压力加工。因此，在锻造、轧制时，常将钢加热到奥氏体状态，以提高其塑性，所谓“趁热打铁”就是这个道理。

与铁素体不同，奥氏体不呈现铁磁性而呈顺磁性，在生活中分辨奥氏体不锈钢（如

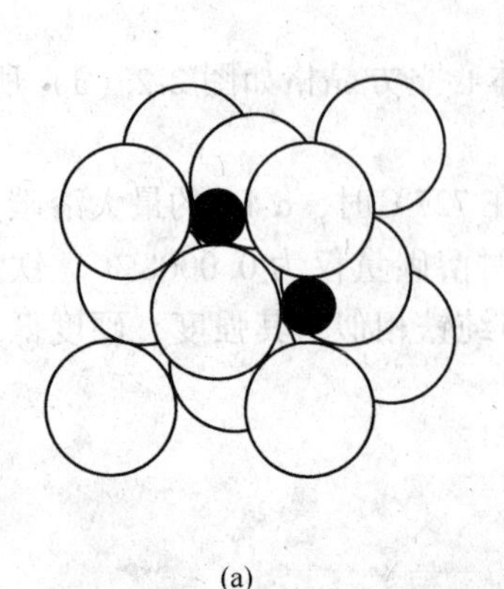

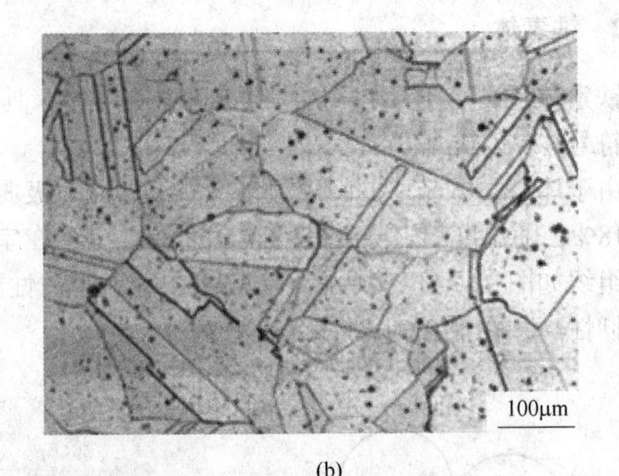

(a)　　(b)

图 2-3　奥氏体的晶体结构和显微组织

（a）晶体结构；（b）显微组织

18-8 型不锈钢）的方法之一就是用磁铁来检验其是否具有磁性。

2.1.4　渗碳体

渗碳体是铁与碳形成的间隙化合物，用“C”表示。其含碳量为 6.69%，化学式为 Fe_3C。熔点为 1227℃具有复杂的晶格如图 2-4 所示。

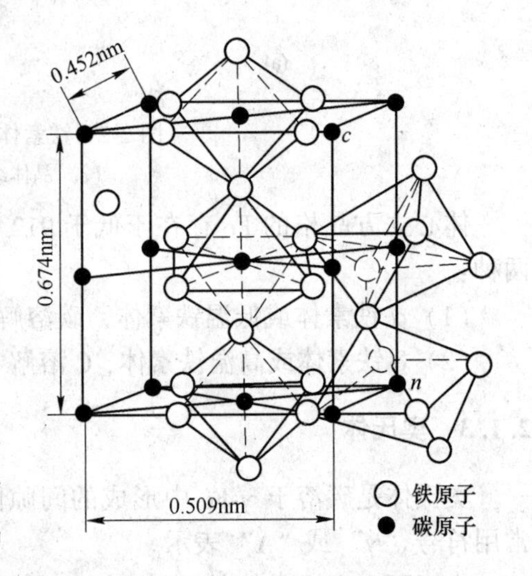

图 2-4　Fe_3C 的晶体结构

渗碳体的硬度（HV）很高，约为 800，塑性极低，是一种硬而脆的相。渗碳体不容易被硝酸酒精溶液腐蚀，在显微镜下观察呈白色，但能用碱性苦味酸钠浸蚀成黑色。渗碳体在铁碳合金中形态不一，可以呈片状、粒状、网状或板条状，其形态、大小及分布对钢的性能有很大的影响，是钢中的主要强化相。

综上所述，在铁碳合金中共有三种相：铁素体、奥氏体和渗碳体。但奥氏体一般仅存在于高温下，所以室温下所有的铁碳合金中只有两种相：铁素体和渗碳体。由于铁素体中碳的质量分数非常小，所以碳在铁碳合金中主要以渗碳体的形式存在，这一点是十分重要的。铁碳合金基本相的种类和性能见表 2-1。

表 2-1　铁碳合金基本相的种类和性能

名称	符号	R_m/MPa	硬度	A/%	KV/J
铁素体	F	230	HBW 80	50	160
奥氏体	A	400	HBW 220	50	/
渗碳体	Fe_3C	30	HV 800	~0	~0

2.2 铁碳合金相图

铁和碳可以形成 Fe_3C、Fe_2、FeC 等一系列化合物。由于 $w(C)>5\%$的铁碳合金脆性大，没有实用价值，且 $Fe_3C(w(C)=6.69\%)$ 又是一种稳定的化合物，可以作为一个独立的组元看待，因此铁碳合金相图实质上就是 Fe-Fe_3C 相图，如图 2-5 所示。

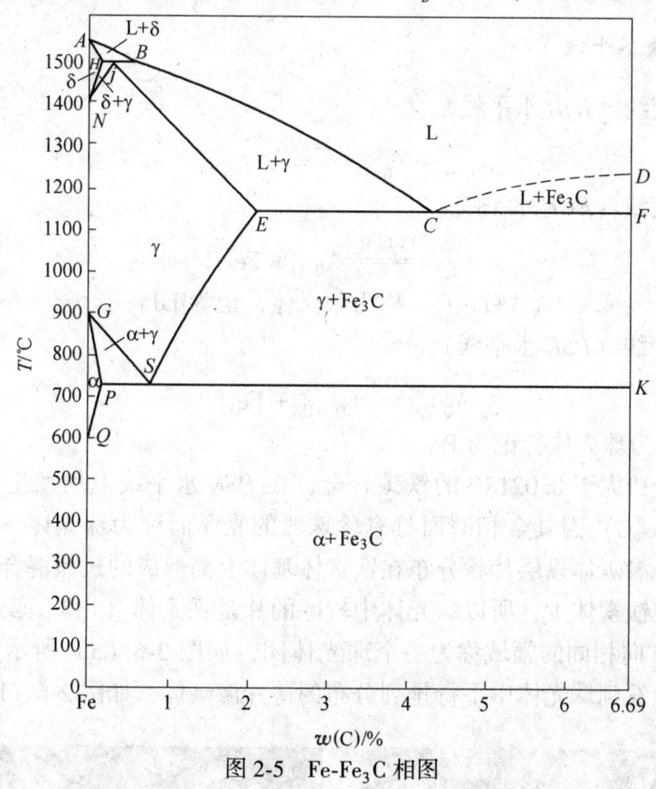

图 2-5 Fe-Fe_3C 相图

2.2.1 相图中的主要特性点

Fe-Fe_3C 相图中特性点的符号是国际通用的，不能随意更改。Fe-Fe_3C 相图中各特性点的温度、碳的质量分数及意义见表 2-2。

表 2-2 铁碳合金相图中的特性点

符号	T/℃	w(C)/%	说 明	符号	T/℃	w(C)/%	说 明
A	1538	0	纯铁的熔点	J	1495	0.17	包晶点
B	1495	0.53	包晶转变时液态合金的成分	K	727	6.69	共析渗碳体的成分
C	1148	4.3	共晶点	M	770	0	纯铁的磁性转变温度
D	1227	6.69	渗碳体的熔点	N	1394	0	γ-Fe⇌δ-Fe 同素异晶转变点
E	1148	2.11	碳在 γ-Fe 中的最大溶解度	P	727	0.0218	碳在 α-Fe 中的最大溶解度
F	1148	6.69	共晶渗碳体的成分	S	727	0.77	共析点
G	912	0	α-Fe⇌γ-Fe 同素异晶转变点	Q	600	0.0057	600℃时碳在 α-Fe 中的溶解度
H	1495	0.09	碳在 δ-Fe 中的最大溶解度				

2.2.2 相图中的特性线

2.2.2.1 相变线

(1) 液相线（*ABCD*）。

(2) 固相线（*AHJECF*）。

2.2.2.2 三条水平线

(1) 包晶转变线（*HJB* 水平线）。

$$\delta_{0.09} + L_{0.53} \xrightleftharpoons{1495℃} A_{0.17}$$

(2) 共晶转变线（*ECF* 水平线）。

$$L_{4.3} \xrightleftharpoons{1148℃} A_{2.11} + Fe_3C$$

（$A+Fe_3C$）称为莱氏体，记为 Ld。

(3) 共析转变线（*PSK* 水平线）。

$$A_{0.77} \xrightleftharpoons{727℃} F_{0.0218} + Fe_3C$$

（$F+Fe_3C$）称为珠光体，记为 P。

凡碳的质量分数大于 0.0218%的铁碳合金，在 *PSK* 水平线上均发生共析转变。共析转变的产物（$F+Fe_3C$）因其金相磨面具有珍珠般的光泽而称为珠光体，用符号“P”表示。珠光体一般是渗碳体以层片状分布在铁素体基体上而形成的机械混合物。由于珠光体中渗碳体的数量较铁素体少，所以珠光体中较厚的片是铁素体（白），较薄的片是渗碳体（黑），片层排列方向相同的领域称为一个珠光体团，如图 2-6（a）所示。当放大倍数较高时，可以清晰地看到珠光体中平行排列分布的薄片渗碳体，如图 2-6（b）所示。

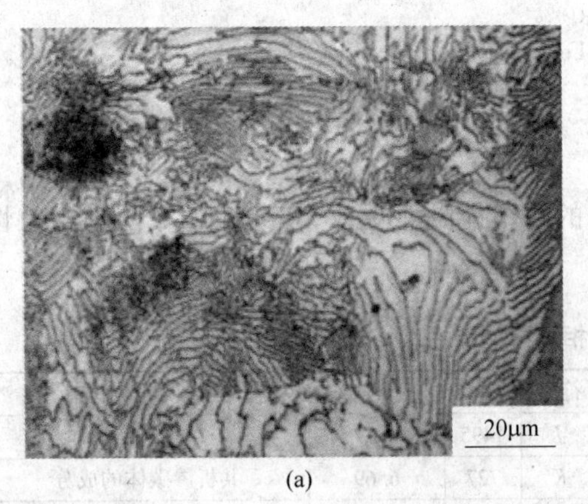

(a)

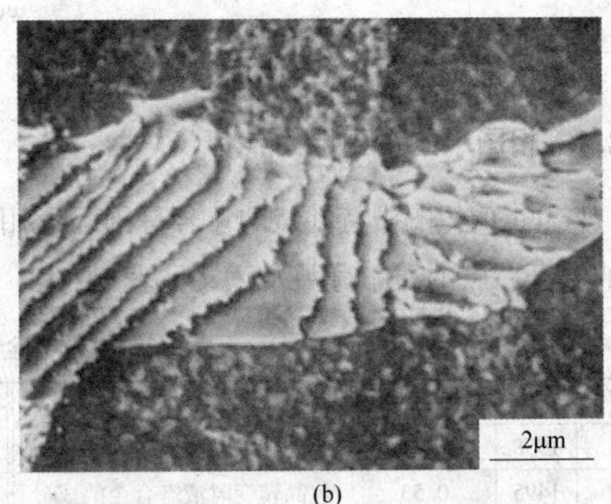

(b)

图 2-6 珠光体的显微组织

（a）光学显微镜；（b）扫描电镜（SEM）

2.2.2.3 两条固溶度曲线

(1) *ES* 为碳在奥氏体中的固溶度曲线。

1148℃：$w(C)$ 为 2.11%；

727℃：$w(C)$ 为 0.77%。

溶解度随温度的下降而下降。$w(C) > 0.77\%$的铁碳合金，从1148℃降至727℃时$A \rightarrow Fe_3C_{II}$。

（2）*PQ* 为碳在铁素体中的溶解度曲线。

727℃：$w(C)$ 为 0.0218%；

600℃：$w(C)$ 为 0.0057%；

室温：$w(C)$ 为 0.0008%。

当温度从727℃降至室温时 $F \rightarrow Fe_3C_{III}$。

铁碳合金相图中的特性线及其含义归纳于表 2-3 中。

表 2-3　铁碳合金相图中的特性线

特性线	性　质
ABCD	铁碳合金的液相线
AHJECF	铁碳合金的固相线
HN	碳在 δ-Fe 中的溶解度曲线
JN	δ 固溶体向奥氏体转变终了温度线（A_4）
GS	奥氏体向铁素体转变开始温度线
PQ	奥氏体向铁素体转变终了温度线
ES	碳在奥氏体中的溶解度曲线
HJB	包晶转变线 $\delta_{0.09} + L_{0.53} \rightleftharpoons A_{0.17}$
ECF	共晶转变线 $L_{4.3} \rightleftharpoons A_{2.11} + Fe_3C$
PSK	共析转变线 $A_{0.77} \rightleftharpoons F_{0.0218} + Fe_3C$
MO	铁素体的磁性转变线
230℃水平点划线	渗碳体的磁性转变线

2.2.3　铁碳合金相图中的相区

相图中有四个单相区，分别是：液相区（*ABCD* 线以上）、δ 固溶体区（*AHNA*）、奥氏体区（*NJESGN*）、铁素体区（*GPQG*）。

有七个两相区（分别存在于两个相邻的单相区之间），即：L+δ、L+A、L+ Fe_3C、δ+A、A+F、A+ Fe_3C、F+ Fe_3C。

2.3　铁碳合金的平衡结晶及组织

2.3.1　铁碳合金的分类

根据碳含量及室温组织的不同，铁碳合金可分为工业纯铁、钢和白口铸铁三类，典型铁碳合金的成分与室温组织如表 2-4 所示。

表 2-4 典型铁碳合金的成分与室温组织

种 类	名 称	含碳量/%	室温组织
工业纯铁	工业纯铁	<0.0218	F+ $Fe_3C_{Ⅲ}$
钢	亚共析钢	0.0218~0.77	F+P
	共析钢	0.77	P
	过共析钢	0.77~2.11	P+$Fe_3C_{Ⅱ}$
白口铸铁	亚共晶白口铸铁	2.11~4.3	P+ $Fe_3C_{Ⅱ}$ + Ld′
	共晶白口铸铁	4.3	Ld′
	过共晶白口铸铁	4.3~6.69	$Fe_3C_{Ⅰ}$ + Ld′

2.3.2 铁碳合金的平衡结晶和室温组织

铁碳合金相图的重要用途是分析合金的平衡结晶过程及室温平衡组织，下面选取几种典型的铁碳合金进行分析，图 2-7 所示为选取的典型铁碳合金在相图中的位置。

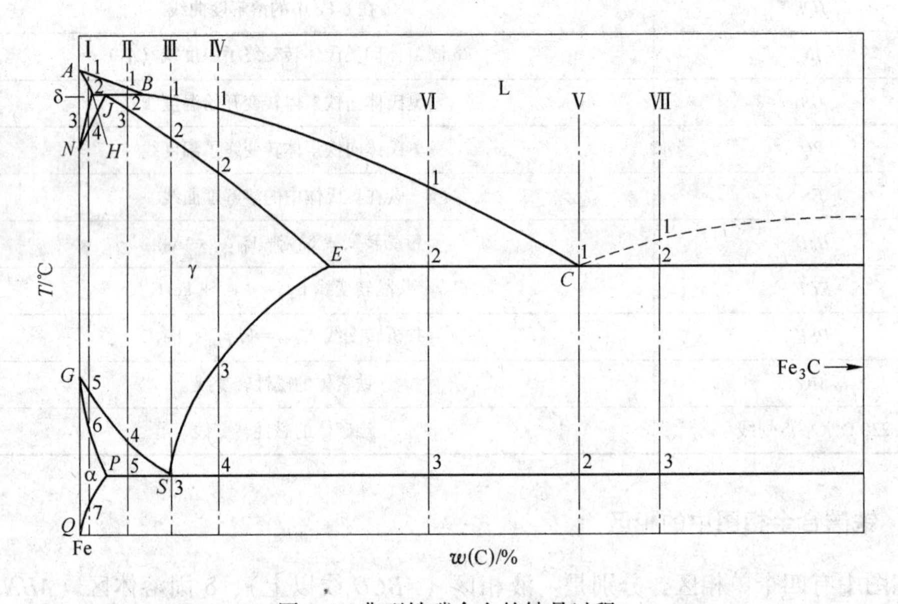

图 2-7 典型铁碳合金的结晶过程

2.3.2.1 工业纯铁

合金Ⅰ为 w(C)=0.010%的工业纯铁（以含碳量为 0.01%的合金为例），其平衡结晶过程如图 2-8 所示。

1 点以上： L

1~2 点： L→δ

2~3 点： δ

3~4 点： δ→A

4~5 点： A

5~6 点：　　A→F

6~7 点：　　F

7 点以下：　　F → $Fe_3C_{Ⅲ}$（从铁素体中析出的渗碳体称为三次渗碳体。）

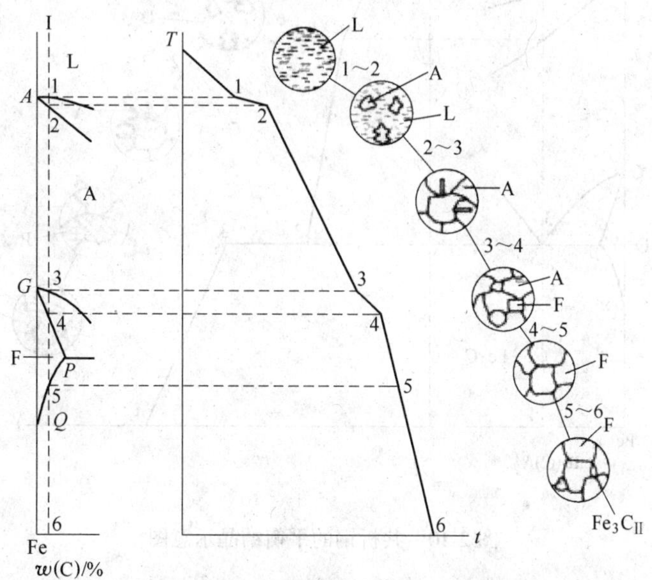

图 2-8　工业纯铁的平衡结晶示意图

在室温下，工业纯铁的平衡组织为铁素体和三次渗碳体 F+ $Fe_3C_{Ⅲ}$。图 2-9 所示为工业纯铁的显微组织，图中晶界处有极少量的 F+ $Fe_3C_{Ⅲ}$。

铁素体和三次渗碳体的相对量可由杠杆定律求出，含碳为 0.0218%的合金冷却到室温时析出的三次渗碳体最多。

$$Q_{Fe_3C_{Ⅲ}} = \frac{0.0218}{6.69} \times 100\% = 0.33\%$$

图 2-9　工业纯铁的显微组织

2.3.2.2　共析钢

合金Ⅱ为 $\omega_{(C)}$= 0.77%的共析钢（含碳量 0.77%），其平衡结晶过程及组织转变如图 2-10 所示。

1 点以上：　　L

1~2 点：　　L→A

2~3 点：　　$A_{0.77}$

3 点：　　$A_{0.77} \xrightarrow{727℃} (F_{0.0218} + Fe_3C)$

（$F_{0.0218}$+Fe_3C）为共析组织，称为珠光体，用 P 表示。珠光体中的 Fe_3C 称为共析渗碳体。

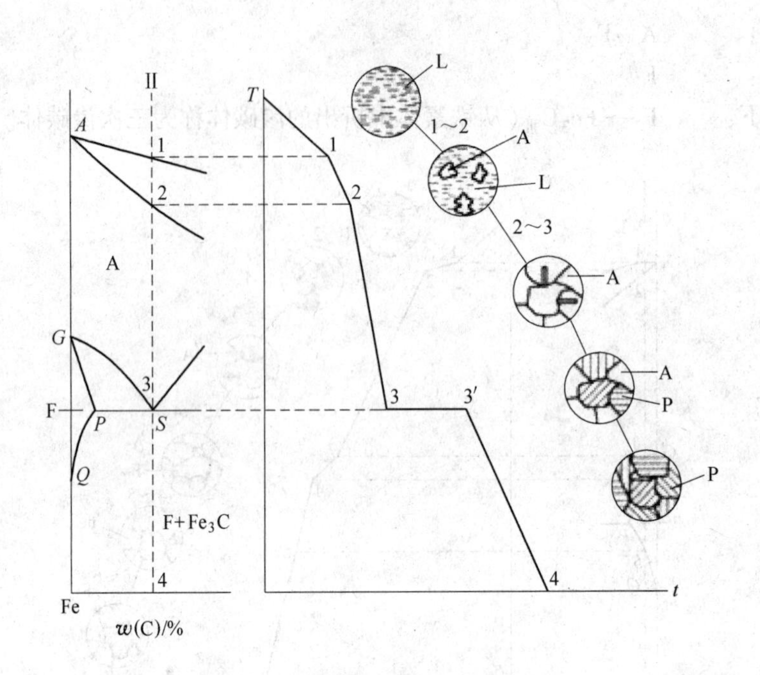

图 2-10　共析钢的平衡结晶示意图

室温组织：P

由奥氏体中同时析出成分为 P 点的铁素体和成分为 K 点的渗碳体，构成交替重叠的层片状两相组织，即珠光体。温度再继续下降，铁素体成分沿 PQ 线变化，将析出极少量的三次渗碳体，并与共析渗碳体混在一起，其对钢的影响不大，故可忽略不计。因此，共析钢的室温平衡组织是珠光体，如图 2-11 所示。

珠光体中铁素体和渗碳体相对量：

$$Q_P = \frac{6.69 - 0.77}{6.69} \times 100\% = 89\%$$

$$Fe_3C = 1 - F_P = 11\%$$

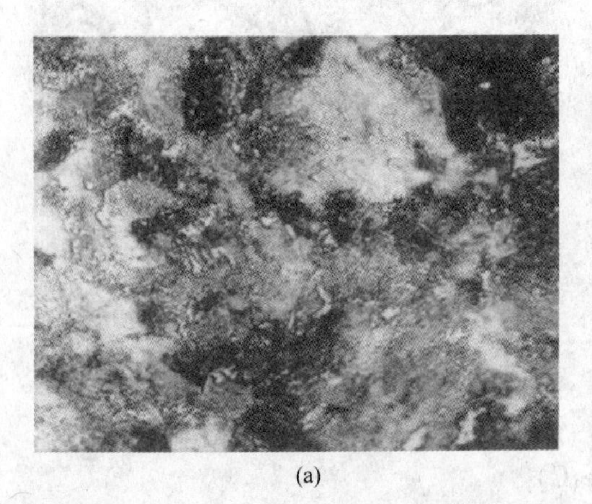

(a)

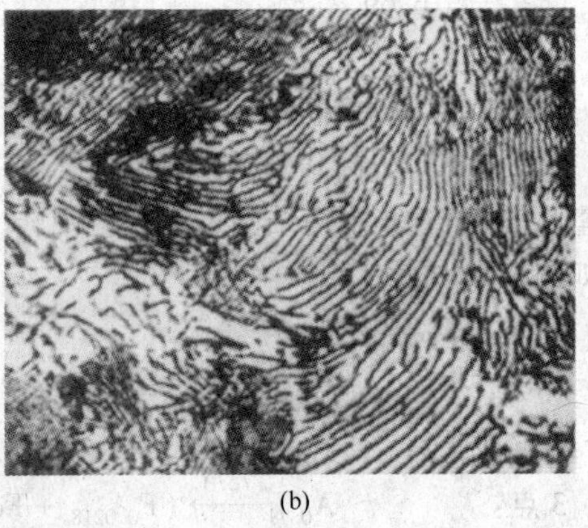

(b)

图 2-11　共析钢的显微组织

（a）×500；（b）×1000

在球化退火条件下，珠光体中的渗碳体也可呈粒状，这种珠光体称为粒状珠光体。珠光体是铁碳合金中的重要组织，其性能介于铁素体与渗碳体之间，强韧性较好。其抗拉强度为750~900MPa，硬度（HBW）为断后180~280，伸长率为20%~25%，冲击吸收能量*KU*为24~32J。

2.3.2.3 亚共析钢

合金Ⅲ为w(C)＝0.45%的亚共析钢（以含碳量为0.45%的合金为例)，其平衡结晶过程及组织转变如图2-12所示。

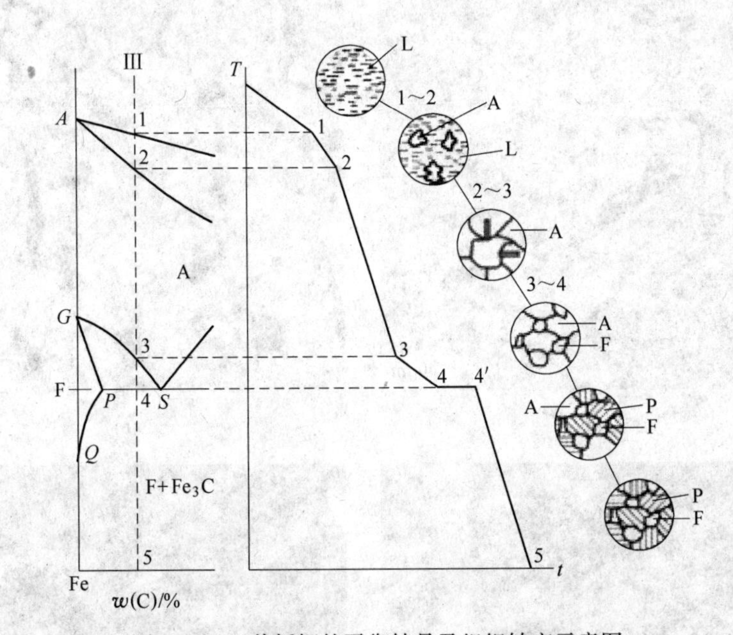

图2-12 亚共析钢的平衡结晶及组织转变示意图

1点以上： L

1~2点： L→δ

2点： L+δ→A

包晶转变结束后，除A外，还有L剩余。

$L_{剩}$→ A

2~3点： $A_{0.45}$

3~4点： A → F

A的量减少，奥氏体的含碳量沿*GS*线变化；

F的量增加，先共析F的含碳量沿*GP*线变化。

4点： $A_{0.77}\xrightarrow{727℃}(F+Fe_3C)$

先共析F的含碳量为0.0218%，奥氏体的含碳量为0.77%，发生共析转变，共析转变物为珠光体，记为P。

4点以下： $F\rightarrow Fe_3C_{Ⅲ}$ （量少，可忽略。）

室温组织： F+P

铁素体和珠光体的相对量可由杠杆定律求出：

$$Q_F = \frac{0.77 - 0.45}{0.77 - 0.0218} \times 100\% = 42.7\%$$

$$Q_P = A_{0.77} = \frac{0.45 - 0.0218}{0.77 - 0.0218} \times 100\% = 57.3\%$$

所有亚共析钢的室温组织都为F+P，含碳量越高，珠光体越多，铁素体越少。但随碳含量的增加，铁素体量逐渐减少，珠光体量逐渐增多，如图2-13所示。

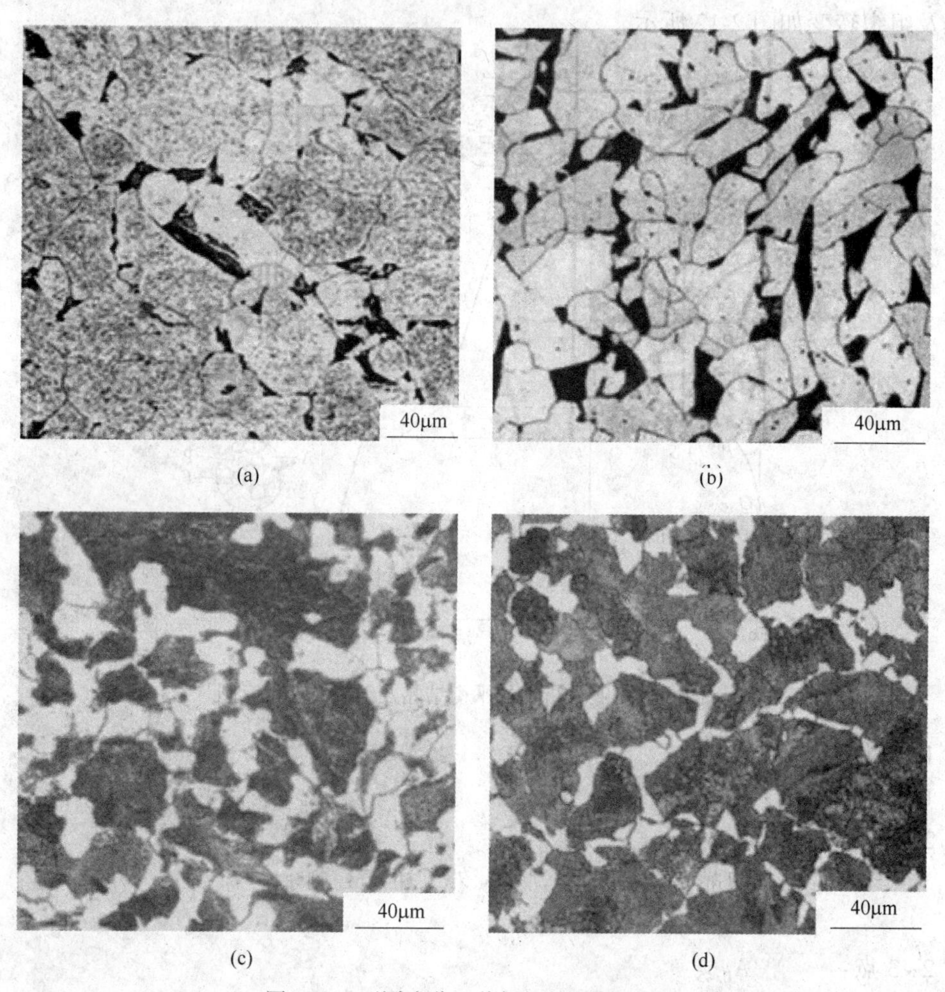

(a)　(b)　(c)　(d)

图2-13　不同成分亚共析钢的显微组织

(a) w(C)=0.08%；(b) w(C)=0.2%；(c) w(C)=0.45%；(d) w(C)=0.65%

常用共析钢的显微组织来估算含碳量：

钢的含碳量=P×0.77%　　（P为珠光体的面积百分比）

用杠杆定律也可求相组成物的相对量：

$$Q_F = \frac{6.69 - 0.45}{6.69 - 0.0218} \times 100\% = 93\%$$

$$Q_{Fe_3C} = \frac{0.45 - 0.0218}{6.69 - 0.0218} \times 100\% = 7\%$$

2.3.2.4 过共析钢

合金Ⅳ为 $w(C)=1.2\%$ 的过共析钢（以含碳量为1.2%的合金为例），其平衡结晶过程及组织转变如图2-14所示。

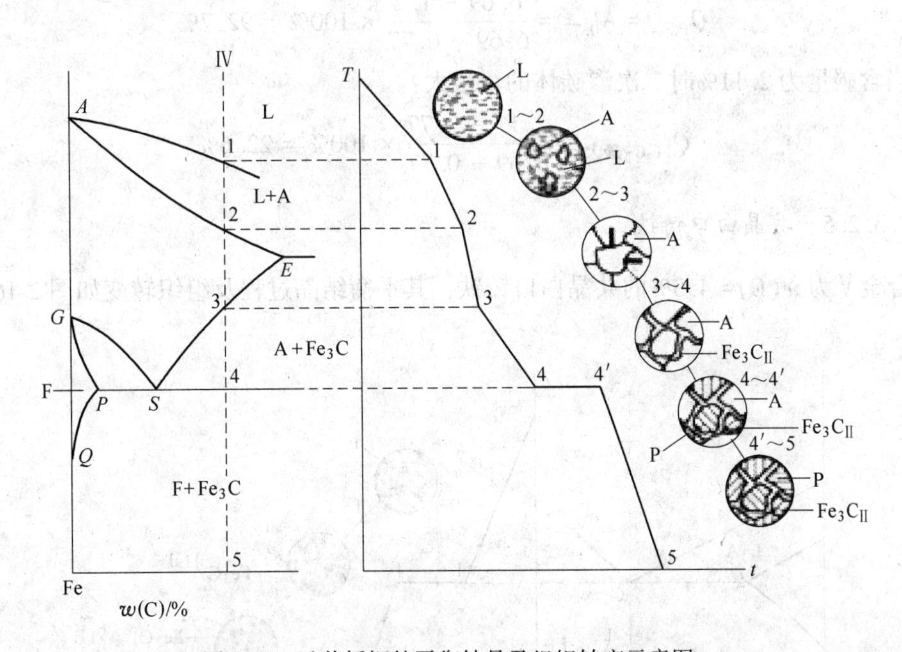

图2-14 过共析钢的平衡结晶及组织转变示意图

1点以上： L

1~2点： L→A

2~3点： A

3~4点： $A \rightarrow Fe_3C_{II}$

（从奥氏体中析出的渗碳体称为二次渗碳体，二次渗碳体呈网状分布，析出渗碳体后，奥氏体的含碳量沿 *ES* 变化。）

4点： $A_{0.77} \rightarrow F + Fe_3C$

室温组织： $P + Fe_3C_{II}$

过共析钢的显微组织如图2-15所示，图中呈黑白相间的片状组织为珠光体，白色网状组织为二次渗碳体。所有过共析钢的冷却过程都与合金Ⅳ相似，其室温组织是珠光体与网状二次渗碳体。但随碳含量的增加，珠光体量逐渐减少，二次渗碳体量逐渐增多。当碳的质量分数达到2.11%时，二次渗碳体的量达到最大值，其相对量为22.6%。

图2-15 过共析钢的显微组织

二次渗碳体以网状分布在晶界上，将明显降低钢的强度和韧性。因此，在使用过共析钢之前，应采用热处理方法消除网状二次渗碳体。

珠光体、二次渗碳体的相对量，可由杠杆定律求出：

$$Q_{Fe_3C_{II}} = \frac{1.2 - 0.77}{6.69 - 0.77} \times 100\% = 7.3\%$$

$$Q_{P_{0.77}} = A_{0.77} = \frac{6.69 - 1.2}{6.69 - 0.77} \times 100\% = 92.7\%$$

当含碳量为2.11%时二次渗碳体的量最大：

$$Q_{Fe_3C_{II}最大} = \frac{2.11 - 0.77}{6.69 - 0.77} \times 100\% = 22.6\%$$

2.3.2.5　共晶白口铸铁

合金V为 $w(C) = 4.3\%$ 的共晶白口铸铁，其平衡结晶过程及组织转变如图2-16所示。

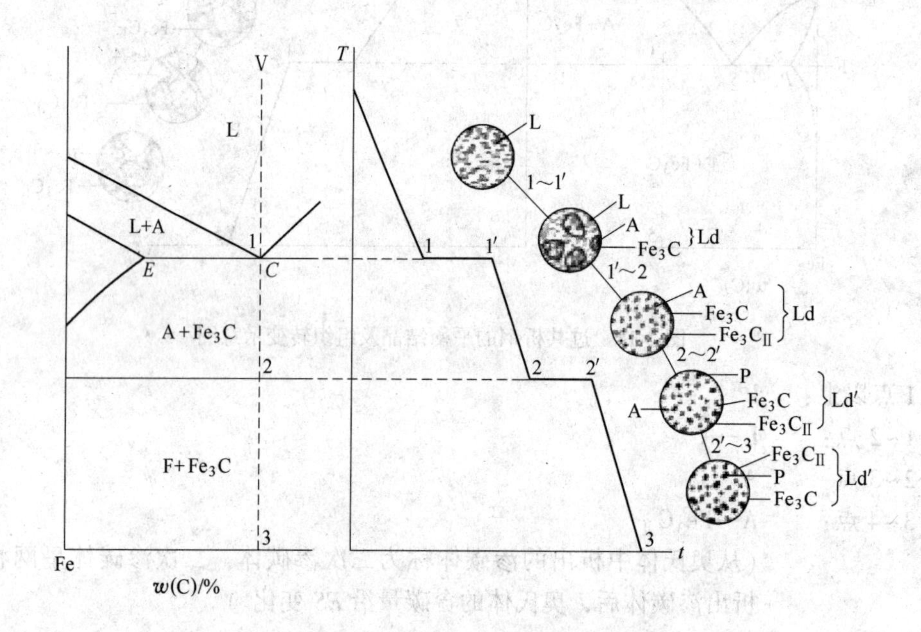

图2-16　共晶白口铸铁的平衡结晶及组织转变示意图

1点：

$$L_{4.3} \xrightarrow[\text{共晶转变}]{1148°C} (A_{2.11} + Fe_3C)$$　　$(A_{2.11}+Fe_3C)$ 称为莱氏体，记为Ld。

莱氏体组织中A和 Fe_3C 的相对量：

$$Q_{A_{2.11}} = \frac{6.69 - 4.3}{6.69 - 2.11} \times 100\% = 52\%$$

$$Q_{Fe_3C} = \frac{4.3 - 2.11}{6.69 - 2.11} \times 100\% = 48\%$$

1~2点：$A \rightarrow Fe_3C_{II}$　　A的含碳量沿 *ES* 降低，A的量减少，Fe_3C 的量增加，温度2时莱氏体中A和 Fe_3C 的相对量为

$$Q_{A_{0.77}} = \frac{6.69 - 4.3}{6.69 - 0.77} \times 100\% = 40\%$$

$$Q_{Fe_3C} = \frac{4.3 - 0.77}{6.69 - 0.77} \times 100\% = 60\%$$

组织为高温莱氏体 $A + Fe_3C_{II} + Fe_3C_{共晶}$。

2 点：$A_{0.77} \xrightarrow{727℃} (F + Fe_3C)$

A 的含碳量为 0.77%，发生共析转变。

室温组织：低温莱氏体 $P + Fe_3C_{II} + Fe_3C_{共晶}$

共晶白口铸铁的室温组织是低温莱氏体，如图 2-17 所示，图中黑色颗粒部分为珠光体，白色基体为渗碳体（共晶渗碳体和二次渗碳体连在一起，分辨不开）。

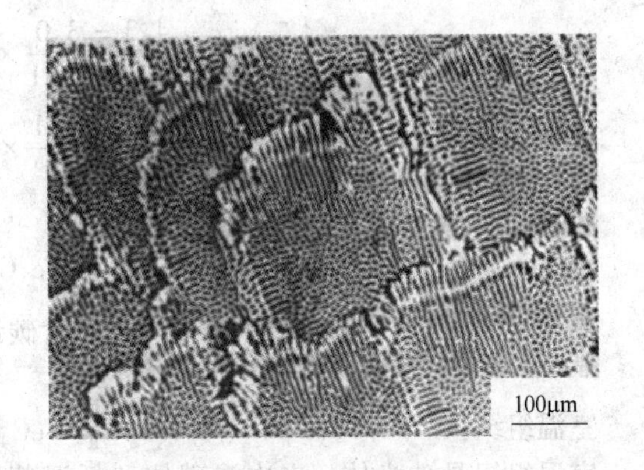

图 2-17 共晶白口铸铁的室温平衡组织

2.3.2.6 亚共晶白口铸铁

合金Ⅵ为 $w(C) = 3.0\%$的亚共晶白口铸铁（以含碳量为 3%的合金为例），其平衡结晶过程及组织转变如图 2-18 所示。

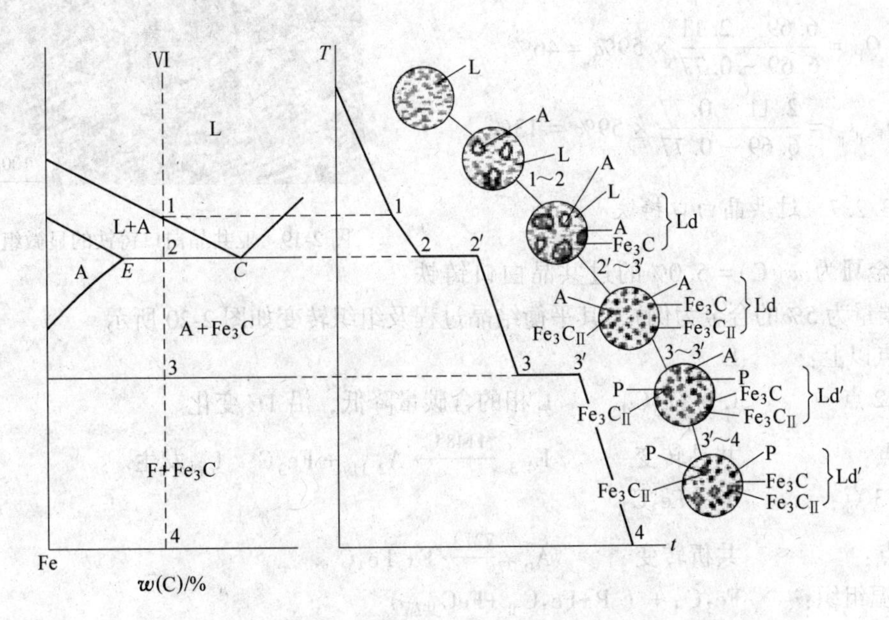

图 2-18 亚共晶白口铸铁的平衡结晶及组织转变示意图

1 点以上： L

1~2 点： L→ A（初生奥氏体） $A_{初生}$含碳量沿 *JE* 变化；液相含碳量沿 *BC* 变化。

2 点：　　$L_{4.3} \xrightarrow{1148℃} (A_{2.11} + Fe_3C)$　　$A_{初生}$含碳量为 2.11%；
液相含碳量为 4.3%。

共晶转变结束后组织为：$A_{2.11}+L_d$（$A_{2.11}+FeC_{共晶}$），
其相对量为：

$$Q_{A_{2.11}} = \frac{4.3 - 3.0}{4.3 - 2.11} \times 100\% = 59\%$$

$$Q_{Ld} = \frac{3.00 - 2.11}{4.3 - 2.11} \times 100\% = 41\%$$

2~3 点：　　$A \rightarrow Fe_3C_{II}$
组织为 $A+ Fe_3C_{II}$ +（$A+Fe_3C_{II}+FeC_{共晶}$）。

3 点：　　$A_{0.77} \xrightarrow{727℃} F+ Fe_3C$　A 的含碳量为 0.77%，发生共析转变。
$A \rightarrow P$

室温组织：　$P+ Fe_3C_{II}$ +（$P+Fe_3C_{II}+FeC_{共晶}$）

室温组织是珠光体、二次渗碳体和低温莱氏体。但随碳含量的增加，低温莱氏体量逐渐增多，其他量逐渐减少，如图 2-19 所示。

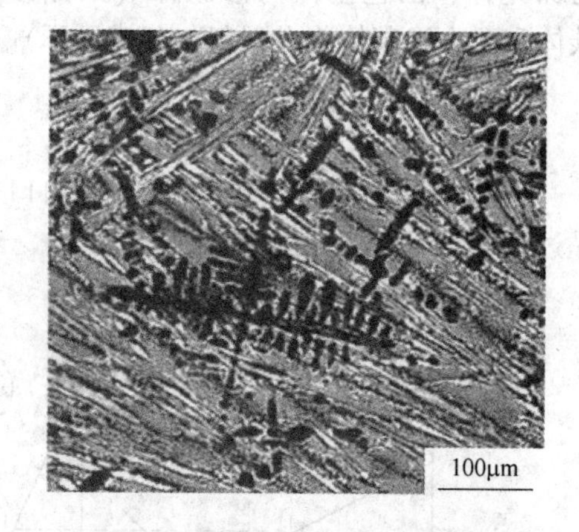

图 2-19　亚共晶白口铸铁的显微组织

组织中各组成物的相对量为：

$$Q_{Ld} = \frac{3.00 - 2.11}{4.3 - 2.11} \times 100\% = 41\%$$

$$Q_P = \frac{6.69 - 2.11}{6.69 - 0.77} \times 59\% = 46\%$$

$$Q_{Fe_3C_{II}} = \frac{2.11 - 0.77}{6.69 - 0.77} \times 59\% = 13\%$$

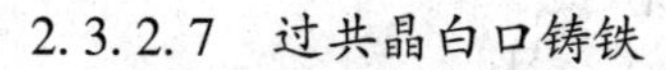

2.3.2.7　过共晶白口铸铁

合金Ⅷ为 $w(C) = 5.0\%$ 的过共晶白口铸铁（以含碳量为 5%的合金为例），其平衡结晶过程及组织转变如图 2-20 所示。

1 点以上：　L

1~2 点：　$L \rightarrow Fe_3C_I$　　L 相的含碳量降低，沿 1C 变化。

2 点：　共晶转变　$L_{4.3} \xrightarrow{1148℃} A_{2.11} + Fe_3C$　$L_{剩}$发生。

2~3 点：　$A \rightarrow Fe_3C_{II}$

3 点：　共析转变　$A_{0.77} \xrightarrow{727℃} F+ Fe_3C$

室温组织：　Fe_3C_I +（$P+Fe_3C_{II}+FeC_{共晶}$）

室温组织是低温莱氏体 Ld′和一次渗碳体。但随碳含量的增加，一次渗碳体量逐渐增多，低温莱氏体 Ld′量逐渐减少。

初生奥氏体和低温莱氏体的相对量为：

$$Q_{Fe_3C_I} = \frac{5.00 - 4.3}{6.69 - 4.3} \times 100\% = 29\%$$

$$Q_{Ld'} = \frac{6.69 - 5.0}{6.69 - 4.3} \times 100\% = 71\%$$

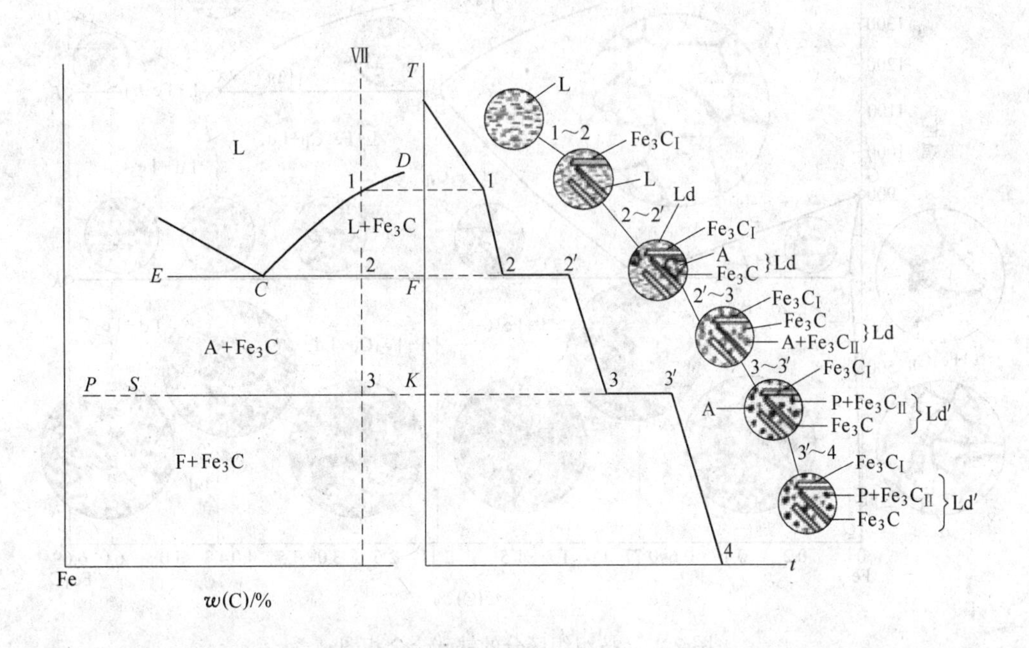

图 2-20　过共晶白口铸铁的平衡结晶及组织转变示意图

过共晶白口铸铁的结晶过程与亚共晶白口铸铁的结晶过程相似，所不同的只是从液相中先结晶出的是一次渗碳体而不是初晶奥氏体。所有过共晶白口铸铁的结晶过程和最后组织都相同，只是当合金碳的质量分数越接近 6.69%，组织中莱氏体数量越少，一次渗碳体量越多，如图 2-21 所示。

若将上述典型铁碳合金结晶过程中的组织变化填入相图中，则得到按组织区分填写的铁碳相图，如图 2-22 所示。

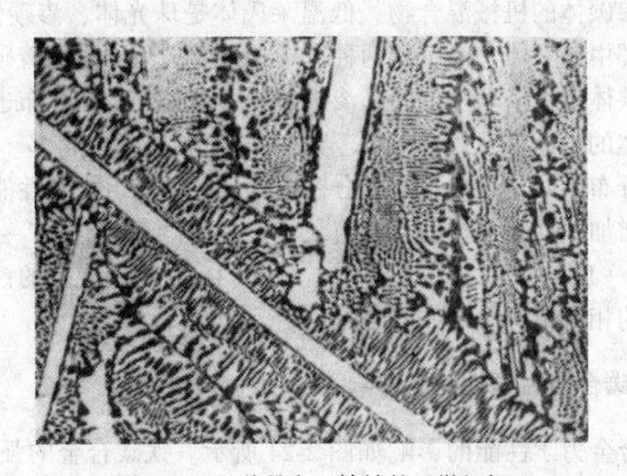

图 2-21　过共晶白口铸铁的显微组织

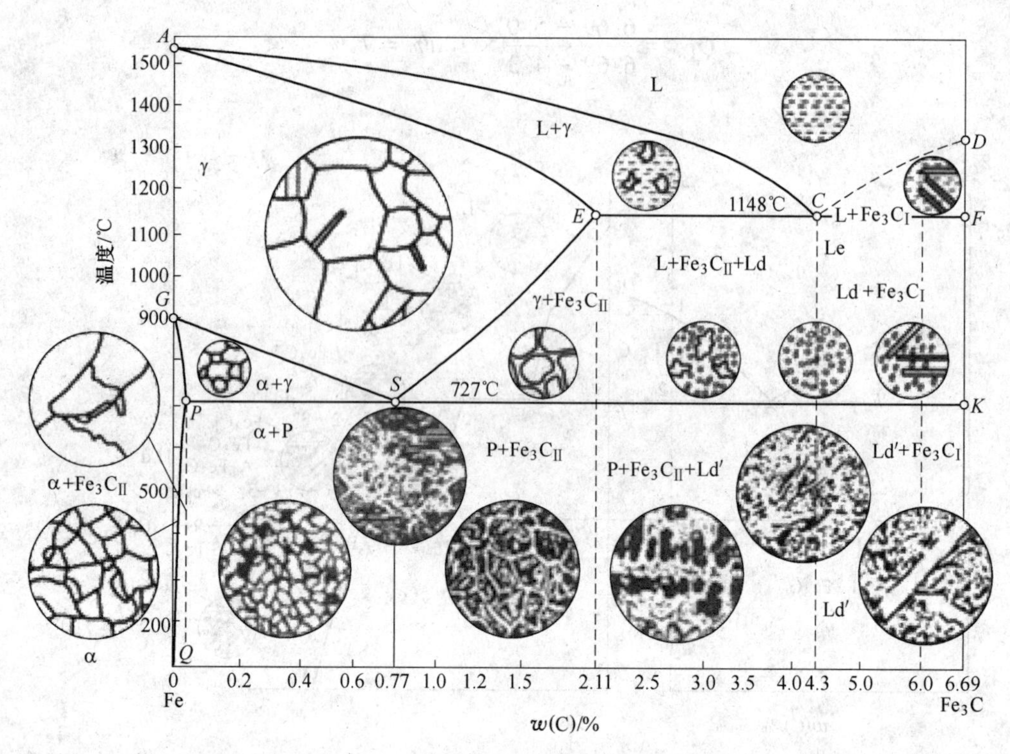

图 2-22　按组织区分的铁碳合金相图

2.4　铁碳合金成分、组织、性能之间的关系

2.4.1　碳含量对铁碳合金平衡组织的影响

通过对典型铁碳合金平衡结晶过程的分析可知，不同成分的铁碳合金，其室温组织不同，这些室温基本组织都是铁素体、珠光体、低温莱氏体和渗碳体中的一种或两种。但是珠光体是铁素体和渗碳体的机械混合物，低温莱氏体是珠光体、渗碳体的混合物。因此，铁碳合金室温组织都由铁素体和渗碳体两种基本相组成，只不过随着碳含量的增加，铁素体量逐渐减少，渗碳体量逐渐增多，并且渗碳体的形态、大小和分布也发生变化，如低温莱氏体中共晶渗碳体的形状和大小都比珠光体中的渗碳体粗大得多。正因为渗碳体的数量、形态、大小和分布不同，致使不同成分铁碳合金的室温组织及性能也不同。

随着碳含量的增加，铁碳合金的室温组织将按如下顺序变化：$F \rightarrow F + P \rightarrow P \rightarrow P + Fe_3C_{II} \rightarrow P + Fe_3C_{II} + Ld' \rightarrow Ld' \rightarrow Ld' + Fe_3C_I \rightarrow Fe_3C_I$。不同成分的铁碳合金，成相的相对量及组织组成物的相对量可总结如图 2-23 所示。

2.4.2　碳含量对铁碳合金力学性能的影响

碳含量对铁碳合金力学性能的影响如图 2-24 所示。铁碳合金的强度主要取决于珠光体的含量。在铁碳合金中，铁素体是软韧相，渗碳体是硬脆相，渗碳体以细片状分散地分布在铁素体的基体上组成珠光体时起了强化作用，因此珠光体有较高的强度和硬度。故合

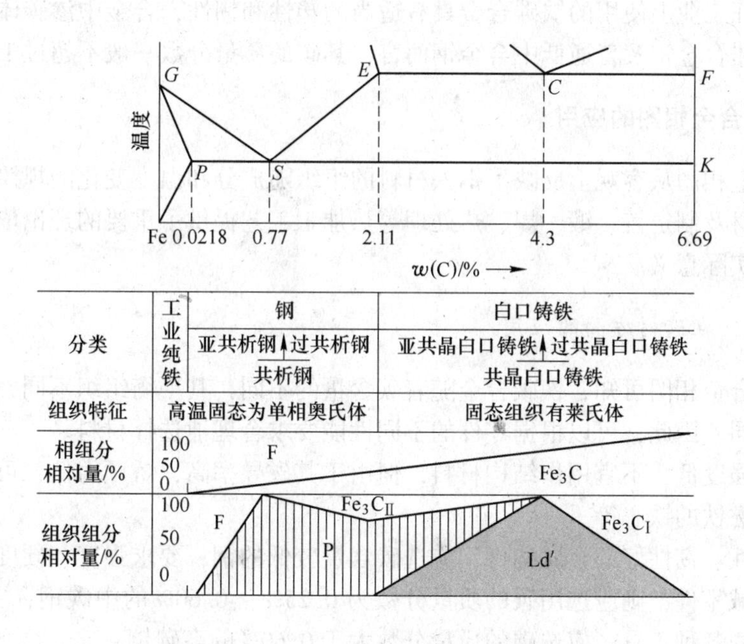

图 2-23　铁碳合金的组织与成分的关系

金中的珠光体量越多，其强度与硬度越高，而塑性、韧性却相应降低。在工业纯铁中，碳的质量分数小于 0.0218%，其组织全部或大部分为铁素体，强度低，工业上很少使用。

在亚共析钢中，随着碳含量的增加，珠光体逐渐增多，强度、硬度升高，而塑性、韧性下降。当碳的质量分数达到 0.77%时，其性能就是珠光体的性能。在过共析钢中，当碳的质量分数接近 0.9%时，强度达到最高值，碳的质量分数继续增加，强度下降，这是因为脆性的二次渗碳体形成网状包围着珠光体组织，从而削弱了珠光体组织之间的联系，使钢的强度和韧性降低。

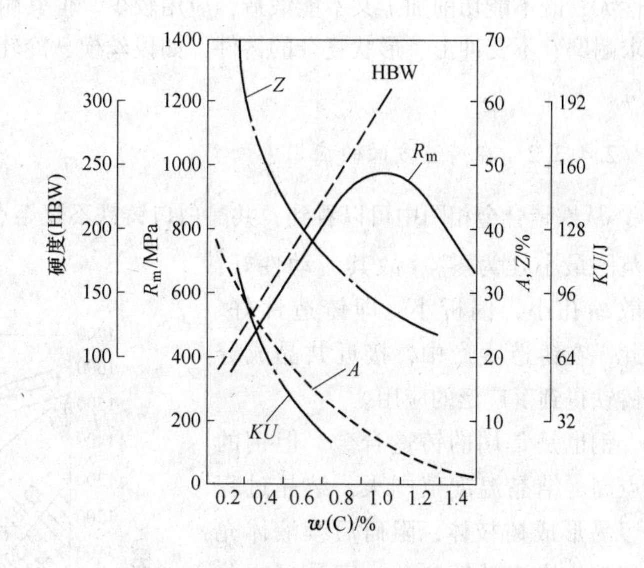

图 2-24　含碳量对力学性能的影响

硬度是对组织或组成相的形态不十分敏感的力学性能指标，其大小主要取决于的数量和硬度。因此，随着碳含量的增加，硬而脆的渗碳体增加，软韧的铁素体减少，铁碳合金的硬度呈直线升高，而塑性下降。

冲击韧性对组织十分敏感。碳含量增加时，脆性的渗碳体增多，当出现网状的二次渗碳体时，韧性急剧下降。总体来看，韧性比塑性下降的趋势要大。

为了保证工业上使用的铁碳合金具有适当的塑性和韧性，合金中渗碳体相的数量不应过多。对于非合金钢及普通低中合金钢而言，其碳的质量分数一般不超过 1.3%。

2.4.3 铁碳合金相图的应用

铁碳合金相图从客观上反映了钢铁材料的组织随成分和温度变化的规律，因此，其在工程上为选材及制定铸、锻、焊、热处理等热加工工艺提供了重要的理论依据，在生产中具有重大的实际意义。

2.4.3.1 *在选材方面的应用*

由铁碳合金相图可知，铁碳合金随着碳含量的不同，其平衡组织不同，从而导致其力学性能也不同。因此，可以根据零件的不同性能要求合理地选择材料。

纯铁的强度低，不宜用作结构材料，但由于其磁导率高，矫顽力低，可做软磁材料使用，如做电磁铁的铁心等。

要求塑性、韧性好的金属构件，应选碳含量较低的钢；要求强度、硬度、塑性和韧性都较高的机械零件，则应选用碳的质量分数为 0.25%～0.60%的中碳钢；要求硬度较高、耐磨性较好的各种工具，应选碳的质量分数大于 0.60%的高碳钢。

白口铸铁中碳的质量分数大于 2.11%，其组织中含有大量硬而脆的渗碳体，硬度高、脆性大，既不能切削加工又不能锻造，应用较少。但其耐磨性好，铸造性优良，适合制作要求耐磨、不受冲击、形状复杂的铸件，如拔丝模、冷轧辊、货车轮、犁铧、球磨机的磨球等。

2.4.3.2 *在铸造方面的应用*

从铁碳合金相图中可以看到，共晶白口铸铁不仅熔点最低（1148℃），而且其结晶温度范围最小（为零），故其流动性好，分散缩孔小，偏析小，即铸造性好。因此，在铸造生产中，接近共晶成分的铸铁得到了广泛的应用。

钢也是常用的铸造合金。但钢的熔点高，结晶温度范围大，结晶过程中容易形成树枝体，阻碍后续液体充满型腔，使流动性变差，容易形成分散缩孔和偏析，导致铸造性变差。适宜的铸钢碳的质量分数应为 0.15%～0.6%，在该范围内的钢，其凝固温度区间较小，铸造性较好。

根据铁碳合金相图可以确定合金的浇注温度，通常浇注温度在液相线以上 50～100℃，如图 2-25 所示。

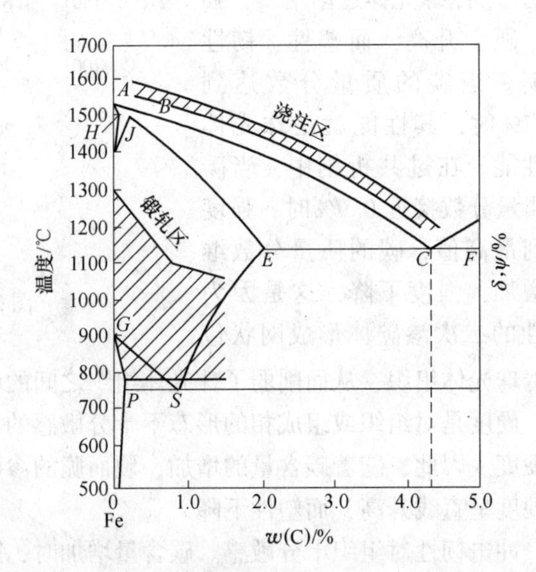

图 2-25 Fe-Fe_3C 相图与铸、锻工艺的关系

2.4.3.3　在锻压方面的应用

钢的室温组织是由铁素体和渗碳体两相组成的混合物，其塑性较差，变形困难。当将其加热到单相奥氏体状态时，才具有较低的硬度、较好的塑性和较小的变形抗力，易于成形。因此，钢材的轧制或锻造温度范围通常选在 $Fe\text{-}Fe_3C$ 相图中单相奥氏体区的适当范围。其选择原则是开始轧制或锻造温度不得过高，以免钢材氧化严重，甚至发生奥氏体晶界部分熔化的现象，使工件报废；而终止轧制或锻造温度也不能过低，以免钢材塑性差，导致产生裂纹。

白口铸铁无论在低温还是高温下，其组织中都有硬而脆的渗碳体组织，因而不能锻造。

2.4.3.4　在切削加工方面的应用

一般认为，钢的硬度（HBW）为 170~ 260 时，可加工性最好。因此，钢中碳的质量分数不同时，其可加工性也不同。

碳的质量分数低 $w(C) \leqslant 0.25\%$，组织中有大量铁素体，硬度低、塑性好，因而切削时产生的切削热较大，容易粘刀，而且不易断屑和排屑，影响工件的表面粗糙度，故可加工性较差。碳的质量分数较高 $w(C)>0.60\%$时，组织中的渗碳体较多，当渗碳体呈片状或网状分布时，硬度太高，对刀具磨损严重，可加工性也差。碳的质量分数为 0.25%~0.60% 时，铁素体与渗碳体的比例适当，硬度和塑性适中，可加工性较好。

钢的可加工性可通过热处理方法进行调整，相关内容将在本书第 3 章进行介绍。

2.4.3.5　在焊接方面的应用

分析 $Fe\text{-}Fe_3C$ 相图可知，随着碳含量的增加，组织中硬而脆的渗碳体量逐渐增多，铁碳合金的脆性增加，塑性下降，致使焊接性下降。碳含量越高，铁碳合金的焊接性越差。因此，低碳钢的焊接性较好，铸铁的焊接性较差。

2.4.3.6　在热处理方面的应用

铁碳合金在固态加热或冷却过程中均有相变发生，所以钢和铸铁可以进行有相变的退火、正火、淬火和回火等热处理。热处理与 $Fe\text{-}Fe_3C$ 相图有着更为密切的关系，相关知识将在后续章节中学习。

习　题

2-1 默画简化的 $Fe\text{-}Fe_3C$ 相图，填写各区域的相和组织组成物，试述相图中特性点及特性线的含义。

2-2 利用 $Fe\text{-}Fe_3C$ 相图，说明碳的质量分数为 0.20%、0.45%、0.77%、1.2%的铁碳合金分别在 500℃、750℃和 950℃的组织。

2-3 随着碳含量的增加，钢的室温平衡组织和力学性能有何变化?

2-4 根据 $Fe\text{-}Fe_3C$ 相图，计算碳的质量分数为 0.45%的钢显微组织中珠光体和铁素体各占多少。

3 钢的热处理

3.1 概　述

热处理是以适当的方式对金属材料或工件进行加热、保温，并以适当的速度冷却到室温，以改变钢的内部组织，获得所需性能的工艺方法。

金属的热处理是机械制造和材料加工过程中的重要工艺，与铸、锻、焊及切削工艺相比，热处理的目的不是改变工件的形状和尺寸，而是改善工件的工艺性能或使用性能，充分发挥材料的性能潜力，提高工件的内在质量，延长其使用寿命，而这一般不是肉眼所能看到的。

在机械制造、金属材料成型工业中，绝大多数零件都要经过热处理才能使用。在机床制造中有60%~70%的零件要经过热处理，在汽车拖拉机制造业中需要热处理的零件达70%~80%，工具钢、滚动轴承钢等100%需经过热处理。总之，重要零件都需进行适当热处理后才能使用。

3.1.1　热处理的作用

热处理可以消除毛坯缺陷，改善工艺性能，为切削加工或热处理做组织和性能上的准备，也可提高金属材料的力学性能，充分发挥材料的潜力，节约材料延长零件使用寿命。

例如，用工具钢制造的钻头、锯条等，必先经过热处理（退火）降低钢材料硬度，以便进行切削加工，加工成形后又再进行热处理（淬火与回火），提高工具钢的硬度和耐磨性，用于切削其他金属等材料。因此，热处理是零部件生产过程中不可缺少的工序。

3.1.2　热处理的实质

热处理实质：在加热、保温和冷却过程中，钢的组织结构发生变化，从而改变其性能，这些性能包括工艺性能与使用性能。只有固态下能够发生相变的金属材料才能进行热处理。

3.1.3　热处理的分类

根据加热冷却方式的不同以及组织性能变化特点的不同热处理可以分为下列几类：

（1）整体热处理。包括退火、正火、淬火和回火，俗称“四把火”。

（2）表面热处理。包括感应淬火、火焰淬火、接触电阻加热淬火、激光淬火和电子束淬火等。

（3）化学热处理。包括渗碳、氮化和碳氮共渗等。

（4）其他热处理。包括可控气氛热处理、真空热处理和形变热处理等。

热处理方法虽然很多，但任何一种热处理都是由加热、保温和冷却三个过程组成的。

其中加热温度、保温时间和冷却速度被称为热处理的三要素，这三大基本要素决定了材料热处理后的组织和性能。

热处理的方法按工艺方法不同划分如图 3-1 所示。

- 整体热处理
  - 退火（完全退火、球化退火、去应力退火等）
  - 正火
  - 淬火
  - 回火（低温回火、中温回火、高温回火）
  - 固溶热处理
  - 固溶热处理和时效
- 表面热处理
  - 表面淬火（火焰加热、感应加热、激光加热）
  - 物理气相沉积
  - 化学气相沉积
  - 等离子化学气相沉积
- 化学热处理
  - 渗碳
  - 渗氮
  - 碳氮共渗
  - 其他（渗其他金属或非金属、多元共渗）

图 3-1　热处理的方法（按工艺方法不同划分）

3.2　钢在加热时的组织转变

一般热处理过程，首先必须把钢加热到奥氏体状态获得奥氏体组织，然后以适当的方式冷却以获得所需的组织和性能。通常把钢加热获得奥氏体的转变过程称为“奥氏体化”。

3.2.1　热处理的加热目的和临界温度

3.2.1.1　热处理的加热目的

加热是热处理的第一道工序，在多数情况下热处理需要先加热得到全部和部分奥氏体组织，然后采用适当的冷却方式使奥氏体组织发生转变，从而使钢获得所需要的组织和性能，因此钢在热处理时的加热过程就是奥氏体化过程。

3.2.1.2　热处理的临界温度

钢热处理时应加热到什么温度呢？由铁碳相图可知：当温度高于 727℃时，就能获得奥氏体组织，A_1线、A_3线、A_{cm}线是钢在平衡状态下发生组织转变的临界点，在实际热处理条件下加热速度和冷却速度一般较快，相变是在不平衡条件下进行的，其相变点与相图中的相变温度有一定的偏移，由于过热或过冷现象的影响，加热时相变温度偏向高温，冷却时偏向低温，加热或冷却速度越快，这种现象越严重。

图 3-2 所示为加热或冷却速度对碳钢临界温度的影响，通常把加热时的实际临界温度标以字母“c”表示，加热时的临界点用 Ac_1、Ac_3 和 Ac_{cm} 表示，而把冷却时的实际临界温

度标以字母“r”，冷却时的临界点用 Ar_1、Ar_3 和 Ar_{cm} 表示。

A_1 为在平衡状态下，奥氏体铁素体、渗碳体共存的温度，也称为临界点，在铁碳相图上为 PSK 共析转变线。

A_3 为亚共析钢在平衡状态下奥氏体和铁素体共存的最高温度也称为亚共析钢的上临界点，在铁碳相图上为 GS 线。

A_{cm} 为过共析钢在平衡状态下奥氏体和渗碳体共存的最高温度，也称为过共析钢的上临界点在铁碳相图上为 ES 线。

Ac_1 为加热时珠光体转变为奥氏体的温度。

Ac_3 为加热时铁素体转变为奥氏体的终了温度。

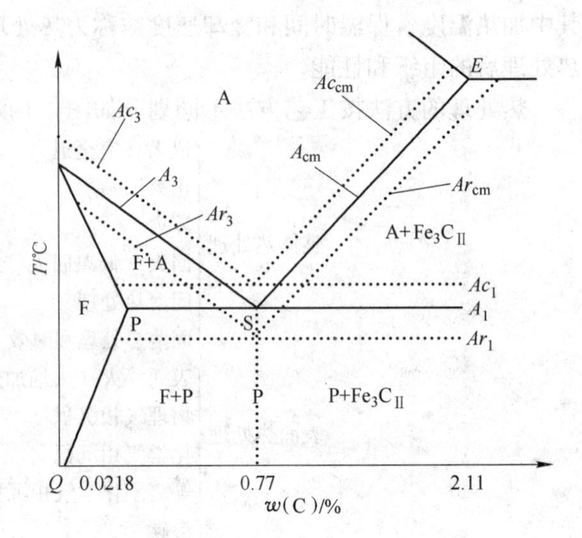

图 3-2　加热和冷却时的实际临界温度

Ac_{cm} 为加热时二次渗碳体在奥氏体中的溶解终了温度。

Ar_1 为钢冷却时奥氏体转变为珠光体的温度。

Ar_3 为亚共析钢冷却时从奥氏体中开始析出铁素体的温度。

Ar_{cm} 为冷却时二次渗碳体从奥氏体中析出的开始温度。

因此，钢热处理时奥氏体化的最低温度是 Ac_1 即加热到 Ac_1 温度以上，钢的原始组织将转变为奥氏体，对于亚共析钢和过共析钢需要加热到 Ac_3 或 Ac_{cm} 以上，使先共析相充分转变溶解，获得单相奥氏体，才能完成奥氏体化。

在实际生产中，常以一定的加热速度将工件连续加热 Ac_1 温度以上，并保温一定时间，保温的目的是使工件受热均匀，奥氏体转变充分进行，并防止出现氧化、脱碳。保温时间与工件材质和尺寸装炉量及工艺要求有关。

3.2.2　钢加热时的组织转变

3.2.2.1　钢的奥氏体化

从 $Fe\text{-}Fe_3C$ 相图可知，任何成分的碳素钢加热到 Ac_3 以上都会发生珠光体向奥氏体的转变，通常把钢加热获得奥氏体的转变过程称为“奥氏体化”。一般热处理过程，首先必须把钢加热到奥氏体状态获得奥氏体组织，然后以适当的方式冷却以获得所需的组织和性能。亚共析钢和过共析钢必须加热到上临界点以上才能全部完成奥氏体化，得到单相奥氏体组织，这种加热称为完全奥氏化，如果加热到上下临界点之间便会得到两相组织，这种加热方式称不完全奥氏体化或者称为临界区加热。在实际生产中采用的低温淬火，不完全退火，部分奥氏体化正火等工艺的加热，均属于临界加热的方式。

3.2.2.2　奥氏体的形成过程

共析钢在室温的平衡组织是珠光体，即铁素体和渗碳体两相组成的机械混合物。共析

钢加热到 A_1点（727℃）以上：珠光体→奥氏体。

在加热过程中，珠光体向奥氏体转变是由化学成分和晶格类型都不相同的两相转变为另一种化学成分和晶格类型的相的过程。在转变过程中必须进行渗碳体的溶解和铁的晶格类型的转变。

奥氏体的形成是通过奥氏体形核和核长大过程来实现的。共析钢加热时的奥氏体化过程，包括四个过程：奥氏体形核、奥氏体长大、残余渗碳体的溶解、奥氏体的均匀化，如图 3-3 所示。

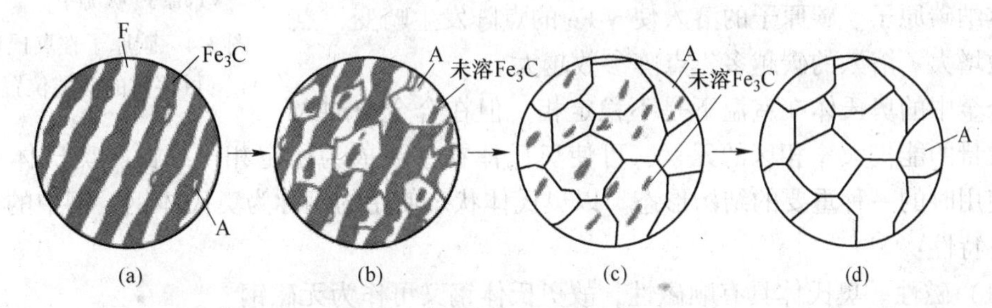

图 3-3　奥氏体形成过程示意图

（a）奥氏体形核；（b）奥氏体长大；（c）残余渗碳体的溶解；（d）奥氏体的均匀化

（1）奥氏体形核。珠光体加热到 A_1 温度以上时，经过一段时间（孕育期）后，在铁素体与渗碳体的相界面形成奥氏体晶核。

（2）奥氏体长大。当奥氏体在铁素体与渗碳体两相界面上形核后，即同时建立了 A-F 和 A-Fe_3C 两个相界面，在奥氏体中出现碳的浓度梯度，使奥氏体的晶核分别向渗碳体和铁素体中推移，奥氏体晶核得以长大。奥氏体便不断地向铁素体和渗碳体中长大，直到将铁素体和渗碳体消耗完奥氏体晶核的长大结束。

（3）残余渗碳体的溶解。在珠光体转变为奥氏体的过程中，奥氏体晶核向铁素体中的长大速度远大于向渗碳体中的长大速度，而且加热温度越高，其长大速度相差越大。例如，当加热温度为 780℃时，通过动力学计算得出，奥氏体向铁素体中的长大速度比向渗碳体中的长大速度大约 14 倍，而珠光体中的铁素体量仅比渗碳体量大 7 倍多。所以，在铁素体消失时，尚有剩余部分渗碳体未溶解，还需通过碳原子的扩散使其逐渐溶入奥氏体中。

（4）奥氏体的均匀化。渗碳体溶解终了时，奥氏体的成分是不均匀的，在原渗碳体的部位碳含量较高，在原铁素体的部位碳含量较低，只有经过一段时间的扩散，才能使奥氏体成分趋于均匀化，最后得到单相均匀的奥氏体组织。

对于亚（过）共析钢的奥氏体形成过程中，除了珠光体外还有先共析铁素体（或渗碳体），当加热到 727℃时，珠光体先转变为奥氏体，然后随着加热温度的升高，先共析铁素体（或先共析渗碳体）逐渐向奥氏体转变，温度升至 Ac_3（Ac_{cm}）时全部转变为奥氏体，获得单一的奥氏体组织。

3.2.2.3　奥氏体的特性

奥氏体的晶体结构是面心立方，是一定量的碳溶于 γ-Fe 所形成的固溶体。在合金钢中，除碳原子外，溶于 γ-Fe 中的还有多种合金元素原子。X 射线结构分析证明，碳原子

位于 γ-Fe 八面体中心，即面心立方点阵晶胞的中心或棱边的中点（图 3-4）。假如每一个八面体中心各容纳一个碳原子，则碳的最大溶解度约为 20%（质量分数）。但实际上碳在 γ-Fe 的最大溶解度仅 2.11%（质量分数）。这是因为 γ-Fe 八面体中心的间隙半径仅 5.2×10^{-2}nm，小于碳原子的半径 7.7×10^{-2}nm，因此，碳原子的溶入将使八面体发生膨胀，从而使周围八面体中心的间隙减小。因此，不是所有的八面体中心均能容纳碳原子。碳原子的溶入使 γ-Fe 的点阵发生畸变，点阵参数增大。溶入的碳越多，点阵参数越大。

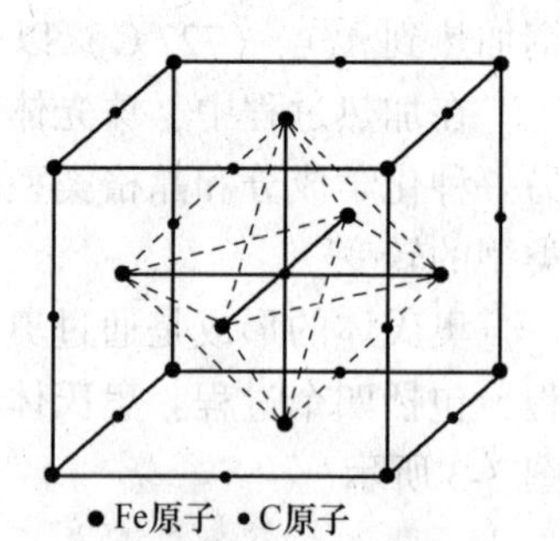

图 3-4 碳原子在奥氏体中可存在的间隙位置

合金中的奥氏体在室温下是不稳定相。但在合金中加入足够数量的能扩大 γ 相区的元素，可使奥氏体在室温成为稳定相。因此，奥氏体可以是钢在使用时的一种重要的结构形态。以奥氏体状态使用的钢称为奥氏体钢，钢中的奥氏体有如下特性：

（1）磁性。奥氏体具有顺磁性，故奥氏体钢又可作为无磁钢。

（2）比容。在钢的各种组织中，奥氏体的比容最小。

（3）膨胀。奥氏体的线膨胀系数比铁素体和渗碳体的平均线膨胀系数高出约一倍。故奥氏体钢也可被用来制作要求热膨胀灵敏的元件。

（4）导热性。除渗碳体外，奥氏体的导热性最差。因此，为避免热应力引起的工件变形，奥氏体不可采用过大的加热速度加热。

（5）力学性能。奥氏体具有高的塑性、低的屈服强度，容易塑性变形加工成型。因为面心立方点阵是一种最密排的点阵结构，致密度高，其中铁原子的自扩散激活能大，扩散系数小，从而使其热强度好，故奥氏体可作为高温用钢。

具有面心立方结构的奥氏体硬度和屈服极限均很低，碳的溶入也不能有效地增加其硬度和强度，又因面心立方结构滑移系统多，因此奥氏体的塑性好。奥氏体中铁原子的自扩散激活能大，扩散系数小，因而使其热强度高。

3.2.3 奥氏体晶粒度及其控制

奥氏体晶粒大小对钢的冷却转变产物的组织和性能都有十分重要的影响。奥氏体晶粒粗大，则其转变产物的晶粒也会粗大，使热处理后钢的强度与韧性降低，容易导致工件变形与开裂，由此，热处理加热时希望获得细小均匀的奥氏体晶粒。

晶粒度是表示材料性能的重要指标，也是评定钢材质量的主要依据之一。

3.2.3.1 奥氏体晶粒度大小的表示方法

奥氏体晶粒大小可用晶粒直径（d）或单位面积中晶粒数（n）以及晶粒度等级（N）等方法表示。

对钢来说，如不特别指明，晶粒度一般是指奥氏体化后的实际晶粒度。根据奥氏体形成过程和晶粒长大的不同情况，钢中奥氏体晶粒度有以下三种：

（1）起始晶粒度：当钢加热到临界点 Ac_1 时，晶粒的尺寸急剧减小，珠光体向奥氏体转变刚一结束时的细小奥氏体晶粒，通常叫起始晶粒度。

（2）本质晶粒度：当钢加热至930℃和保温足够的时间所具有的奥氏体晶粒大小。它表示钢的奥氏体晶粒在规定温度下长大的倾向。

（3）实际晶粒度：在交货状态下钢的实际晶粒大小，及经不同热处理后，钢和零件所得到的实际晶粒大小。

本质晶粒度是表示在一定的温度范围内奥氏体晶粒长大的倾向，不同的钢种奥氏体晶粒在加热时的倾向也不相同，一种是奥氏体晶粒随着加热温度的升高迅速长大的钢，称为本质粗晶粒钢；另一种是奥氏体晶粒长大倾向较小，只有加热到较高温度，奥氏体晶粒才能显著的长大，具有这种特性的钢称为本质细晶粒钢。

国家标准将奥氏体晶粒分为八级，其中1~4级为粗晶粒，4~8级为细晶粒，超过8级为超细晶粒。常用的晶粒度测定方法是将在一定加热条件下获得的奥氏体晶粒放大100倍后与标准晶粒度图比较得到的。

晶粒度级别（N）和晶粒大小有如下关系：

$$n = 2^{N-1}$$

式中，n表示放大100倍时，1in^2（6.45cm^2）视场上的平均晶粒数，n越大，晶粒越细，晶粒度等级越高。

3.2.3.2 影响奥氏体晶粒长大的因素

对钢来说，如不特别指明，晶粒度一般是指奥氏体化后的实际晶粒度。而实际晶粒度主要受加热温度和保温时间的影响。加热温度越高，保温时间越长，奥氏体晶粒越易长大粗大。影响奥氏体晶粒长大的因素主要有：

（1）加热温度和保温时间。加热温度升高，原子扩散速度呈指数关系增大，奥氏体晶粒急剧长大。保温时间延长，奥氏体晶粒长大。

实际晶粒度除了与起始晶粒度有关外，还与钢在奥氏体状态停留的温度及时间有关，在快速加热时，与加热速度和最终的加热温度有关。当加热温度相同时，加热速度越大，实际奥氏体晶粒越细小。

加热温度越高，晶粒长大越快，最后得到的晶粒也越粗大。

（2）加热速度。加热速度越大，奥氏体转变时的过热度也越大，奥氏体的实际形成温度也越高，起始晶粒度则越细。快速加热时，虽然起始晶粒较细小，但如控制不好(加热温度过高或保温时间过长)，则由于所处的温度较高，奥氏体极易长大。

（3）含碳量。在一定含碳量范围内，随着含碳量的增加，奥氏体晶粒长大倾向增大，但当含碳量超过某一限度时，奥氏体晶粒反而变得细小。

（4）合金元素。当钢中含有能形成难熔化合物的合金元素，如Ti、Zr、V、Al、Nb、Ta等时，会强烈阻止奥氏体晶粒长大，并使奥氏体粗化温度升高。Si、Ni、Cu等合金元素不形成化合物，影响不大。Mn、F、S、N等元素溶入奥氏体后，削弱γ-Fe原子间的结合力，加速Fe原子的自扩散，能够促进奥氏体晶粒长大。

3.2.3.3 奥氏体大小的控制

（1）合理制定加热规范。加热温度越高，保温时间越长，奥氏体晶粒越粗大，为了获得细小的奥氏体晶粒，热处理时必须制定合理的加热规范，在保证奥氏体成分均匀的情况下，选择尽量低的奥氏体化温度，或者快速加热到较高的温度经短暂保温形成的奥氏体，使其来不及长大而冷却得到细小晶粒。

(2) 选择奥氏体晶粒长大倾向小的钢种。钢中加入钛、钒、铌、锆、铝等元素，使在热处理加热时奥氏体晶粒的长大倾向小，有利于得到细小的奥氏体晶粒，因为这些元素在钢中可以与碳、氮形成碳化物、氮化物弥散分布在晶界上，能阻止晶粒的长大，而 Mn 和 P 促使晶粒长大。

3.3　钢在冷却时的组织转变

冷却是热处理的最终工序，也是热处理最重要的工序，它决定了钢热处理后的组织和性能，表 3-1 所列为 45 钢在同样奥氏体化条件下，不同冷却速度对其力学性能的影响。显然表中结果的出现是由于奥氏体在不同的冷却速度下转变成了不同的组织产物，因此为了控制钢热处理后的性能，必须研究奥氏体在冷却时的转变规律。

表 3-1　45 钢 840℃奥氏体化不同冷却速度时的力学性能

冷却方式	屈服强度 R_{eL}/ MPa	抗拉强度 R_m/MPa	断后伸长率 A/%	硬度（HRC）
炉冷	280	530	32.5	160~200 HBW
空冷	340	670~720	15~18	170~240 HBW
油冷	620	900	18~20	40~50
水冷	720	1100	7~8	52~60

在热处理生产中，常用的冷却方式有：等温冷却和连续冷却两种。等温冷却是将加热奥氏体化后的钢迅速冷却到临界温度 Ar_1 以下的某一温度保温，进行等温转变，然后冷却到室温，如等温退火、等温淬火等，如图 3-5 中的曲线 1 所示；连续冷却是将加热到奥氏体状态的钢以不同的冷却速度连续冷却到室温，如水冷、油冷、空冷等，如图 3-5 中的曲线 2 所示。

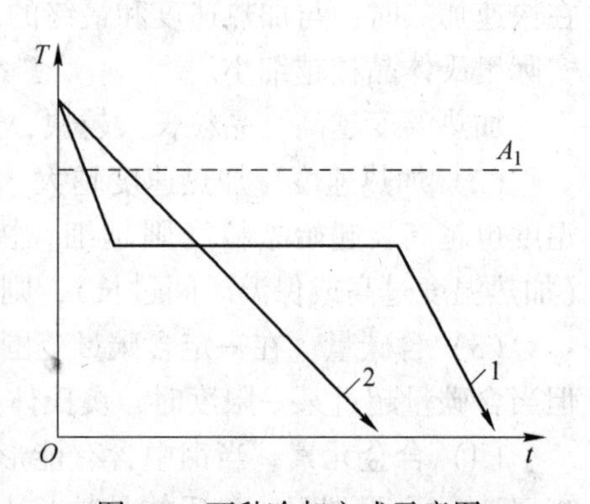

图 3-5　两种冷却方式示意图

1—等温冷却；2—连续冷却

当温度在 A_1 以上时，奥氏体是稳定的，当温度降到 A_1 以下后，奥氏体处于过冷状态，是不稳定的，将会转变为其他组织，这种奥氏体称为过冷奥氏体。钢在冷却时的转变实际上是过冷奥氏体的转变。

除退火外，实际热处理的冷却速度大多较快，不能再利用铁碳相图分析过冷奥氏体在冷却时的转变产物，因此在热处理中需要在等温冷却和连续冷却条件下测绘过冷奥氏体转变图，用以说明过冷奥氏体在不同冷却条件下的转变规律。

3.3.1 过冷奥氏体等温转变曲线

3.3.1.1 过冷奥氏体等温转变图的构成

过冷奥氏体的等温转变图是表示奥氏体急速冷却到临界点 A_1 以下，在不同温度下保温过程中转变量与转变时间的关系曲线也可称为 TTT 曲线。因图中曲线的形状像英文字母 C，所以又称为 C 曲线。图 3-6 为共析碳钢的 C 曲线图。

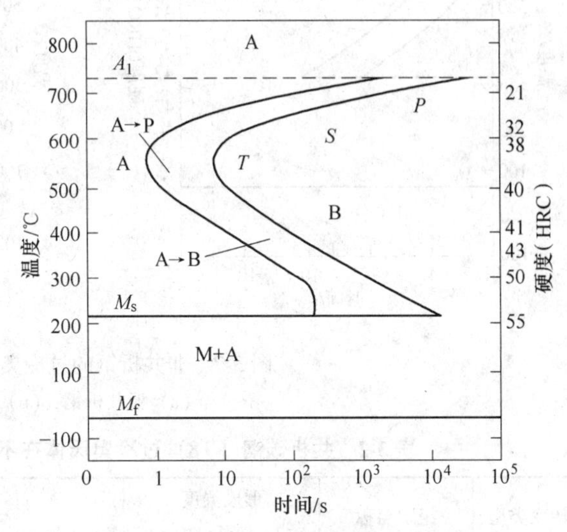

图 3-6 过冷奥氏体等温转变曲线图

因为共析钢的组织转变相对而言比较简单，所以以共析钢为例说明过冷奥氏体等温转变图的构成及组织转变规律。

铁碳合金经缓冷后的显微组织基本上与铁碳相图所预料的各种平衡组织相符合，但碳钢在不平衡状态，即在快冷条件下的显微组织就不能用铁碳合金相图来加以分析，而应由过冷奥氏体等温转变曲线图来确定。

3.3.1.2 过冷奥氏体等温冷却转变的孕育期

从 C 曲线可看出：过冷奥氏体需要一定的孕育期才发生组织转变。孕育期越长，过冷奥氏体越稳定。反之越不稳定。

对共析钢来说，过冷奥氏体在 550℃ 附近等温时孕育期最短，即过冷奥氏体最不稳定，最容易分解，转变速度最快。这里被形象地称为“鼻尖”，高于或低于“鼻尖”时孕育期由短变长。等温转变图上“鼻尖”位置对钢的热处理工艺性能有重要影响。

3.3.1.3 非共析钢的过冷奥氏体等温转变图

非共析钢的过冷奥氏体等温转变图如图 3-7 所示。

亚共析钢的过冷奥氏体等温转变图与共析钢不同的是，在“鼻尖”上方，过冷奥氏体有一部分先转变为铁素体，剩余的过冷奥氏体再转变为珠光体型组织，因此多了一条先共析铁素体的转变线。同理，过共析钢多了一条先共析渗碳体的转变线。

3.3.2 过冷奥氏体等温转变的组织和性能

共析钢在 A_1 以下的不同温度期间，共析钢过冷奥氏体可以发生三种不同的转变，即珠光体转变，贝氏体转变，马氏体转变。共析碳钢过冷奥氏体在不同温度转变的组织特征及性能如表 3-2 所示。

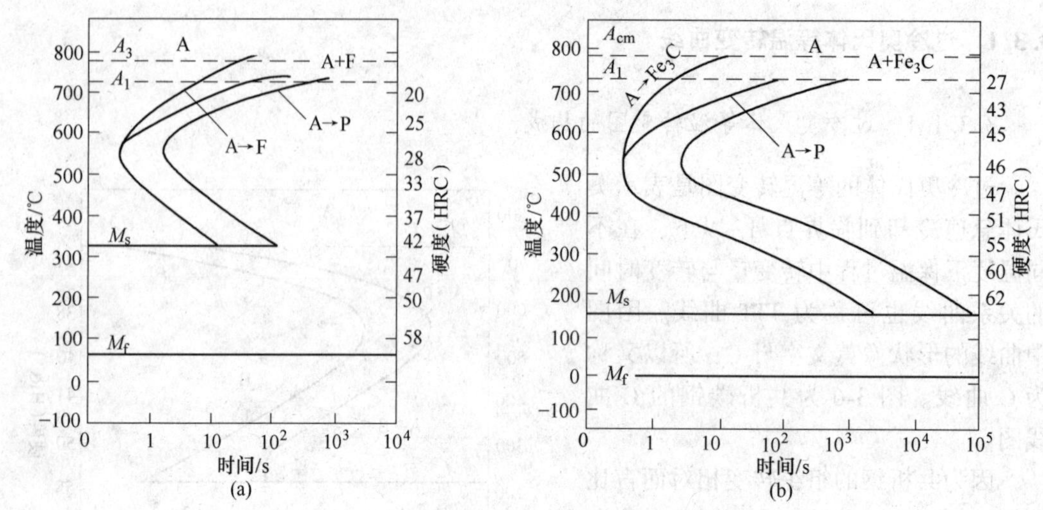

图 3-7　非共析钢的过冷奥氏体等温转变图

(a) 亚共析钢; (b) 过共析钢

表 3-2　共析碳钢（T8）过冷奥氏体在不同温度转变的组织特征及性能

转变类型	组织名称	形成温度范围/℃	金相显微组织特征	硬度（HBC）
珠光体转变	珠光体（P）	A_1~650	在 400~500 倍金相显微镜下可观察到铁素体和渗碳体的片层状组织	~20（180~200HB）
	索氏体（S）	600~650	在 800~1000 倍以上的显微镜下才能分清片层状特征，在低倍下片层模糊不清	25~35
	屈氏体（T）	550~600	用光学显微镜观察时呈黑色团状组织，只有在电子显微镜（×5000~15000）下才能看出片层组织	35~40
贝氏体转变	上贝氏体（$B_上$）	350~550	在金相显微镜下呈暗灰色的羽毛状特征	40~48
	下贝氏体（$B_下$）	220~350	在金相显微镜下呈黑色针叶状特征	48~58
马氏体转变	马氏体（M）	<230	在正常淬火温度下呈细针状马氏体（隐晶马氏体），过热淬火时则呈粗大片状马氏体	62~65

3.3.2.1　珠光体转变

共析钢在 A_1 以下至“鼻尖”（550℃）区间进行等温冷却时，铁、碳原子的扩散能力较强，过冷奥氏体通过扩散型相变转变为珠光体型的组织。即形成铁素体与渗碳体以片层相间排列组成的机械混合物，称为珠光体转变。

转变产物为珠光体类型的组织，片层间距随等温温度的降低而减小。

珠光体类型的组织细分为珠光体、索氏体、屈氏体三种组织。如图 3-8 所示。都是由片层相间的铁素体和渗碳体片组成，差别是片层间距的大小不同，形成温度越低，层片间距越小，片层间距越小，硬度越高，塑性、韧性越好。

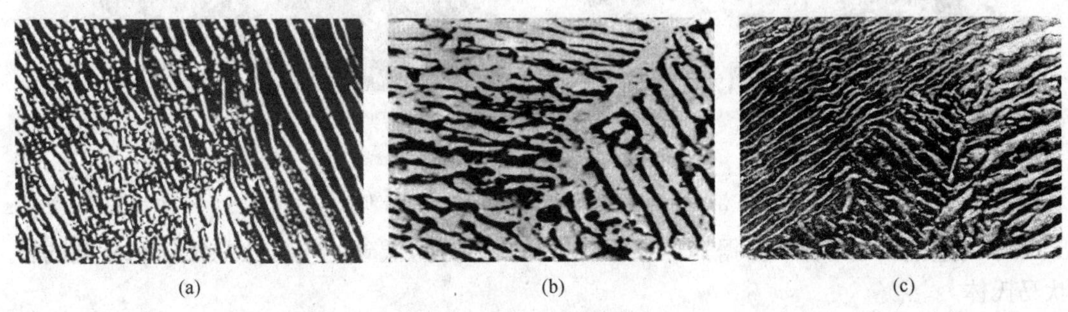

(a) (b) (c)

图 3-8 三种珠光体类型的组织

（a）珠光体；（b）索氏体（电子显微镜×1500）；（c）屈氏体（×5000）

3.3.2.2 贝氏体转变

在 550℃ ~ M_s 区间进行等温冷却时，铁、碳原子扩散较困难，其中铁原子将不能发生扩散，仅有碳原子能做很小的位移，过冷奥氏体通过半扩散型相变转变为贝氏体组织，称为贝氏体转变，也称中温转变。

贝氏体是由含碳过饱和的铁素体和碳化物组成的非层片状的机械混合物。用符号 B 表示。根据组织形态和形成温度区间的不同，贝氏体可分为上贝氏体 $B_{上}$、下贝氏体 $B_{下}$。

共析钢上贝氏体的形成温度 350~550℃，由成束平等排列的条状铁素体和条间渗碳体所组成的非层状组织，在光学显微镜下可观察到成束的铁素体向奥氏体晶界内伸展，具有羽毛状的特征，如图 3-9（a）所示。上贝氏体的强度很低，脆性大，基本没有使用价值。

共析钢下贝氏体的形成温度 350℃ ~ M_s，呈片状铁素体的内部沉淀碳化物组织。在光学显微镜下观察呈黑色针状或竹叶状，如图 3-9（b）所示。在电子显微镜下观察可以看到，它以针片状铁素体为基体，其中分布着很细的碳化物片。下贝氏体具有较高的强度和硬度，还具有良好的塑性。具有较优良的综合力学性能，是生产中常用的组织。

通过调整钢的化学成分或热处理方法获得下贝氏体组织，是钢强韧化的有效途径之一。

3.3.2.3 马氏体转变

当以较快的速度将过冷奥氏体过冷到 M_s 以下时，其将转变为马氏体组织，称为马氏体转变。马氏体转变是强化钢铁材料的重要途径。由于马氏体形成温度较低，过冷度很大，铁、碳原子难以扩散，所以马氏体转变只发生 γ-Fe→α-Fe 的晶格改组，是一种无扩散的转变。因此，马氏体与过冷奥氏体的含碳量相等。

在碳钢中，马氏体是碳在 α-Fe 中的过饱和固溶体；在合金钢中，是碳和合金元素在

(a)

(b)

图 3-9　贝氏体形态（×500）
（a）羽毛状的上贝氏体；（b）黑色针状的下贝氏体

α-Fe 中的过饱和固溶体。根据其形态可以将马氏体分为低碳的板条状马氏体和高碳的针状马氏体。

在光学显微镜下，板条马氏体呈现一束束相互平行的细长条状马氏体群，在一个奥氏体晶粒内可有几束不同取向的马氏体群，如图 3-10（a）所示。钢中碳的质量分数在 0.25%以下时，基本上是板条马氏体，也称低碳马氏体。板条马氏体形成温度较高，常有碳化物析出（即产生回火现象），易被腐蚀而呈现较深的颜色。经电子显微镜观察发现，板条马氏体的亚结构是高密度的位错。

片状马氏体也称针状马氏体。在光学显微镜下，片状马氏体呈针状或竹叶状，片间有一定角度，其立体形态为双凸透镜状，颜色较浅，在光学显微镜下呈白亮色，如图 3-10（b）所示。当钢中碳的质量分数大于 1.0%时，大多数是片状马氏体，称高碳马氏体。

马氏体的粗细取决于淬火加热温度，即取决于奥氏体晶粒的大小。如果高碳钢在正常温度下淬火加热，淬火后可得到细小针状马氏体，在光学显微镜下，仅能隐约见其针状，故又称为隐晶马氏体；如果淬火温度较高，奥氏体晶粒粗大，则得到粗大针状马氏体。

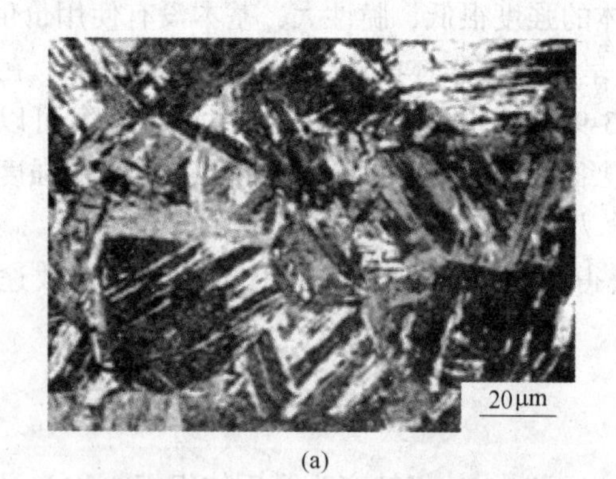

(a)

(b)

图 3-10　马氏体组织（×500）
（a）板条状马氏体组织；（b）片状马氏体组织

当最大尺寸的马氏体片小到光学显微镜无法分辨时，便称为隐晶马氏体。在生产中正常淬火得到的片状马氏体一般都是隐晶马氏体。图 3-10（b）所示的片状马氏体实际上是通过人为提高钢的加热温度，获得较粗大的奥氏体晶粒，快速冷却后获得的粗大片状马氏体。碳的质量分数在0.25%～1.0%范围内时，为板条马氏体和针状马氏体的混合组织，如45钢淬火后得到的马氏体组织。

马氏体是钢中最硬的组织。马氏体的硬度主要取决于其中碳的质量分数。碳的质量分数越高，马氏体的硬度越高，尤其是碳的质量分数较低时，这种关系非常明显。但当碳的质量分数大于0.6%时，其硬度（HRC）变化逐渐趋于平缓，为65～67，如图3-11所示。

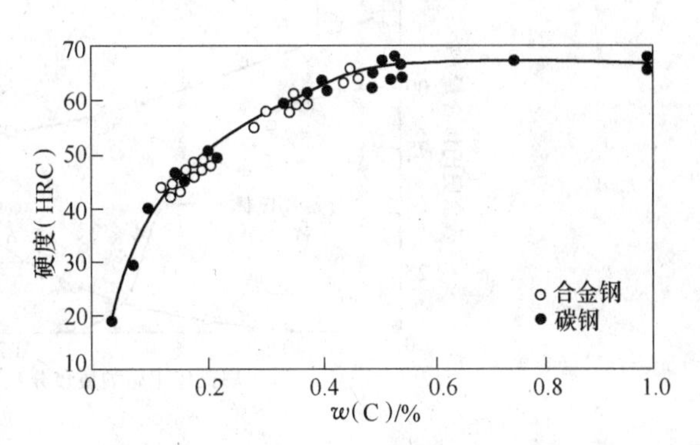

图3-11 碳质量分数对马氏体硬度的影响

马氏体硬度提高的原因是过饱和的碳原子使晶格发生畸变，产生了强烈的固溶强化。同时在马氏体中又存在大量的微细孪晶和位错，它们都会提高塑性变形的抗力，从而产生了相变强化。

马氏体的塑性和韧性与其碳的质量分数（或形态）密切相关。高碳马氏体由于过饱和度大、内应力高和存在孪晶结构，所以硬而脆，塑性、韧性极差，但晶粒细化得到的隐晶马氏体却有一定的韧性。而低碳马氏体由于过饱和度小、内应力低和存在位错亚结构，则不仅强度高，塑性、韧性也较好。故近年来在生产中，已日益广泛地采用低碳钢和低碳合金钢进行直接淬火获得低碳板条马氏体的热处理工艺。

3.3.2.4 马氏体转变的特点

马氏体转变有以下主要特点：

（1）在不断降温的过程中形成马氏体转变是在M_s点以下不断冷却过程中进行的，其转变的温度区间是M_s～M_f，一旦降温停止，马氏体转变也很快停止。随着温度下降，过冷奥氏体不断转变为马氏体，是一个连续冷却的转变过程。

（2）高速形成奥氏体冷却到M_s点以下后无孕育期，瞬时转变为马氏体。马氏体转变速度可达（1~2）$\times 10^5$cm/s。因此，马氏体转变量的增加不是靠已经形成的马氏体片的不断长大，而是靠新的马氏体片的不断生成。

（3）不完全性。马氏体转变是不彻底的，总要残留少量奥氏体，这些经冷却后未转变的奥氏体称为残余奥氏体，用A_R表示。残余奥氏体的含量主要与M_s、M_f的位置有关，M_s、M_f越低，残余奥氏体的含量越高。对于碳的质量分数小于0.6%的非合金钢，残余奥氏体可忽略。但有些高合金钢的残余奥氏体量可达30%。以上，须予以重视。图3-12所示是奥氏体中碳的质量分数对M_s、A_R含量的影响，图中还给出了碳的质量分数与板条马氏体含量的关系。

（4）体积膨胀。在钢的组织中，马氏体的比体积最大，奥氏体的比体积最小。所以，当奥氏体转变为马氏体时，会因工件体积膨胀而产生内应力，这是淬火时容易出现变形和裂纹的原因之一。

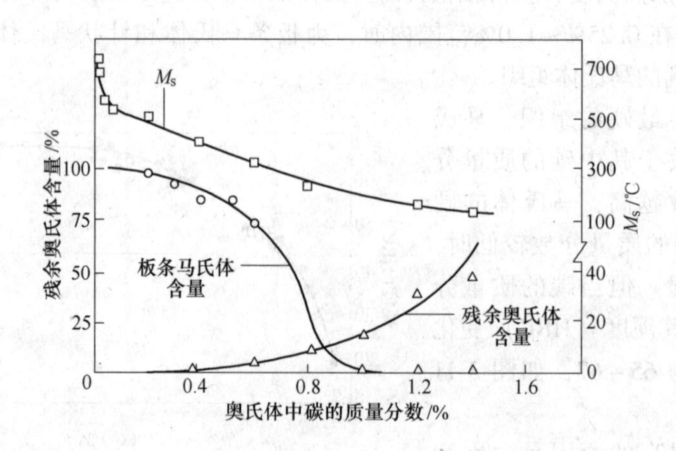

图 3-12　碳质量分数对 M_s、残余奥氏体量的影响

3.3.3　过冷奥氏体连续冷却转变

在热处理生产中，常采用连续冷却方式，如水冷、油冷、空冷或炉冷。因此，研究过冷奥氏体连续冷却转变规律更具有实际意义。

3.3.3.1　过冷奥氏体连续冷却转变图

过冷奥氏体连续冷却转变图也是通过试验测定的，通过连续转变冷却曲线可以了解冷却速度与过冷奥氏体转变组织的关系。图 3-13 所示是共析钢的过冷奥氏体连续冷却转变图，也称 CCT（Continuous Cooling Tranformation Diagram）曲线。

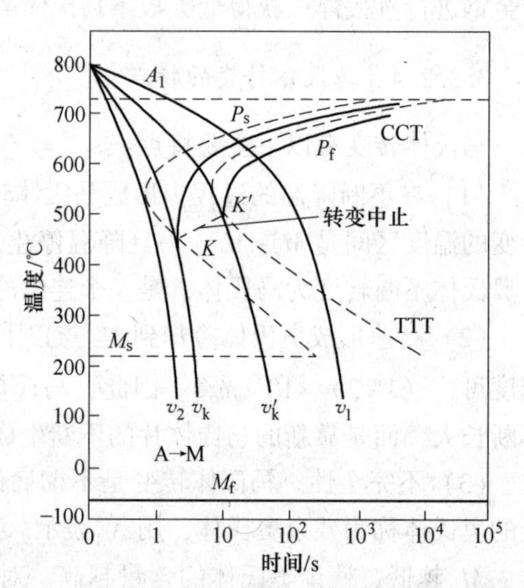

图 3-13　共析钢过冷奥氏体连续冷却转变图

与过冷奥氏体等温转变图（图 3-13 中的虚线所示）相比，可以发现过冷奥氏体连续冷却转变有以下特点：

（1）共析钢连续冷却转变图中只有等温冷却转变图的上半部，而没有下半部，说明共析钢在连续冷却转变时只发生珠光体转变和马氏体转变，而贝氏体转变被强烈抑制。所以，共析钢和过共析钢中过冷奥氏体在连续冷却转变时得不到贝氏体组织。

必须指出，亚共析钢、大部分合金钢中的奥氏体在连续冷却过程中一般都会发生贝氏体转变。

（2）图 3-13 中的 P_s 线为过冷奥氏体转变为珠光体的开始线，P_f 线为珠光体转变终了线，两线之间为转变过渡区。KK'线为转变的中止线，当冷却曲线碰到此线时，过冷奥氏体将中止向珠光体型组织转变，直到 M_s 点以下，才继续转变为马氏体。

（3）与过冷奥氏体连续冷却转变图“鼻尖”相切的冷却速度称为上临界冷却速度，也称马氏体临界冷却速度，用 v_k 表示。当冷却速度 $v>v_k$ 时，冷却曲线不再与 P_s 线相交，避开了连续冷却转变图的“鼻尖”，全部过冷到 M_s 温度以下发生马氏体转变。由此可见，v_k' 是保证获得全部马氏体组织（实际还含有一小部分残余奥氏体）的最小冷却速度。v_k 越小，过冷奥氏体越稳定，因而即使在较慢的冷却速度下也会得到马氏体，这对淬火操作具有十分重要的意义。v_k' 称为下临界冷却速度，当冷却速度 $v<v_k'$ 时，共析钢连续冷却转变将得到全部珠光体类型组织。

（4）与等温转变图相比，共析钢的连续冷却转变图稍靠右下一点，表明连续冷却时，过冷奥氏体完成珠光体转变的温度较低、时间更长。

3.3.3.2 过冷奥氏体连续冷却转变图的分析方法

过冷奥氏体等温冷却转变图是连续冷却转变的理论基础，可以将连续冷却看作是由许多时间很短的等温冷却组成的。所以，过冷奥氏体连续冷却转变后不会出现新的组织产物。

图 3-13 中的冷却速度 v_1 相当于空冷，根据其与连续冷却转变图相交的位置，可知过冷奥氏体在索氏体形成温度区间进行转变，故冷却后的组织产物为索氏体。同理，冷却速度 v_2 相当于水冷，避开了连续冷却转变图的“鼻尖”，过冷奥氏体只发生马氏体转变，组织产物为马氏体+少量残余奥氏体。

由于过冷奥氏体的连续冷却转变是在一个温度区间内进行的，在同一冷却速度下，因为转变开始温度高于转变终了温度，先后获得的组织粗细不均匀，有时还可获得混合组织。

3.3.3.3 过冷奥氏体连续冷却转变图的应用

连续冷却转变图是分析连续冷却过程中奥氏体转变过程及其组织和性能的依据，是实际热处理生产中常用的图表之一。

图 3-14 所示是 Q345 钢的连续冷却转变图。图上标示出了在不同冷却速度下，过冷奥氏体转变产物的组成和性能。当 Q345 钢奥氏体以不同速度连续冷却时，有先共析铁素体的析出 A→F、珠光体转变 A→P、贝氏体转变 A→B 及马氏体转变 A→M 等过程。

当冷却速度很慢（<0.5℃/s）时，转变产物为铁素体和珠光体（F+P）；当冷却速度为 0.5℃/s 时，开始出现贝氏体（B）；当冷却速度为 0.5～10℃/s 时，转变产物为铁素体、珠光体和贝氏体（F+P+B）；当冷却速度为 15℃/s 时，珠光体基本消失，转变产物为铁素体和贝氏体（F+B）；当冷却速度大于 20℃/s 时，开始发生马氏体转变；直接水冷速度> 75℃/s 时，转变产物主要为马氏体和少量游离铁素体。例如，当冷却速度为 5℃/s 时，连续冷却后的组织为 F+P+B，硬度（HV）为 158，如图 3-15 所示。

因过冷奥氏体连续冷却转变图测定比较困难，有些钢的连续冷却转变图尚未被测出。在生产中，还可应用等温冷却转变图定性、近似地分析过冷奥氏体在连续冷却中的转变。

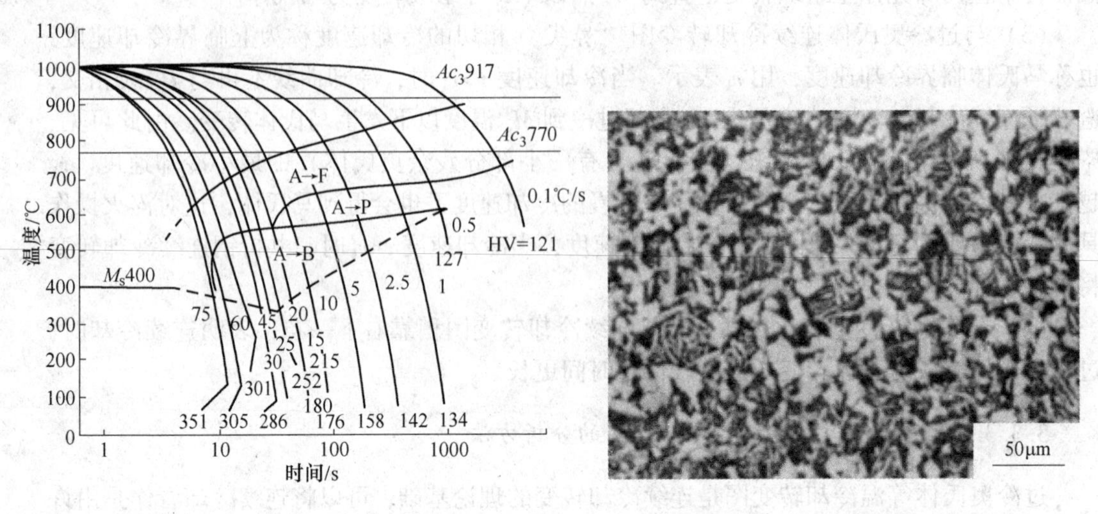

图 3-14　Q345 钢连续冷却转变图　　　图 3-15　Q345 钢的 F+P+B 组织

3.4　退火和正火

机械零件或工具的制造过程由许多冷、热加工工序组成，如图 3-16 所示。钢的退火和正火常作为预备热处理工序，安排在铸、锻等毛坯生产之后，用于消除缺陷、去除内应力，以改善毛坯的可加工性，并为最终热处理做准备。对于性能要求不高的铸、锻、焊件，退火和正火也可作为最终热处理。

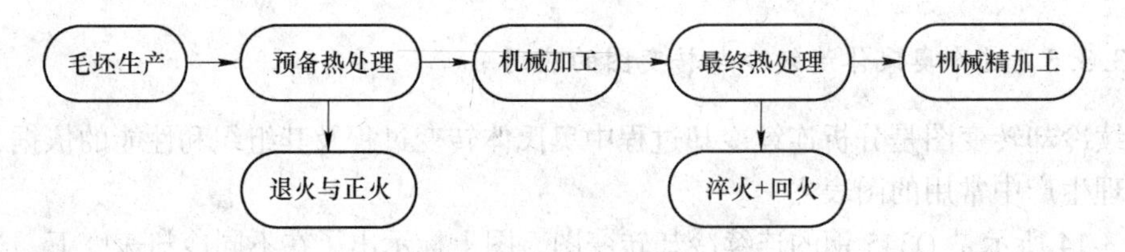

图 3-16　金属工件常见的制造过程

3.4.1　退火的特点和作用

退火是将钢加热到 Ac_1 以上或以下的适当温度，保温一定时间，然后缓慢冷却的一种热处理工艺。

退火的主要特点是缓慢冷却，一般采取随炉冷却、埋砂冷却、灰冷等冷却方法，目的是使过冷奥氏体在等温转变图的较上部位进行转变，使金属内部组织达到或接近平衡状态，获得以珠光体（P）为主的组织。亚共析钢的转变组织为 F+P，共析钢、过共析钢的转变组织为球状珠光体。

退火的作用是降低硬度，以利于切削（比较适合的切削硬度（HBW）为 170~260）；消除内应力，稳定尺寸，防止变形或开裂；细化晶粒；消除偏析，均匀成分和组织。

3.4.2 常用的退火工艺方法

退火的种类很多，常用的主要有以下几种类型。

3.4.2.1 完全退火

完全退火是把钢加热至 Ac_3 以上 30~50℃进行完全奥氏体化，保温一定时间后缓慢冷却（随炉冷却或埋入石灰和砂中冷却），以获得接近平衡组织的热处理工艺。

完全退火的目的在于通过完全重结晶，使热加工造成的粗大、不均匀或非平衡的组织细化、均匀化或向平衡组织转变，以降低硬度，改善可加工性。由于冷却速度缓慢，完全退火还可消除内应力。

完全退火一般用于亚共析钢（$w(C)=0.30\%\sim0.60\%$）的铸、锻、焊件。$w(C)<0.30\%$的低碳钢不进行完全退火，原因是退火后组织中的铁素体过多，硬度（HBW）太低，一般在 170 以下，切削时容易“粘刀”；$w(C)>1.0\%$的过共析钢完全退火后易出现网状二次渗碳体，使力学性能降低，也不宜进行完全退火。

有时，高速工具钢、高合金钢等淬火返修前也进行完全退火，消除过热组织后，才能重新进行加热淬火。

3.4.2.2 球化退火

球化退火是为使钢中碳化物球状化而进行的退火工艺。球化退火的加热温度一般为 $Ac_1+(20\sim30)$℃，保温较长时间以保证渗碳体的自发球化，保温后随炉冷却（<50℃/h）或等温冷却。

球化退火后的显微组织为在铁素体基体上分布着细小均匀的球状渗碳体，称为球化体或粒状珠光体。图 3-17 所示是 T12 钢在 760℃保温 4h，随炉冷却至 700℃保温 4h，再炉冷至 550℃出炉后的显微组织。

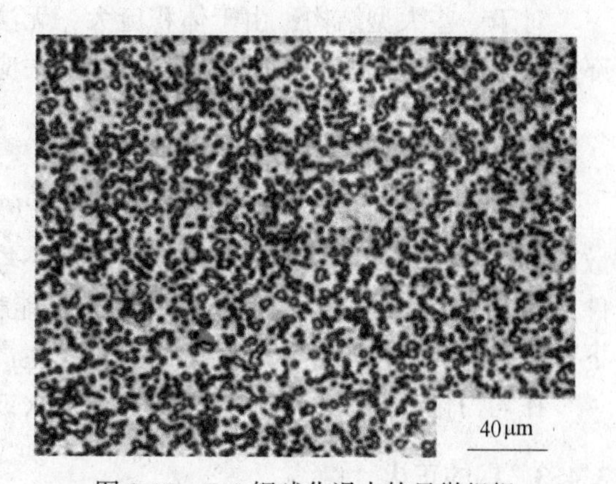

图 3-17 T12 钢球化退火的显微组织

球化退火的目的是降低硬度，提高塑性，改善可加工性，并为淬火做组织准备。

球化退火主要用于高碳钢、高合金钢工件（如工具、模具、滚动轴承等）及某些冷挤压成型的低、中碳结构钢件。

对于存在网状二次渗碳体的过共析钢，应在球化退火前进行正火，消除网状渗碳体，以利于球化。

3.4.2.3 等温退火

等温退火是将钢件加热到高于 Ac_3（或 Ac_1）的适当温度，保温适当时间后，较快地冷却到稍低于 Ar_1 的珠光体转变区的某一温度等温保持，使奥氏体等温转变为珠光体类型组织，然后在空气中冷却的热处理工艺。

等温退火与完全退火、球化退火目的是一致的，只是冷却方式发生了重要改进。对某些奥氏体比较稳定的合金钢，采用等温退火可大大缩短退火周期。图 3-18 所示是高速工具钢的等温退火与完全退火的对比。

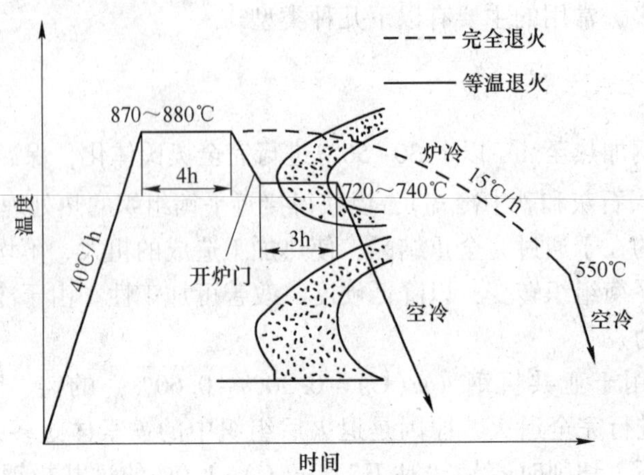

图 3-18　高速工具钢的等温退火与完全退火

3.4.2.4　去应力退火

一些铸、锻、焊、机加工件和冷变形工件会残存很大的内应力，为了消除残余内应力而进行的退火称为去应力退火。

去应力退火是将钢件加热至低于 A_1 的某一温度（一般为 500~650℃），保温后缓慢冷却至 500℃以下出炉空冷。大件、易畸变件应冷却至 200~300℃再出炉空冷，以避免产生新的内应力。

对于一些大型结构，由于体积庞大，无法装炉退火，可采用火焰加热或感应加热等局部加热方法，对焊缝及热影响区进行局部去应力退火。

3.4.2.5　均匀化退火

均匀化退火通常是将钢加热到固相线以下 100~200℃后长时间保温，使原子充分扩散，以消除或减少成分偏析及显微组织的不均匀性，一般用于偏析现象较为严重的合金铸件。均匀化退火的加热温度高、时间长，能耗大，生产成本很高，而且在无保护的条件下，高温下长时间加热，氧化脱碳严重，生产中选用时要慎重。

在均匀化退火后，需补充一次完全退火或正火以细化晶粒。

3.4.3　钢的正火

3.4.3.1　正火的特点

将钢件加热到 Ac_3 或 Ac_{cm} 以上 50~70℃，保温适当时间后，在自由流通的空气中均匀冷却的热处理称为正火。一些大型工件或在炎热的夏天，也可采用吹风或喷雾冷却。

正火的目的是使钢的组织正常化，也称常化处理。亚共析钢正火后的组织为铁素体+索氏体；当碳的质量分数大于 0.6%时，钢正火后一般不出现先共析组织，为伪共析的珠光体或索氏体。

3.4.3.2 正火与退火的区别

正火实质上是退火的一个特例，二者的主要区别在于冷却速度不同。正火的冷却速度比退火稍快，组织较细，且先共析相数量少珠光体组织数量多，因而强度和硬度也较高，而且正火生产周期短，设备利用率高。因此，在条件允许的情况下，应尽量选择正火。

3.4.3.3 魏氏组织

如果正火加热温度过高或保温时间过长，使奥氏体晶粒粗大，同时冷却速度又较快则亚共析钢中的先共析铁素体或过共析钢中的渗碳体（Fe_3C）将沿奥氏体晶界或在晶粒内部独自呈针状析出，这种组织称为魏氏组织，用符号 W 表示，如图 3-19 所示。

图 3-19 钢中的魏氏组织（×200）

（a）亚共析钢中的铁素体魏氏组织；（b）过共析钢中的渗碳体魏氏组织

钢在锻造、轧制、焊接时也会出现魏氏组织。一般认为，魏氏组织会降低钢的力学性能，尤其是显著降低钢的塑性和冲击韧性。生产中常采用完全退火或正火消除魏氏组织。

3.4.3.4 正火的应用

正火主要应用于以下几个方面：

（1）正火能提高硬度，改善可加工性，一般用于低碳钢的预备热处理。正如前述，低碳钢不宜采用退火处理，而用正火则可得到量多而细的珠光体组织，提高其硬度，从而改善可加工性。

（2）正火可以消除魏氏组织、粗大组织、带状组织、网状组织等。例如，过共析钢在球化退火之前，应先用正火消除网状的 Fe_3C_{II}。某些非合金钢、低合金钢的淬火返修件，也可采用正火消除内应力并细化组织，以防止重新淬火时产生变形或开裂。

（3）对于力学性能要求不高的结构钢零件，经正火后所获得的性能即可满足使用要求，可用正火代替淬火+回火作为最终热处理。

图 3-20 所示是常用退火和正火的加热温度和工艺曲线示意图。

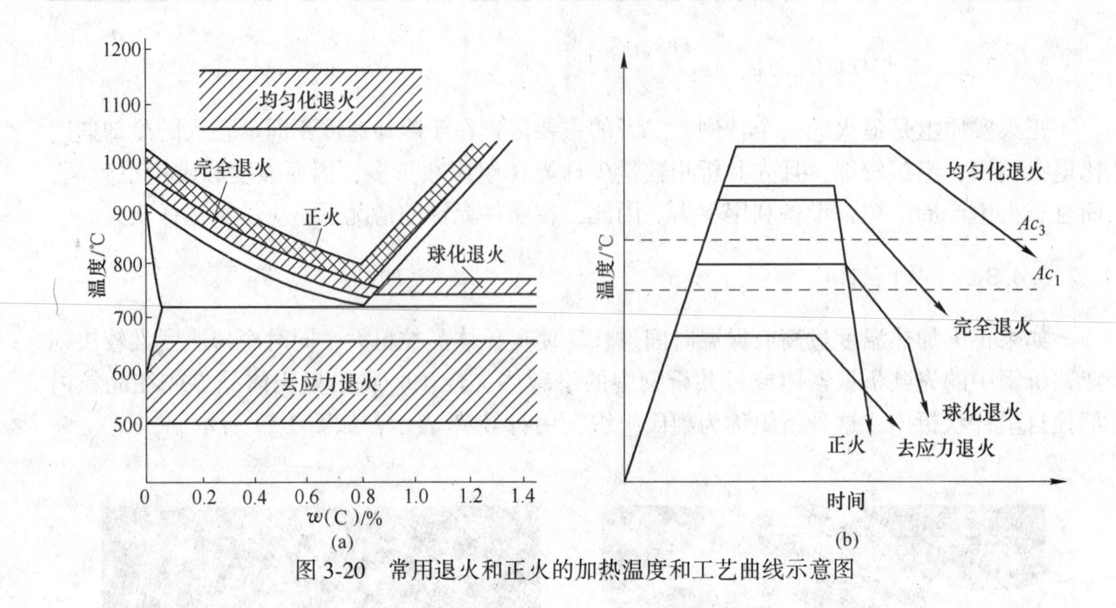

图 3-20　常用退火和正火的加热温度和工艺曲线示意图

3.5　钢的淬火

淬火是最常用、最重要的热处理方法之一。1955 年在辽阳三道壕出土的西汉铁剑经金相检验，其内部组织为马氏体（见图 3-21，来源：北京科技大学材料科学与工程学院实验测试中心)，表明这种剑实为钢剑且经过了淬火处理，这是西汉以前淬火技术已在我国应用的有力证明。如今，“淬火”还经常被用于文学和影视作品中，如教育年轻人要勇于到艰苦的环境或在急难险重任务中去接受淬火，以锻炼自身的意志品质和业务能力。

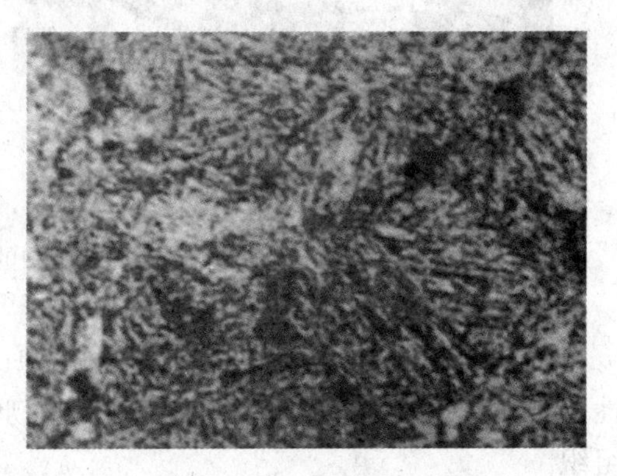

图 3-21　铁剑马氏体组织

“淬火”一词在行业中通读为“蘸火”，“蘸火”已成为专业口头交流的习惯用词，但文献中又看不到它的存在。也就是说，淬火是标准词，人们不读它；“蘸火”是常用词，人们却不写它。

将钢加热到 Ac_3 或 Ac_1 以上适当温度，保温一定时间后，以大于 v_k 的速度快速冷却，使奥氏体转变为马氏体或下贝氏体的热处理工艺称为淬火。

淬火的目的是获得马氏体或下贝氏体，以提高钢的强度和硬度。因此，淬火强化是钢的主要强化手段，是热处理中应用最广的工艺方法，一般作为最终热处理使用。

3.5.1　淬火工艺参数

3.5.1.1　淬火加热温度

淬火加热温度即钢的奥氏体化温度，是淬火的主要工艺参数之一。选择淬火加热温度的原则是获得均匀细小的奥氏体组织。淬火加热温度主要根据钢的化学成分和相变点来确定，图 3-22 所示是非合金钢的淬火温度范围。

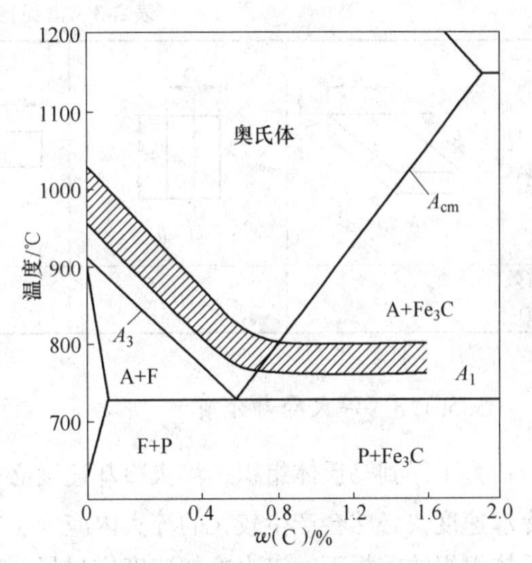

图 3-22 非合金钢的淬火温度范围

亚共析钢的淬火温度一般为 Ac_3 以上 30~50℃，在此温度范围内可得到细小均匀的奥氏体，淬火后可获得均匀细小的马氏体组织。如果温度过高，会因为奥氏体晶粒粗大而得到粗大的马氏体组织，使钢的力学性能恶化，特别是使塑性和韧性降低；如果淬火温度低于 Ac_3，则淬火组织中会保留未溶铁素体，使钢的硬度下降。

对于共析钢和过共析钢，适宜的淬火温度为 Ac_1+(30~50)℃，此时钢的组织为细小的奥氏体晶粒和未溶碳化物，淬火后可形成细小针状马氏体（隐晶马氏体）基体上均匀分布着细颗粒状渗碳体的组织，使淬火钢具有较高的硬度和耐磨性。若采用 Ac_{cm} 以上的温度加热，则必然使奥氏体晶粒长大，渗碳体全部溶解，奥氏体溶碳量增加，所以淬火组织为粗大马氏体和大量的残余奥氏体，这会降低钢的硬度、耐磨性及韧性，同时会使淬火钢的变形、开裂倾向加大。若淬火温度过低，则会得到非马氏体组织，钢的硬度将达不到要求。

对于合金钢，由于合金元素对奥氏体化有延缓作用，加热温度应适当高一些。

3.5.1.2 淬火保温时间

淬火保温时间是指零件热透及完成奥氏体过程所需要的时间，它与工件的形状和尺寸、加热介质、装炉方式、加热温度等多种因素有关。因此，要确切计算保温时间是比较复杂的。

目前在生产中，常根据经验公式估算或通过试验确定合理的保温时间，以保证淬火质量。下面的经验公式常被用于确定中、小型工件淬火时的保温时间：

$$\tau = \alpha KD$$

式中 τ——保温时间，min；

α——加热系数，与钢种及加热介质有关，在 0.3~1.8 的范围内选取；

K——装炉排料系数，通常在 1.0~2.0 的范围内选取；

D——工件有效厚度，指最快传热方向上的厚度。

表 3-3 中所列是常见形状零件有效厚度。

例如，直径为 30mm 的 45 钢工件在箱式电阻炉中进行 840℃淬火加热，其保温时间的确定方法：查阅相关手册可知，α 取 1.0~1.2，少量工件装炉 K 取 1.0，工件有效厚度为 30mm，按经验公式 $\tau=\alpha KD=(1.0\sim1.2)\times1.0\times30=30\sim36$min。

按上述经验公式算出的保温时间通常较为保守，实际中可根据具体情况适当缩短。

表 3-3　常见形状零件有效厚度

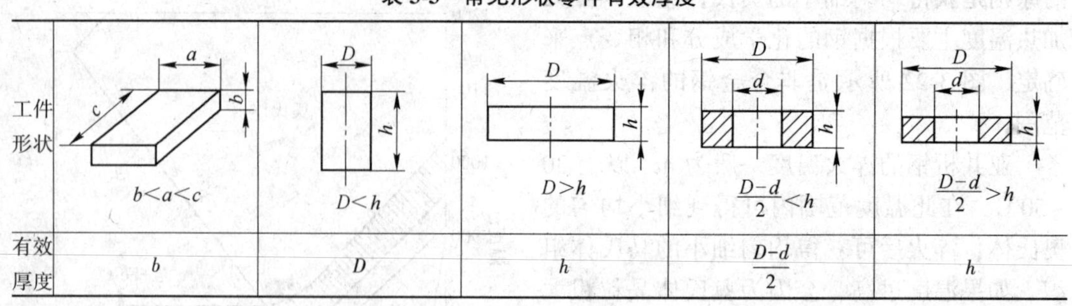

工件形状	$b<a<c$	$D<h$	$D>h$	$\frac{D-d}{2}<h$	$\frac{D-d}{2}>h$
有效厚度	b	D	h	$\frac{D-d}{2}$	h

3.5.1.3　淬火冷却介质

为了得到马氏体组织，淬火冷却速度必须大于上临界冷却速度 v_k，但并非越快越好。冷却速度快必然会产生较大的淬火内应力，往往会引起工件变形或开裂。所以，在得到马氏体组织的前提下，淬火冷却速度应尽量缓和。

根据钢的等温转变图可知，在“鼻尖”温度附近必须快速冷却，以躲开“鼻尖”，保证不产生非马氏体相变；而在 M_s 点以下又应缓冷，以减轻马氏体转变时的相变应力。根据上述要求，理想的淬火冷却曲线应如图 3-23 所示。但是到目前为止，还找不到完全理想的淬火冷却介质。

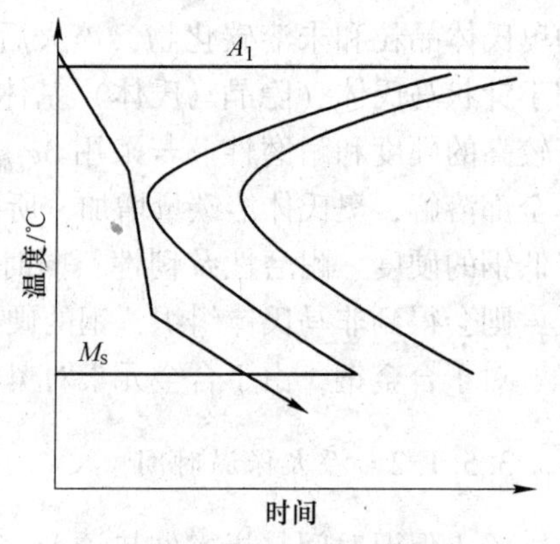

图 3-23　理想的淬火冷却曲线

实际生活中常用的淬火冷却介质有水、全损耗系统用油、水溶性盐类和碱类、有机物水溶液等，尤其是水和油最为常用。

水是目前应用最广的淬火冷却介质，因为它价廉易得、使用安全、不燃烧、无腐蚀。水在 400～650℃范围内冷却速度较大，能保证工件获得马氏体组织，但在 300℃以下冷却能力更大，工件易发生变形和开裂，这是水作为淬火冷却介质的最大缺点。因此，水一般用于形状简单的非合金钢件的淬火。为提高水的冷却能力，可加入少量的盐或碱，如 5%～10%的盐水溶液可用于低碳钢的淬火冷却。

各种矿物油也是常用的淬火冷却介质，目前常用的是 L-ANI5/L-AN32 全损耗系统用油。油在 200～300℃温度范围内的冷却速度小于水，这可大大减小淬火钢件的变形、开裂倾向，但其在 550～650℃“鼻尖”温度范围内的冷却速度比水小得多。因此油常用作等温转变图靠右的合金钢件的淬火冷却介质。用油淬火的钢件需要清洗，油质易老化，这是油作为淬火冷却介质的不足。

使用水、油做淬火冷却介质时，有“冷水热油”之说。即水温越低，其冷却能力越强，在生产中常采用循环冷却的方法使水温保持在 15～30℃；而油温升高时，其黏度下降，流动性更好，冷却能力反而提高。但油温过高易着火，因此一般把油温控制在 60～80℃。

近年来出现了一些新型淬火冷却介质，如专用淬火油、高速淬火油、光亮淬火油、真空淬火油、过饱和硝盐水溶液、高分子聚合物水溶液等，它们的冷却特性优于普通的水和油，已在生产中获得了广泛应用，如由聚二醇、水和添加剂组成的聚合物水溶液(PAG)。

3.5.2 常用的淬火方法

选择适当的淬火方法，既可以获得所要求的淬火组织和性能，又可减小淬火应力，防止工件变形和开裂。

3.5.2.1 单液淬火

单液淬火时将加热至奥氏体状态的工件放入一种淬火冷却介质中一直冷却到室温的淬火方法，如通常采用的非合金钢件淬火、合金钢件淬油。这种方法的优点是操作简单，易实现机械化与自动化，但此法水冷变形大、油冷难淬硬。这种方法适用于形状简单的非合金钢和合金钢工件，其工艺曲线如图 3-24 中的曲线 1 所示。

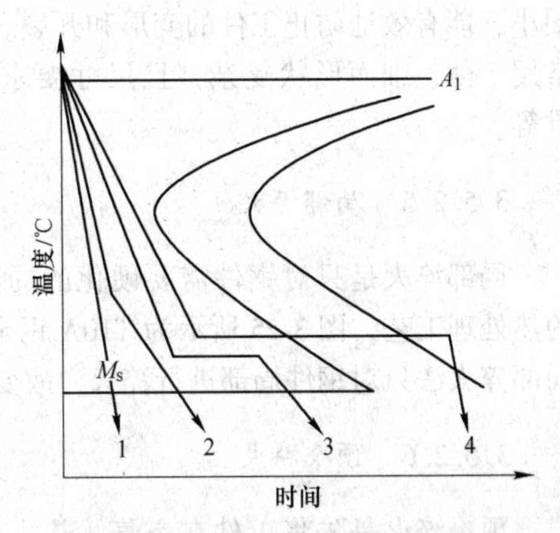

图 3-24 各种淬火方法示意图

3.5.2.2 双液淬火

双液淬火是将加热奥氏体化后的工件先浸入冷却能力强的淬火冷却介质中，以避开等温转变图的“鼻尖”，然在发生马氏体转变前立即转入另一种冷却能力较弱的淬火冷却介质中冷却，使之在较缓慢的冷却速度下发生马氏体转变，如图 3-24 中的曲线 2 所示。常用的双液淬火有水淬-油冷和油淬-空冷。这种方法利用了两种介质的优点，克服了单液淬火的不足，获得了接近理想状态的冷却条件，既能保证获得马氏体组织，又减小了淬火内应力，防止了变形和开裂，主要用于形状复杂的高碳工具钢，如丝锥、板牙等。

这种方法必须准确掌握钢件由第一种介质转入第二种介质的时机，如果转入过早，则温度尚处于等温转变图“鼻尖”以上温度，取出缓慢冷却可能发生非马氏体组织转变，从而达不到淬火目的；如果转入过晚，温度已低于 M_s，则已发生了马氏体转变，就失去了双液淬火的作用。在生产中，主要靠经验保证双液淬火的效果。所以双液淬火的缺点就是操作困难，要求技术熟练。

进行水-油双液淬火时，当工件水冷的“嗞嗞”声由大变小，并即将停止时立即转入油中冷却为最佳时机。也可根据手握夹具的感觉来判断，当手中夹具的振动感由强开始转弱时立即转入油中。进行有空双液淬火时，应待油的沸腾减弱，且工件从油中取出时无闪光而只冒青烟，说明冷却时间正好。

3.5.2.3 分级淬火

分级淬火是将加热奥氏体化的工件先浸入略高或稍低于 M_s 点的盐浴或碱浴中保持适当时间，使工件表里温度趋于均匀，并在奥氏体发生分解之前取出空冷，以获得马氏体的淬火工艺，如图 3-24 中的曲线 3 所示。这种方法的优点是大大降低了淬火应力，减少或避免了工件的变形和开裂，而且操作较容易。但由于盐浴和碱浴的冷却能力较小故只适用于形状较复杂、尺寸较小的工件。

3.5.2.4　贝氏体等温淬火

贝氏体等温淬火是将奥氏体化后的工件快速冷却到下贝氏体转变温度区间等温保持，使奥氏体转变为下贝氏体的淬火工艺，如图 3-24 中的曲线 4 所示。等温的温度和时间由钢的等温转变图确定。

等温淬火得到的下贝氏体组织的强度、硬度较高，韧性比马氏体好；由于淬火内应力很小，能有效地防止工件的变形和开裂。此法的缺点是生产周期较长且需要一定的设备，常用于薄、细而形状复杂，且尺寸要求精确、强韧性要求高的工件，如成型刀具、模具等。

3.5.2.5　局部淬火

局部淬火是只对钢件需要硬化的局部进行加热淬火的热处理工艺，图 3-25 所示为 T10A 钢卡规的局部淬火。局部淬火法只对钢件局部进行淬火，故变形相对较小。

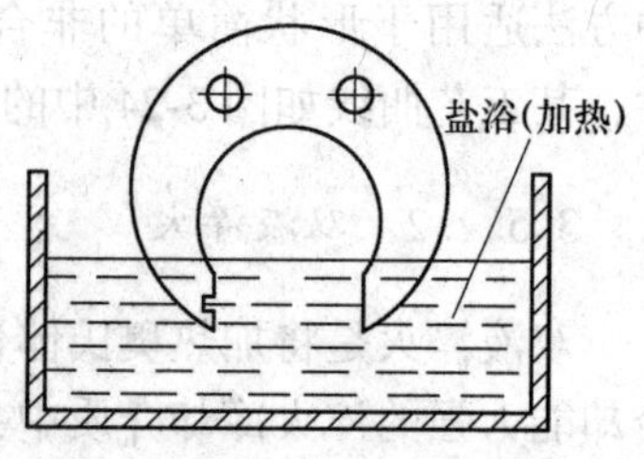

图 3-25　T10A 钢卡规的局部淬火

3.5.2.6　预冷淬火

预冷淬火是先将工件在空气、热水、盐浴中预冷到图稍高于 Ar_3 或 Ar_1 的温度，然后进行单液淬火。这种方法可使工件尖角、薄壁处得到预冷，减小热应力，从而降低淬火变形和开裂的倾向，常用于形状复杂、各部位厚薄相差悬殊及要求变形小的零件。预冷时间常由操作者靠技术和经验来掌握。

3.5.3　淬火的操作要领

工件放入淬火冷却介质时，一般应做到：设法保证工件淬硬、淬深，尽量减小工件畸变、避免开裂，并安全生产。具体应根据根据情况，参照表 3-4 选择适当的淬火方式。

表 3-4　各种工件的正确淬火操作方法

细长件	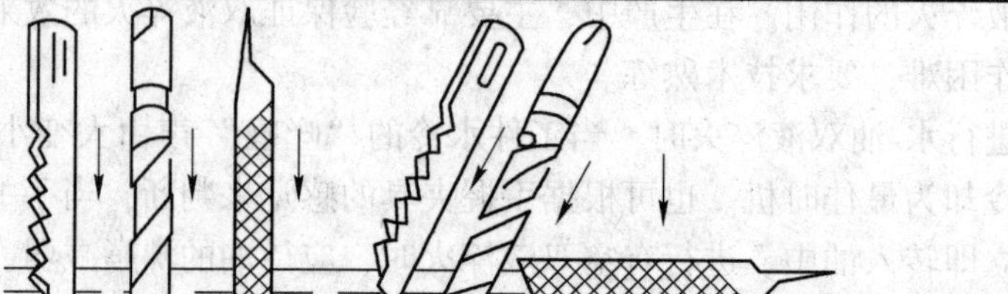
筒形件	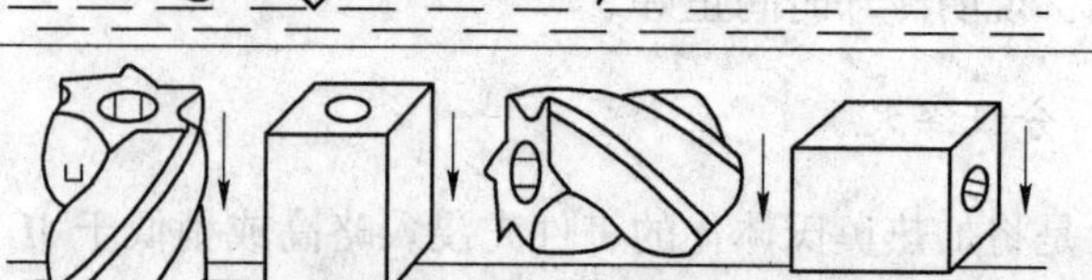

续表 3-4

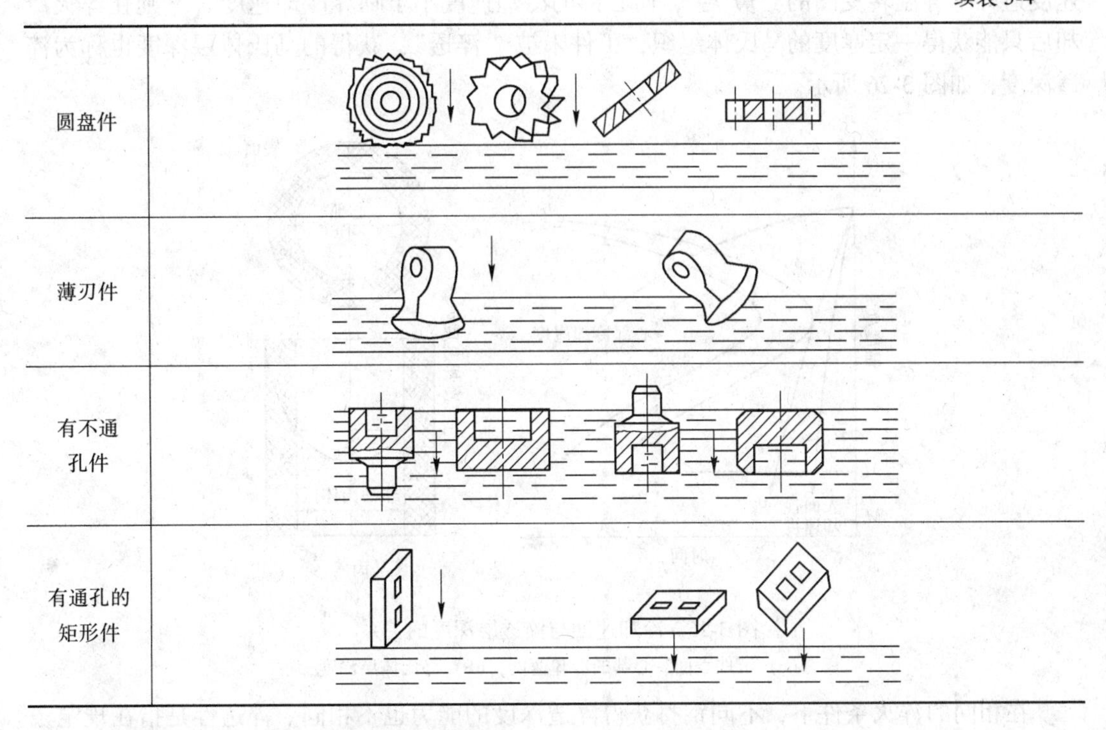

（1）轴类、细长工件应垂直浸入介质，并上下运动。

（2）套筒类工件应沿轴线方向淬入介质。

（3）盘类工件、薄片件应垂直于液面淬火；大型薄片件应快速垂直淬入，速度越快变形越小。

（4）两端大小不一的工件，应先将大端先淬入。

（5）横截面厚薄不一的工件，应先淬入较厚部分（如半圆锉刀，应半圆面向下，倾斜45°淬入），以使冷却均匀。

（6）有不通孔或凹面的工件，应使孔或凹面向上淬入；具有十字形或 H 形的工件不宜垂直淬入，而应斜着淬入，以利于气泡排出。

（7）长方形带通孔的工件（如冲模）应垂直斜向淬入，以利于孔附近的冷却。

（8）工件淬入介质后应适当运动，以加速蒸汽膜的破裂，提高工件的冷却速度。一般情况下，冷却速度慢的部分应迎水运动；细长、薄片类工件淬入介质时要快，不宜晃动，在介质中应垂直运动而不宜横向摆动，否则易引起变形。

（9）截面厚薄差异大的工件，也可对冷却快的部分进行包扎（在加热前用石棉、铁皮等包扎），以使整个截面冷却均匀。

3.5.4 钢的淬透性与淬硬性

3.5.4.1 淬透性的概念

在淬火冷却时，若工件表面和心部的冷却速度都避开了等温转变图的“鼻尖”，则表面和心部都转变为马氏体组织，工件被“淬透”。反之，若只有工件表面一定厚度的冷却速度避开了等温转变图的“鼻尖”，而心部的冷却速度小于临界冷却速度 v_k，则在淬火冷却后只能获得一定厚度的马氏体组织，工件未被“淬透”，获得的马氏体层深度也称为淬透深度，如图 3-26 所示。

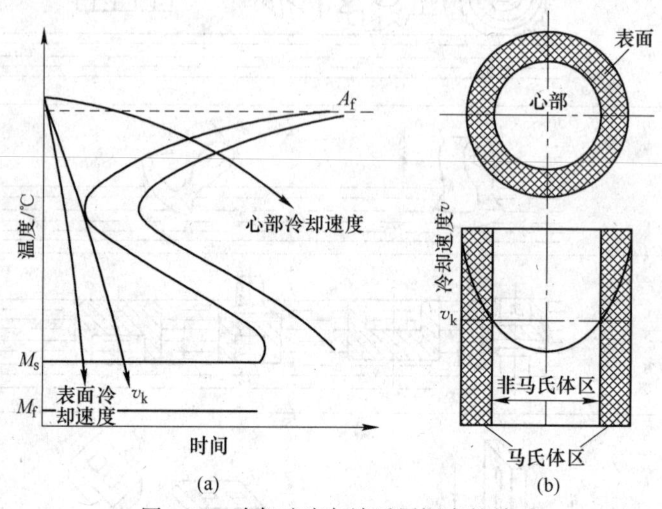

图 3-26　冷却速度与淬透层深度的关系

（a）工件表面、心部的冷却速度；（b）马氏体层深度

在相同的淬火条件下，不同钢材获得淬透深度的能力也不相同。淬透性是指在规定条件下淬火时，决定钢材淬透深度和硬度分布的特性。即钢淬火时获得马氏体的能力，表示钢接受淬火的能力。

为测量方便，一般采用由工件表面到半马氏体区（马氏体和珠光体类型组织各占 50%）处的距离作为其淬透层深度，并用这个深度作为判定淬透性的标准。

淬透性是钢的固有属性，钢的化学成分和奥氏体化条件是影响其淬透性的基本因素。凡能增加过冷奥氏体稳定性，即使等温转变图右移、减小钢的临界冷却速度 v_k 的因素，都能提高钢的淬透性；反之，则会降低淬透性。

3.5.4.2　淬硬性的概念

钢的淬硬性是指钢在理想条件下淬火后所能达到的最高硬度值，即钢在淬火时的硬化能力。淬透性与淬硬性是两个完全不同的概念，影响钢淬硬性的主要因素是钢中碳的质量分数。淬透性好的钢，其淬硬性不一定高，如低碳合金钢的淬透性较高，但其淬硬性并不高；又如，高碳工具钢的淬透性较差，但其淬硬性较高。

3.5.4.3　淬透性的测定方法

在生产和科研中，常采用末端淬火法或临界直径测定钢材的淬透性。

（1）末端淬火法。末端淬火法又称端淬试验，是将标准尺寸的端淬试样（ϕ25mm×100mm）加热奥氏体化后，停留 30min，然后迅速放在端淬试验台上对其一端面进行喷水冷却，然后沿轴线方向测出硬度—距水冷端距离的关系曲线，如图 3-27（a）所示。由于试验末端被喷水冷却，故水冷端冷却得最快，越向上冷却得越慢，头部的冷却速度相当于空冷，这样，便可沿试样长度方向获得各种冷却条件下的组织好性能。冷却完毕后，沿试样两侧纵向各磨去 0.4mm，并自水冷端 1.5mm 处开始测定硬度，绘出硬度与距水冷端距离的关系曲线，即所谓端淬曲线或淬透性曲线，如图 3-27（b）所示。淬透性曲线越平缓、下降越慢，钢的淬透性越高；反之越低。

（2）临界直径。所谓临界直径是指钢在某种介质中淬火后，心部能得到全部马氏体或 50%马氏体组织的最大直径。显然，冷却能力大的介质中比冷却能力小的介质所淬透的直径要大。在同一介质中，钢的临界直径越大，其淬透性越高。表 3-5 所列是几种常用钢的临界直径。

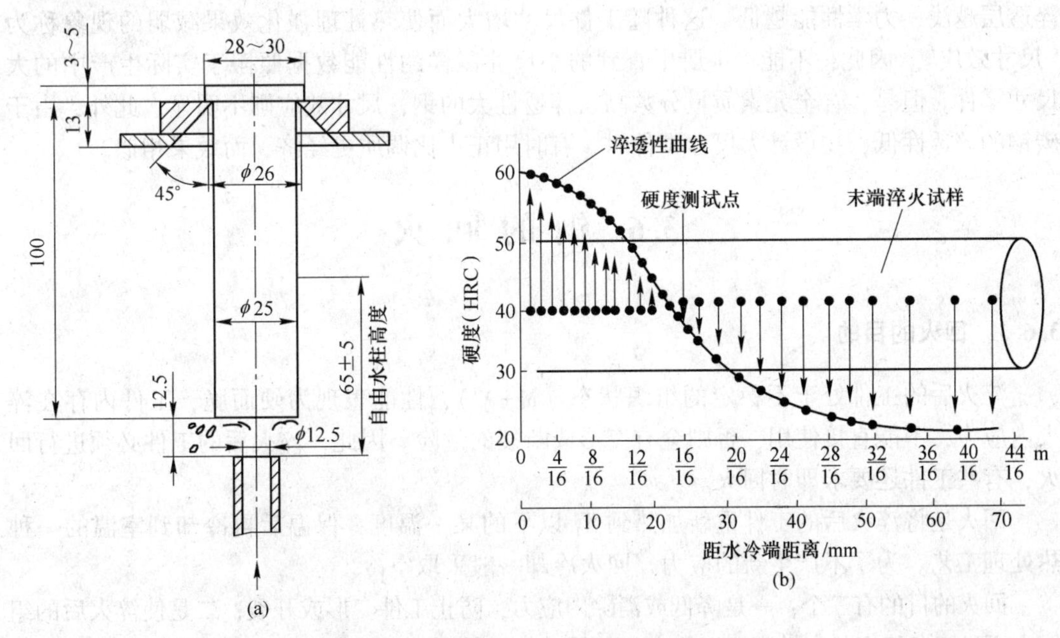

图 3-27 末端淬火试验测定钢的淬透性

（a）端淬试验示意图；（b）淬透性曲线

表 3-5 几种常用钢的临界直径

钢 号	临界直径/mm		钢 号	临界直径/mm	
	水 淬	油 淬		水 淬	油 淬
45	13～16.5	5～9.5	35CrMo	36～42	20～28
60	11～17	6～12	60Si2Mn	55～62	32～46
T10	10～15	<8	50CrV	55～62	32～40
20Cr	12～19	6～12	20CrMnTi	22～35	15～24
40Cr	30～38	19～28	30CrMnSi	40～50	32～40

3.5.4.4 淬透性的作用

淬透性是钢的主要热处理性能，直接影响其热处理后的力学性能。淬透性高的钢，整个截面都被淬透，其力学性能沿截面分布是均匀的；淬透性低的钢，由于未能淬透，其力学性能沿截面分布是不均匀的，越靠近心部，力学性能越差，尤其是韧性相差更明显。因此，零件选材和制定热处理工艺时，必须考虑钢的淬透性。

（1）对于截面尺寸较大、形状较复杂的重要零件，以及受力较大而要求截面力学性能均匀的零件，应选用高淬透性的钢制造。例如，受拉伸、压缩及冲击载荷的零件，其应力分布是均匀的，因此要求整个截面淬透。

（2）对于受弯曲、扭转载荷的零件，如多数轴类零件，由于应力主要分布于表层，因此淬硬层深度一般为工件半径的1/3~1/2，不必苛求高淬透性。例如，45钢在水中淬火的临界直径不到20mm，但可制造ϕ40~50mm的车床主轴。

（3）对于焊接结构件不应选用淬透性较高的钢材。因为淬透性高的钢在焊后空冷时，在焊缝和热影响区（HAZ）容易出现马氏体组织，将诱发焊接冷裂纹。

（4）热处理尺寸效应。工件尺寸越大，其热容量越大，在相同的淬火冷却介质中的淬透层越浅，力学性能越低。这种随工件尺寸增大而使热处理强化效果减弱的现象称为"尺寸效应"。因此，不能将手册中查到的小尺寸试样的性能数据照搬于实际生产中的大尺寸零件。但是，合金元素质量分数高、淬透性大的钢，尺寸效应则不明显。此外，由于碳钢的淬透性低，在设计大尺寸零件时，有时用正火比调质更经济，而效果相似。

3.6 钢的回火

3.6.1 回火的目的

淬火后的工件处于不稳定的组织状态（M+A′），性能表现为硬而脆，工件内存在淬火内应力，不能直接使用，否则会有变形或断裂的危险。因此，淬火后的工件必须进行回火，有些工件还要求即时回火。

回火是将淬火后的工件重新加热到A_1以下的某一温度，保温后再冷却到室温的一种热处理工艺。为了不产生新的应力，回火冷却一般采取空冷。

回火的目的有三个：一是降低或消除内应力，防止工件变形或开裂；二是使淬火后的组织由不稳定向稳定状态转变，以稳定工件尺寸；三是调整工件的性能，以满足其使用要求。

3.6.2 钢在回火时组织和力学性能的变化

3.6.2.1 淬火钢回火时的组织转变

虽然回火的加热温度不高，冷却也不剧烈（一般为空冷），但发生的组织转变却非常复杂。总的趋势是：随回火温度升高，马氏体中的过饱和碳逐渐析出，过饱和度不断下降；残余奥氏体不断转变；α相（铁素体）发生多边形化，由原马氏体形态转变为多边形；碳化物聚集并长大。同时，淬火内应力逐渐下降直至消除，如图3-28所示。

钢的回火组织仅取决于回火温度的高低，与冷却方式无关。根据回火温度不同，可以获得回火马氏体、回火屈氏体、回火索氏体组织，见表3-6。

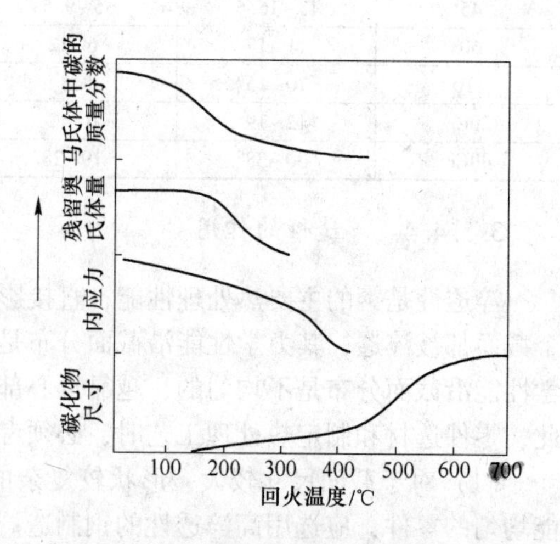

图3-28　淬火钢在不同温度回火后的组织

表 3-6 淬火钢在不同温度回火后的组织

回火温度/℃	回火组织	符号	组织特点	性能特点
<250	回火马氏体	M′	过饱和 α 固溶体和有共格关系的 ε 碳化物所组成的混合组织	硬度、耐磨性较高，但略低于马氏体，HRC 50~62
250~500	回火托氏体	T′	保持马氏体形态的铁素体基体上分布着细粒状 Fe_3C	弹性极限最高，韧性好，HRC 40~50
500~650	回火索氏体	S′	多边形铁素体基体上分布着颗粒状 Fe_3C	综合力学性能较高，HRC 200~300

3.6.2.2 淬火钢回火后力学性能的变化

淬火钢在不同温度下回火的组织不同，因而其力学性能也将有明显变化。总的规律是，随回火温度升高，钢的强度、硬度下降，塑性、韧性上升。图 3-29 所示为共析钢的力学性能与回火温度的关系。

(1) 硬度。硬度是淬火钢在回火时变化最为明显的力学性能指标，也是确定回火温度的依据。在 200℃以下回火时，由于马氏体中大量 ε 碳化物呈弥散状析出，故钢的硬度下降的不明显。在 200~300℃回火时，由于钢中的残余奥氏体转变为回火马氏体因此会减慢硬度下降的速度。在 300℃以上回火时，由于渗碳体析出并长大以及马氏体中碳的质量分数已降至 0.1%以下，故钢的硬度直线下降。

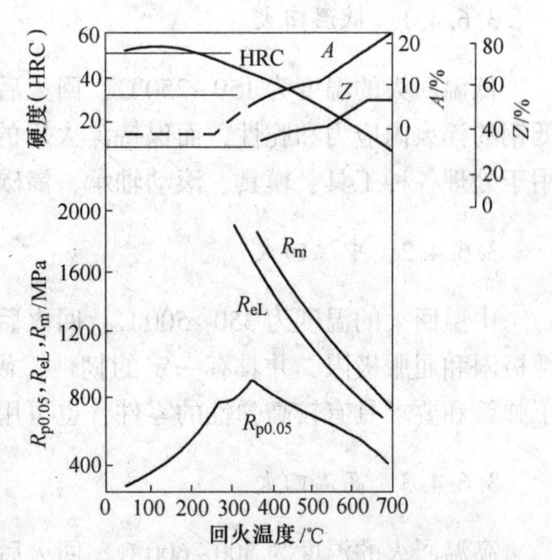

图 3-29 共析钢的力学性能与回火温度的关系

(2) 强度、塑性及韧性。随回火温度的升高，钢的强度下降，而塑性、韧性上升。由于共析钢中碳的质量分数较高，低温回火后脆性太大，试样在拉伸试验中会发生早期脆断，所以测不出塑性值，如图 3-29 上部虚线所示。从图 3-29 还可以看出，共析钢的弹性极限 $R_{p0.05}$ 在 350℃左右出现峰值。故弹簧类件多采用 350~500℃中温回火以获得高的弹性极限。

3.6.3 钢的回火脆性

在某些温度范围内回火时，钢的韧性下降的现象称为回火脆性。回火脆性分为不可逆回火脆性和可逆回火脆性两种。

3.6.3.1 不可逆回火脆性

淬火钢在 250~350℃范围内回火时出现的脆性称为不可逆回火脆性，又称第一类回火脆性，几乎所有的钢都存在这类脆性。目前尚无有效办法消除不可逆回火脆性，所以一般都尽量避免在250~350℃这一温度范围内回火。

3.6.3.2　可逆回火脆性

淬火钢在500~650℃范围内回火时出现的脆性称为可逆回火脆性，又称第二类回火脆性。这种脆性多发生在含Cr、Ni、Si、Mn等合金元素的结构钢中。可逆回火脆性与加热、冷却条件有关，并且是可逆的。回火冷却时，以缓慢的冷却速度通过500~650℃脆化温度区时出现脆性；快速冷却通过时则不出现脆性，如图3-30所示。因此，很多合金结构钢在高温回火时采用水冷或油冷。

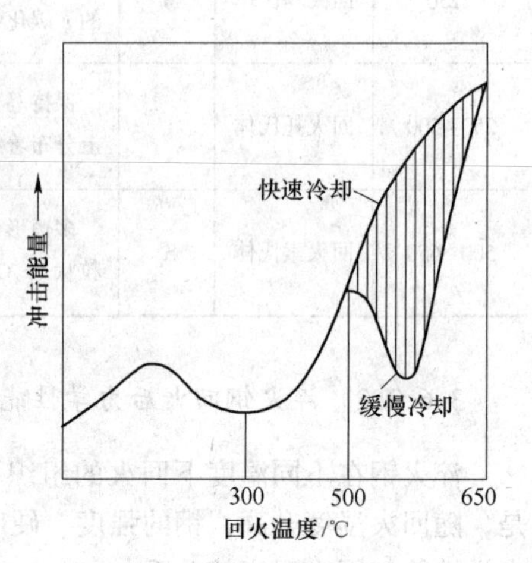

图3-30　可逆回火脆性示意图

3.6.4　钢的回火方法

根据回火温度不同，可将回火分为三种。

3.6.4.1　低温回火

低温回火的温度为150~250℃，回火后的组织为回火马氏体。低温回火主要是为了降低钢的淬火内应力和脆性，而保持淬火后的高硬度（HRC一般为58~64）和耐磨性，常用于处理各种工具、模具、滚动轴承、渗碳淬火件和表面淬火件。

3.6.4.2　中温回火

中温回火的温度为350~500℃，回火后的组织为回火托氏体。这种组织具有较高的弹性极限和屈服极限，并具有一定的韧性，硬度（HRC）一般为35~45。中温回火主要用于弹簧和要求具有较高弹性的零件，也可用于某些热作模具。

3.6.4.3　高温回火

高温回火的温度为500~600℃，回火后的组织为回火索氏体。这种组织具有良好的综合力学性能，即在保持较高强度的同时，具有良好的塑性和韧性。

习惯上将淬火与高温回火相结合的热处理称为调质处理，简称调质。调质广泛用于各种受力复杂的重要结构零件，如轴、齿轮、连杆、螺栓等，也可作为表面淬火、渗氮等的预备热处理。调质后硬度（HBW）一般为210~300。

回火温度的选择是决定回火后组织与性能的关键因素。生产中可采用下列经验公式确定淬火钢的回火温度：

中碳钢回火温度=（80-要求硬度值（HRC））×10

高碳钢回火温度=（85-要求硬度值（HRC））×10

合金钢回火温度=（90-要求硬度值（HRC））×10

如要求45钢回火后硬度（HRC）为40~42，则适宜的回火温度为[80-(40~42)]×10=380~400℃。

3.7 钢的表面热处理

生产中有很多承受交变载荷、冲击载荷并在摩擦条件下工作的零件，如齿轮、凸轮、花键轴等，其表面比心部承受更高的应力，且表面由于受到磨损、腐蚀等而失效较快，须进行表面强化，使零件表面具有较高的硬度、耐磨性、疲劳极限、耐蚀性；而心部仍保持足够的塑性、韧性，防止脆断。对于这些零件，如单从材料的选择入手或进行整体热处理，都不能满足这种“表里不一”的性能要求。解决这一问题的方法是表面热处理或化学热处理，本节先介绍表面热处理。

表面热处理是指不改变工件的化学成分，仅为改变工件表面的组织和性能而进行的热处理工艺。表面淬火是最常用的表面热处理方式，它是通过快速加热，仅对工件表层进行的淬火。

根据加热方式的不同，表面淬火可分为感应淬火、火焰淬火、接触电阻加热淬火、电解液加热淬火、激光淬火和电子束淬火等。

3.7.1 感应淬火

3.7.1.1 感应淬火的原理

感应淬火是指利用感应电流通过工件所产生的热量，使工件表层、局部或整体加热并快速冷却的淬火工艺，其原理如图 3-31 所示。

在用纯铜制成的感应线圈中通以一定频率的交流电时，即在其内部和周围产生交变磁场。若把工件置于磁场中，则会在工件内部产生频率相同、方向相反的感应电流，感应电流在工件内部自成回路，故称“涡流”。由于交流电的趋肤效应，靠近工件表面的电流大，而中心处电流几乎为零；由于工件自身的电阻，工件表面温度快速升高到相变点以上，而心部温度仍在相变点以下。感应加热后，随即采用水、乳化液或聚乙烯醇水溶液进行喷射淬火，使工件表面形成马氏体组织，而心部组织保持不变，达到表面淬火的目的。通过感应线圈的电流频率越高，感应电流的趋肤效应越强烈，故电流透入深度越小，加热层深度越小，淬火后工件淬硬层就越薄。

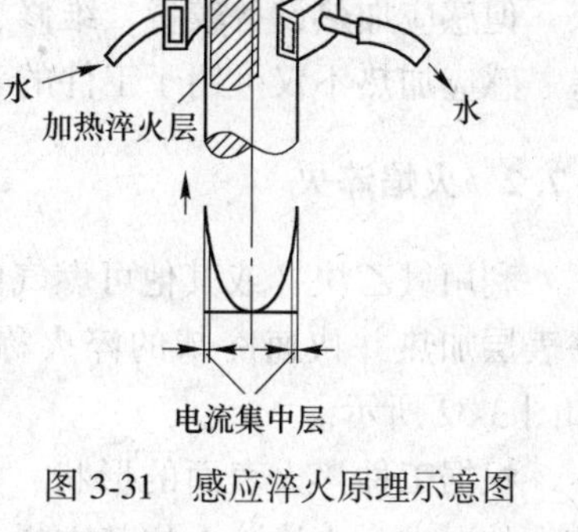

图 3-31 感应淬火原理示意图

3.7.1.2 感应淬火的种类和应用

应根据工件对表面淬火深度的要求选择不同的电流频率和感应加热设备。生产中常用的感应淬火有高频、中频、工频感应淬火，见表 3-7。

最适宜感应淬火的钢种是中碳钢和中碳合金钢，如 45、40Cr、40MnV 等。因为碳的质量分数过高，会增加淬硬层的脆性，降低心部的塑性和韧性，并增加淬火开裂倾向；若碳的质量分数过低，则会降低零件表面淬硬层的硬度和耐磨性。在某些情况下，感应淬火也应用于高碳工具钢、低合金工具钢及铸铁工件等。

表 3-7 常用感应淬火方法

名称	频率/Hz	淬硬深度/mm	适 用 零 件
高频淬火	100~1000k（常用 200~300k）	0.5~2	中、小型零件（小模数齿轮），直径较小的圆柱形零件
中频淬火	500~10000（常用 2500、8000）	2~10	中、大型零件（直径较大的轴），中等模数的齿轮
工频淬火	50	>10~15	大直径钢材的穿透加热和淬硬层较深的大直径零件（直径大于 300mm 的轧辊、火车车轮）

感应淬火对工件的原始组织有一定要求。一般钢件应预先进行正火或调质处理，铸铁件的组织应是珠光体基体和细小且均匀分布的石墨。

3.7.1.3 感应淬火的特点

感应淬火零件的加工路线一般为：锻造毛坯—正火或退火—机械粗加工—调质或正火— 机械精加工—感应淬火—低温回火—磨削。与普通淬火相比，感应淬火有以下特点：

（1）加热速度快、时间短。一般只要几秒到几十秒的时间就可使工件达到淬火温度，因此相变温度较高，感应淬火温度要比普通淬火高几十摄氏度。

（2）工件表面性能高。由于加热速度快、时间短，故奥氏体晶粒细小而均匀，淬火后可在表面获得细晶状马氏体或隐晶马氏体，使工件表层硬度较普通淬火的硬度（HRC）高 2~3 可达 50~55，且脆性较低；同时因马氏体转变时工件体积膨胀，表层存在残留压应力，能部分抵消在动载荷作用下产生的拉应力，从而提高了疲劳强度。

（3）工艺性能好。感应淬火时工件表面不易氧化和脱碳，而且工件变形也小，淬硬层容易控制；生产率高，适用于大批量生产，容易实现机械化和自动化操作，可置于生产流水线中进行程序自动控制。

但感应加热设备较贵，维修、调整比较困难，用于形状复杂零件淬火的感应器不易制造。感应加热不仅可用于工件的表面淬火，还可用于金属熔炼、焊接、顶锻等工艺。

3.7.2 火焰淬火

利用氧乙炔（或其他可燃气体）火焰使工件表层加热并快速冷却的淬火称为火焰淬火，如图 3-32 所示。

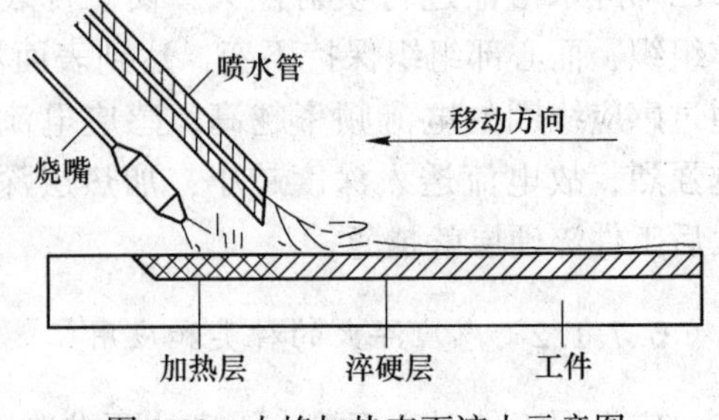

图 3-32 火焰加热表面淬火示意图

根据工件淬火表面的形状、大小及对表面淬火的要求，火焰淬火的基本操作方法可归纳为固定加热、移动加热、旋转加热和旋转移动加热四种，如图 3-33 所示。火焰淬火的淬硬层深度为 2~8mm，工件淬火后一般应进行 180~200℃ 低温回火，大型工件可采用火焰回火或自回火。淬火表面在磨削之后应进行第二次回火，以减小内应力。

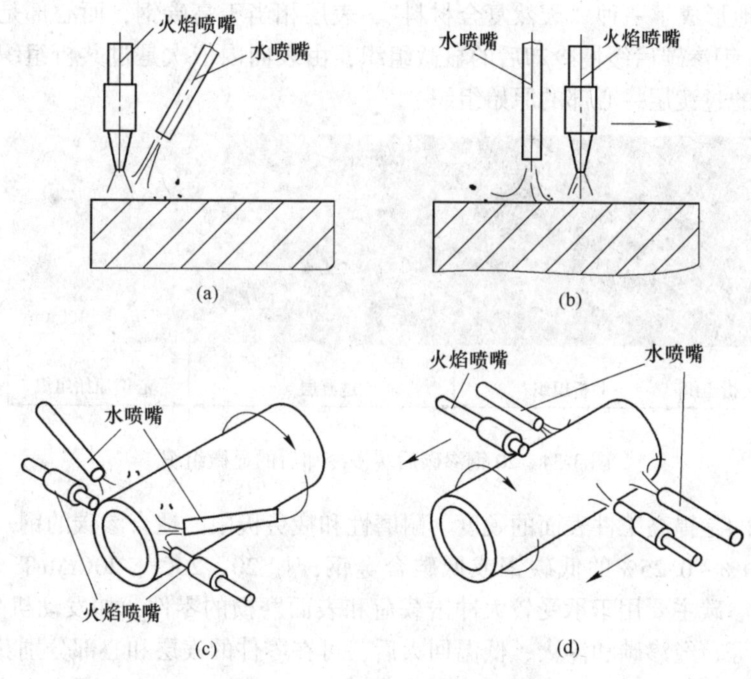

图 3-33 火焰淬火基本操作方法

火焰淬火设备简单、操作方便、灵活性强。单件小批生产或须在户外淬火或运输拆卸不便的巨型零件、淬火面积很大的大型零件、具有立体曲面的淬火零件等，尤其适合采用火焰淬火，因而其在重型机械、冶金、矿山、机车、船舶等工业部门得到了广泛的应用，如大型齿轮、轴、轧辊、导轨等的表面淬火。

火焰淬火容易过热，温度及淬硬层深度的测量和控制较难，因而对操作人员的技术水平要求也较高。

3.8 钢的化学热处理

化学热处理是将工件置于适当的活性介质中加热、保温，使一种或几种元素渗入其表层，以改变其表面的化学成分、组织和性能的热处理工艺。和其他热处理方法相比，其特点是不仅有组织的变化，而且工件表层的化学成分也发生了变化。

按渗入的元素不同，化学热处理可分为渗碳、渗氮、碳氮共渗、渗硼、渗金属等。渗入元素介质可以是固体、液体和气体。

3.8.1 渗碳

3.8.1.1 渗碳的目的和应用范围

为提高工件表层的碳含量并获得一定的碳浓度梯度，将工件在渗碳介质中加热和保温，使碳原子渗入钢表层的化学热处理工艺称为渗碳。

渗碳后工件表面碳的质量分数最好在0.8%~1.1%的范围内，渗碳层深度一般为0.5~

2.5mm，巧妙地形成了一种“天然复合材料”，表层相当于高碳钢，而心部是低碳钢。图3-34所示是20钢渗碳后缓慢冷却后的显微组织，由表向内依次是过共析组织—共析组织—亚共析组织的过渡层—心部的原始组织。

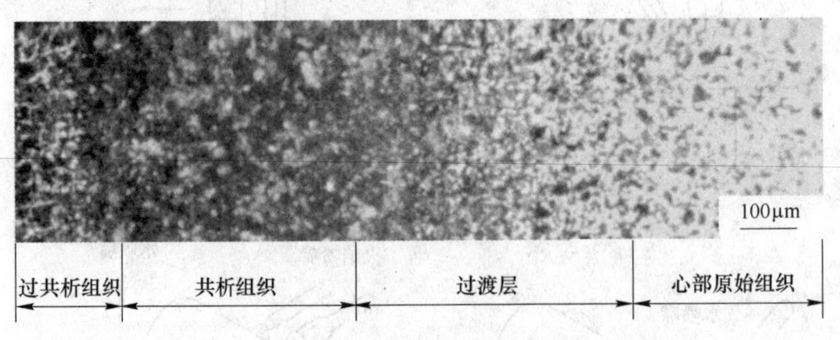

图3-34　20钢渗碳后缓慢冷却后的显微组织

渗碳的目的是提高工件表面的硬度、耐磨性和疲劳极限。适合渗碳的钢一般是碳的质量分数为0.10%～0.25%的低碳钢或低碳合金钢，如20、20Cr、20CrMnTi、20CrMnMo、Cr2Ni4W等。渗碳主要用于承受较大冲击载荷和表面磨损的零件，如发动机变速器齿轮、活塞销、磨片等，经渗碳和淬火、低温回火后，可在零件的表层和心部分别获得高碳和低碳组织，表层具有高的硬度、耐磨性和疲劳极限，而心部具有较高的强度和韧性。

3.8.1.2　渗碳方法

根据渗碳剂的不同，渗碳方法可分为固体渗碳、液体渗碳和气体渗碳。气体渗碳法的渗率高，渗碳过程容易控制，渗碳层质量好，且易实现机械化与自动化，故应用最广。本书仅介绍气体渗碳法。

滴注法气体渗碳是把工件置于密封的井式气体渗碳炉中，通入渗碳剂，并加热到渗碳温度900～950℃（常用930℃），使工件在高温的气氛中渗碳。炉内的渗碳气氛主要由滴入炉内的煤油、丙酮、甲苯及甲醇等有机液体在高温下分解而成，主要由CO、H_2和CH_4及少量CO_2、H_2O等组成，如图3-35所示。渗碳时间根据渗碳层深度确定，当温度为930℃时，渗入深度为0.20～0.5mm/h。实际生产常用检验试棒来确定渗碳时间。

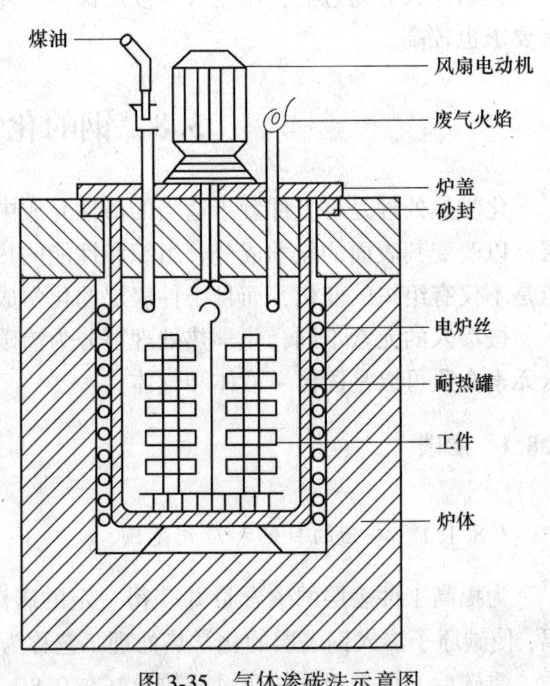

图3-35　气体渗碳法示意图

3.8.1.3　渗碳件的热处理

渗碳只是使工件表层获得了高的碳含量，需要使表面达到高的硬度、耐磨性和疲劳极限，渗碳以后必须进行淬火和低温回火。渗碳件的淬火方法主要有直接淬火和一次淬火。

渗碳淬火后应进行低温（150~200℃）回火，钢渗碳淬火+低温回火后表面硬度（HRC）可达58~64，耐磨性较好，心部韧性较好，硬度（HRC）较低，为30~45，此外，由于表层体积膨胀得大，心部膨胀得小，结果在表面形成了压应力，从而使零件的疲劳强度有所提高。

渗碳件的加工路线一般为：锻造→ 正火→ 粗加工→ 渗碳→ 淬火→ 低温回火→ 精加工（磨削）→检验。

3.8.2 渗氮

3.8.2.1 渗氮的目的和应用范围

渗氮也称氮化，是在一定温度下，于一定的介质中使活性氮原子渗入工件表层的化学热处理工艺。渗氮层深度一般为0.40~0.60mm。硬度（HV）可达1000~1100，可极大地提高钢件表面的硬度和耐磨性，并提高疲劳极限和耐蚀性。

常用的氮化钢一般含有Cr、Mo、Al等元素，因为这些元素可以形成各种氮化物，国内外普遍采用的38CrMoAlA。

渗氮件的加工路线一般为：锻造→正火→粗加工→调质→精加工→去应力退火→粗磨→渗氮→精磨或研磨。

渗氮后零件的表面硬度比渗碳的零件还高，耐磨性很好，同时渗层一般承受压应力，疲劳强度高，氮化层还具有一定的耐蚀性，氮化后零件变形很小，通常不再进行切削加工和热处理，最多进行精磨或研磨。渗氮适用于要求精度高、耐磨性好或要求耐热、耐蚀的耐磨件，如发动机气缸、排气阀、精密机床丝杠、镗床主轴、汽轮机阀门、阀杆等。

渗氮的缺点是工艺周期较长（几十小时甚至上百小时），渗层较薄，脆性大，不能承受太大的接触应力。

3.8.2.2 渗氮方法

目前应用的渗氮方法主要有气体渗氮和离子渗氮，下面仅介绍气体渗氮法。气体渗氮是在预先已排除了空气的井式炉内进行的。它是把已脱脂净化的工件放在密封的炉内加热，并通入氨气。氨气在380℃以上就能分解出活性氮原子，活性氮原子被钢的表面吸收，形成固溶体和氮化物（AlN），随着渗氮时间的增长，氮原子逐渐往里扩散，而获得一定深度的渗氮层。渗氮温度一般为510~520℃，采用二段渗氮工艺时，强渗阶段的渗氮温度为560℃。渗氮时间取决于所需的渗氮层深度，一般渗氮层深度为0.4~0.6mm时，渗氮时间为40~70h，故气体渗氮的生产周期较长。

3.8.3 碳氮共渗

碳氮共渗是在奥氏体状态下，同时将碳、氮渗入工件表面，并以渗碳为主的化学热处理工艺，常用方法为其他碳氮共渗。

碳氮共渗工艺分为高温和中温两种，广泛应用的是中温气体碳氮共渗。中温气体碳氮共渗的温度为820~860℃，向密封的炉内通入煤油、氨气，保温时间取决于要求的渗层深度，一般零件深度为0.30~0.8mm，保温时间为6~40h。碳氮共渗后表层碳的质量分数为0.7%~1.0%，氮的质量分数为0.15%~0.5%。

气体碳氮共渗兼有渗碳和渗氮的优点，与渗碳相比，它具有温度低、时间短、变形小、速度快、生产率高，渗层硬度、耐磨性、疲劳强度较高，又有一定的耐蚀性等优点。与渗氮相比，共渗层的深度比渗氮层深，表面脆性小，抗压强度较好。

由于气体碳氮共渗的渗层深度一般不超过0.8mm，所以不能用于承受很高压强和要求厚渗层的零件。目前在生产中，气体碳氮共渗常用来处理汽车和机床上的结构零件，如齿轮、蜗杆、轴类零件等。

3.8.4 氮碳共渗（软氮化）

在工件表层同时渗入氮和碳，并以渗氮为主的化学热处理工艺称为氮碳共渗。与一般气体氢化相比，其渗层硬度较低，脆性较小，故称为软氮化。

氮碳共渗方法有气体氮碳共渗和液体氮碳共渗两种，生产上多采用气体氮碳共渗。

气体氮碳共渗的温度为（560±10）℃，保温时间一般为3~4h，因为在该温度与时间下的共渗层硬度最高。共渗后一般采用油冷或水冷，以获得氮在α-Fe中的过饱和固溶体，在工件表面形成残留压应力，明显提高疲劳强度。

氮碳共渗层的表面硬度虽比渗氮件稍低，但仍具有较高的硬度、耐磨性和高的疲劳强度，耐蚀性且有明显提高。氮碳共渗的加热温度低、处理时间短、钢件变形小，又不受钢种限制，所以主要用于处理各种工具、模具以及一些轴类零件。

习 题

3-1 什么是钢的热处理？热处理的目的是什么？热处理的实质是什么？它有哪些基本类型？为什么要控制适当的加热温度和保温时间？

3-2 根据下图中实际冷却曲线，写出其冷却到室温所获得的组织。

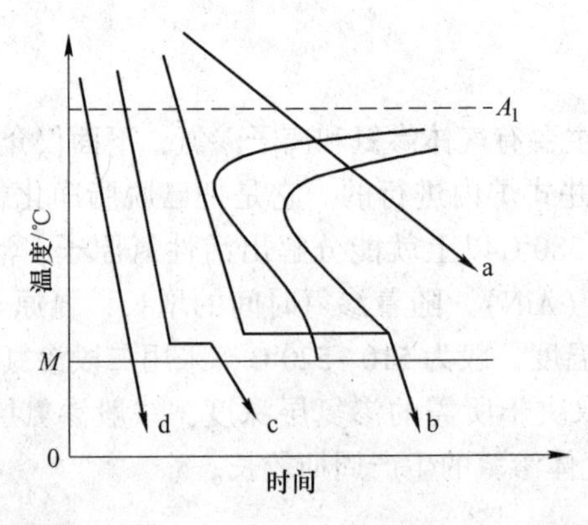

3-3 马氏体有几种形态？马氏体转变有哪些特点？马氏体的硬度主要取决于什么？

3-4 退火和正火有什么区别？在实际生产中如何选择？

3-5 为什么钢淬火后一般要进行回火？回火的目的是什么？

3-6 常用的淬火冷却介质有哪些？它们各有什么特点？

3-7 钢的淬透性与淬硬性有何区别？

4　钢的合金化

4.1　合金元素在钢中的作用

4.1.1　合金元素在钢中的分布

在钢中常常加入的合金元素有：第二周期 B、C、N；第三周期 Al、Si；第四周期 Ti、V、Cr、Mn、Co、Ni、Cu；第五周期 Zr、Nb、Mo；第六周期 W、Ta；第七周期稀土元素。

S、P 等元素通常作为有害元素看待，但有时也可用作合金元素（如在易切削钢中 S 被用来改善切削性能）。这些元素加入钢中之后究竟以什么状态存在？一般说来，它们或是溶于钢中原有的相（铁素体、奥氏体、渗碳体）中，或是形成新相。概括来讲，有如下四种存在形式：

(1) 溶入铁素体、奥氏体和马氏体中，以固溶体的溶质形式存在。

(2) 形成强化相，如溶入渗碳体形成合金渗碳体，形成特殊碳化物或金属间化合物等。

(3) 形成非金属夹杂物，如合金元素与 O、N、S 作用形成氧化物、氮化物和硫化物。

(4) 有些元素如 Pb、Ag 等既不溶于铁，也不形成化合物，而是在钢中以游离状态存在，碳钢中碳有时也以自由状态（石墨）存在。

合金元素究竟以哪种形式存在，主要决定于合金元素的种类、含量、冶炼方法及热处理工艺等；此外还取决于合金元素本身的特性。合金元素的特性首先表现在与钢中的两个主要元素铁和碳的相互作用上，其次还表现在对奥氏体层错能的影响上，因此一般常将钢中的合金元素按下述方法分类。

(1) 按照与铁相互作用的特点分为：

1) 奥氏体形成元素，如 C、N、Cu、Mn、Ni、Co、W 等；

2) 铁素体形成元素，如 Cr、V、Si、Al、Ti、Mo、W 等。

一般情况下，奥氏体形成元素易于优先分布在奥氏体中，铁素体形成元素易于优先分布在铁素体中。而合金元素的实际分布状态还与加入量和热处理条件有关。

(2) 按照与碳相互作用的特点分为：

1) 非碳化物形成元素，如 Ni、Cu、Si、Al、P 等；

2) 碳化物形成元素，如 Cr、Mo、V、Ti、Zr、Nb 等。

虽然非碳化物形成元素易溶入铁素体或奥氏体中，而碳化物形成元素易存在于碳化物中，但当加入数量较少时，碳化物形成元素也可溶入固溶体或渗碳体，当加入数量较多时，可形成特殊碳化物。

4.1.2　合金元素与铁、碳的作用

铁、碳是钢中的两种基本元素，二者形成非合金钢中的三个基本相，铁素体、奥氏体

和渗碳体。所以，合金元素与铁、碳之间的作用是钢内部组织结构变化的基础。

4.1.2.1　合金元素与铁的作用

几乎所有的合金元素（除 Pb 外）都可溶入铁中，形成合金铁素体或合金奥氏体。其中原子直径较小的合金元素（如氮、硼）与铁形成间隙固溶体，原子直径较大的合金元素（如锰、镍、钴等）与铁形成置换固溶体。合金元素溶入铁中时，形成合金铁素体或合金奥氏体，能产生固溶强化的效果，使钢的强度、硬度提高，但塑性、韧性有所下降。图 4-1 和图 4-2 所示是几种合金元素对铁素体硬度和韧性的影响。

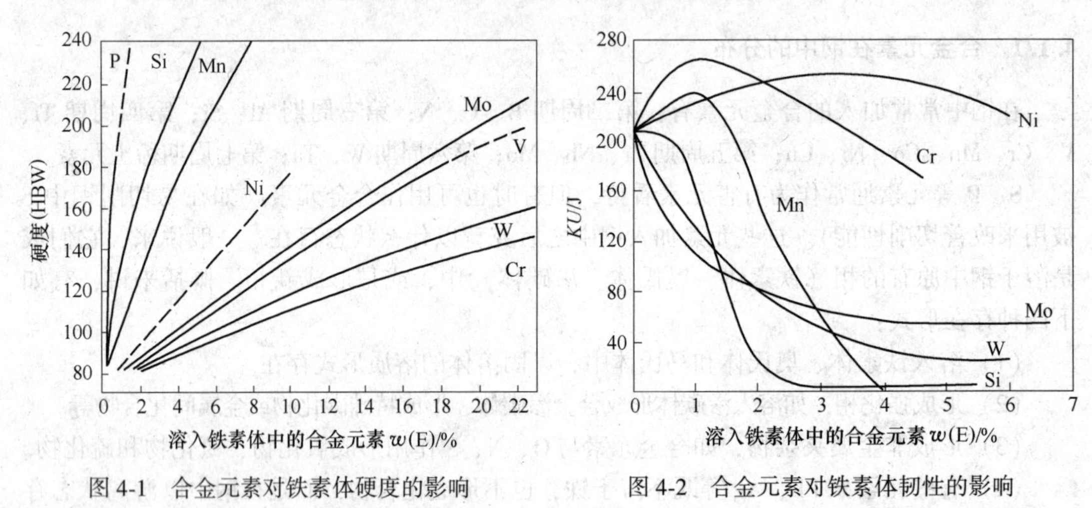

图 4-1　合金元素对铁素体硬度的影响　　图 4-2　合金元素对铁素体韧性的影响

由图 4-1 可知，与铁有不同晶格类型的合金元素，如硅、锰等，能显著提高钢的强度和硬度，因此，这两种资源丰富的元素常被用于强化。由图 4-2 可知，当铬、锰、镍三种元素的质量分数适当时（$w(Cr)\leqslant 2\%, w(Mn)\leqslant 15\%, w(Ni)\leqslant 5\%$），既能提高钢的强度又能提高钢的韧性。虽然铬、镍是全球稀缺元素，但由于它们在钢中具有重要作用，故仍被广泛使用。

4.1.2.2　合金元素与碳的作用

在一般的合金化理论中，按与碳亲和力的大小，可将合金元素分为碳化物形成元素与非碳化物形成元素两大类。凡是在化学元素周期表中排在铁（第 26 号）右侧的合金元素，与碳的结合力均小于铁，都是非碳化物形成元素，它们是 Ni、Co、Cu、Si、Al、N、B 等。由于不能形成碳化物，除了在极少数高合金钢中可形成金属间化合物外，这些元素几乎都溶解在铁素体、奥氏体或马氏体中。凡是在化学元素周期表中，排在铁左侧的合金元素，与碳的结合力均大于铁，都是碳化物形成元素，它们与碳结合形成合金渗碳体或碳化物，而且离铁越远，越易形成比 Fe_3C 更稳定的碳化物。它们与碳结合的能力由强到弱为 Ti、Zr、Nb、V、W、Mo、Cr、Mn、Fe。

碳化物是钢中的重要相之一，其特点是熔点高、硬度高，且很稳定，不易分解，热处理加热时很难溶于奥氏体中。因此，碳化物的形态、数量、大小及分布对钢的力学性能及热处理工艺性能有很大影响，尤其是对于工、模具钢意义重大。对碳化物的一般要求是，呈球状、细小、均匀地分布在钢的基体上，即“圆、小、匀”。

4.1.2.3 合金元素对铁碳相图的影响

合金元素对非合金钢中的相平衡关系有很大影响，加入合金元素后，将使铁碳相图发生变化。

A 对奥氏体相区的影响

合金元素会使奥氏体的单相区扩大或缩小，如图 4-3 所示。

a 扩大奥氏体相区的元素

Ni、Mn、Co、C、N、Cu 等元素扩大奥氏体相区，即使 A_3点下降，图 4-3（a）所示为锰对奥氏体区域位置的影响。其中与 γ-Fe 无限互溶的元素镍或锰的含量较多时，可使钢在室温下获得单相奥氏体组织，成为奥氏体钢，如 w(Cr)>18%的 18-8 型不锈钢和 w(Mn)>13%的 ZGMn13 耐磨钢均属于奥氏体型钢。

b 奥氏体区域缩小元素

Cr、W、Mo、V、Ti、Si、Al 等元素使 A_1和 A_3温度升高，使 S 点、E 点向左上方移动，从而使奥氏体区域缩小，图 4-3（b）所示为铬对奥氏体区域位置的影响。当加入的元素超过一定量后，奥氏体可能完全消失，使钢在包括室温在内的广大温度范围内获得单相铁素体，成为铁素体钢，如 w(Cr)为 17%~28%的 Cr17、Cr25、Cr28 不锈钢就是铁素体型不锈钢。

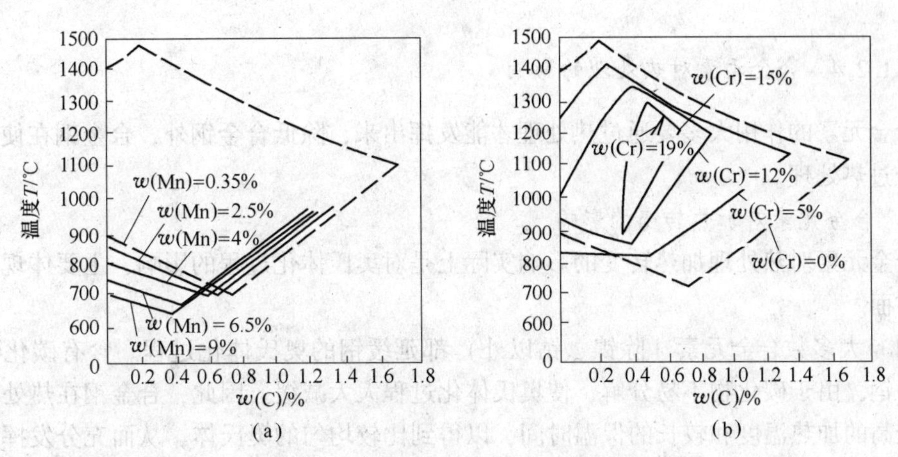

图 4-3 合金元素对铁碳相图中奥氏体相区的影响

（a）Mn 为扩大奥氏体相区元素；（b）Cr 为缩小奥氏体相区元素

利用合金元素扩大和缩小奥氏体相区的作用，可获得单相奥氏体或铁素体组织，它具有特殊性能，在不锈钢和耐热钢中应用广泛。

B 合金元素对 S、E 点的影响

扩大奥氏体相区的元素使铁碳相图中的共析转变温度（A_1）下降，缩小奥氏体相区的元素则使其上升，如图 4-4 所示。由于共析温度的降低或升高直接影响着热处理加热温度，所以锰钢、镍钢的淬火温度低于非合金钢，在热处理加热时容易出现过热现象，而含有缩小奥氏体相区元素的钢，其淬火温度就相应地提高了。

几乎所有元素均使 S 点和 E 点左移，如图 4-5 所示。S 点向左移动，意味着共析成分降低，与同样碳含量的亚共析钢相比，合金钢组织中的珠光体数量增加，而使钢得到强化。同理，E 点的左移会使发生共晶转变的碳含量降低，在其较低时，使钢具有莱氏体组织。如在高速工具钢中，虽然碳的质量分数只有 0.7%、0.8%，但是由于 E 点的左移，在铸态下会得到莱氏体组织，成为莱氏体钢。

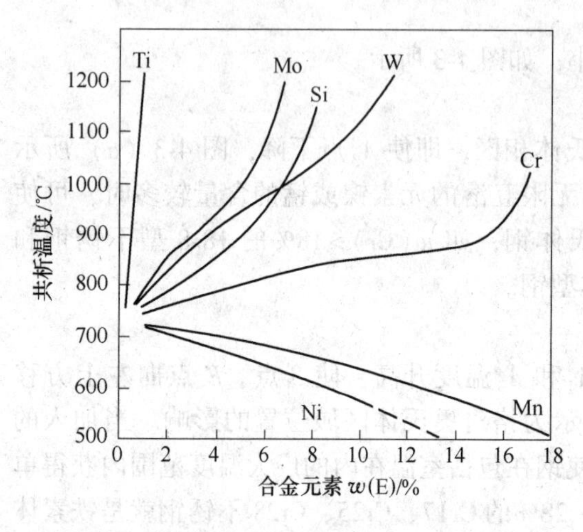

图 4-4　合金元素对共析温度（A_1）的影响

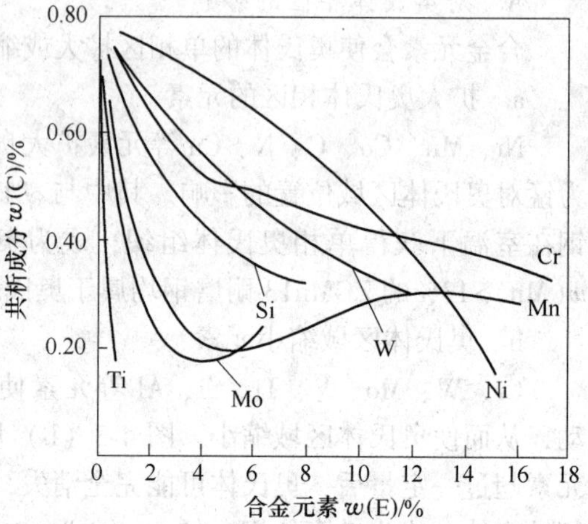

图 4-5　合金元素对共析成分（S 点）的影响

4.1.2.4　合金元素对热处理的影响

合金元素的作用大多要通过热处理才能发挥出来，除低合金钢外，合金钢在使用前一般都经过热处理。

A　合金元素对加热转变的影响

合金元素对热处理加热转变的影响实际上是对奥氏体化过程的影响，主要体现在以下两个方面。

(1) 大多数合金元素（除镍、钴以外）都延缓钢的奥氏体化过程。含有碳化物形成元素的钢，由于碳化物不易分解，使奥氏体化过程大大减缓。因此，合金钢在热处理时应采取较高的加热温度和较长的保温时间，以得到比较均匀的奥氏体，从而充分发挥合金元素的作用。但是，对于需要具有较多未溶碳化物的合金工具钢，则不应采用过高的加热温度和过长的保温时间。

(2) 碳化物形成元素能阻止奥氏体晶粒的长大，细化晶粒。尤其是中、强碳化物形成元素，如钛、钒、钼、钨、铌、锆等，它们在钢中形成的碳化物非常稳定，如 TiC、VC、MoC 等，其在加热时很难溶解，能强烈地阻碍奥氏体晶粒的长大。此外，一些晶粒细化剂，如 AlN 等，钢中可形成弥散质点分布于奥氏体晶界上，阻止奥氏体晶粒长大，从而可细化晶粒。所以，与相应的非合金钢相比，在同样的加热条件下，合金钢的组织较细，力学性能更好。

B　合金元素对冷却转变的影响

(1) 合金元素对热处理冷却过程的影响就是对过冷奥氏体等温转变图的影响。除钴以外，大多数合金元素都能提高过冷奥氏体的稳定性，使等温转变图位置右移，淬火临界冷却速度减小，从而提高钢的淬透性。所以，合金钢可以采用冷却能力较低的淬火冷却介质淬火，如采用油淬或空冷，以减小零件的淬火变形和开裂倾向。

对于非碳化物形成元素和弱碳化物形成元素，如镍、锰、硅等，仅会使等温转变图右移，如图 4-6（a）所示。而对于中强和强碳化物形成元素，如铬、钨、钼、钒等，其溶于奥氏体后，不仅使等温转变图右移，提高钢的淬透性，而且把珠光体转变与贝氏体转变明显地分为两个独立的区域，改变了等温转变图的形状，使其出现两个“鼻尖”，如图 4-6（b）所示。

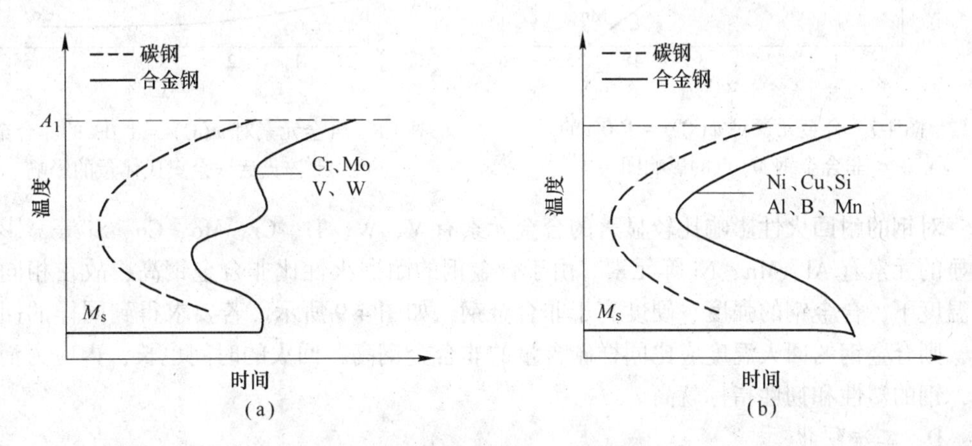

图 4-6　合金元素对等温转变图的影响
（a）一个“鼻尖”的等温转变图；（b）两个“鼻尖”的等温转变图

钢中常用的提高淬透性的合金元素有铬、锰、钼、钨、镍、硅、硼等。两种或多种合金元素的同时加入（多元、少量的合金化原则），比单个元素对淬透性的影响要强得多，如铬-镍、铬-锰、硅-锰等组合。硼是显著影响淬透性的元素，合金钢中即使只含有 1/100000 的硼，也能显著提高钢的淬透性。但硼的这种影响仅对低、中非合金钢有效，对高非合金钢完全无效。

必须指出，加入的合金元素只有在热处理加热时完全溶于奥氏体时，才能提高淬透性。如果未完全溶解，碳化物会成为珠光体的核心，反而会降低钢的淬透性。

（2）多数合金元素溶入奥氏体后，使马氏体转变温度 M_s 和 M_f 点下降，如图 4-7 所示。M_s 和 M_f 点的下降，使淬火后钢中残余奥氏体（A_R）量增多，合金元素对残余奥氏体量的影响如图 4-8 所示。某些高合金钢中残余奥氏体的含量甚至高达 30%~40%，这将对钢的性能产生很大影响。残余奥氏体量过高时，钢的硬度降低，疲劳抗力下降。为了降低残余奥氏体量，可进行冷处理（冷至 M_f 点以下），以使其转变为马氏体，或者进行多次回火，这时残余奥氏体会因析出合金碳化物而使 M_s 和 M_f 点上升，并在冷却过程中转变为马氏体或贝氏体，这种现象称为二次淬火。

C　合金元素对回火转变的影响

淬火钢在回火过程中抵抗硬度下降的能力称为耐回火性。合金元素在回火过程中推迟了马氏体的分解和残余奥氏体的转变，提高了铁素体的再结晶温度，使碳化物难以聚集长大而保持较大的弥散度，从而提高了钢对回火软化的抗力，即提高了钢的耐回火性。

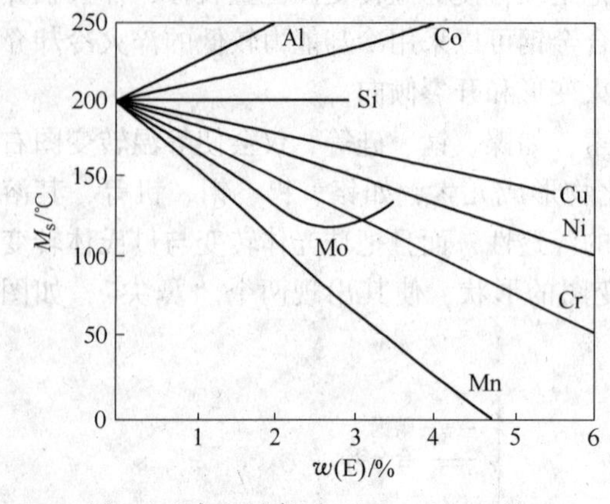

图 4-7 合金元素对 w(C) = 1.0%的非合金钢 M_s 点的影响图

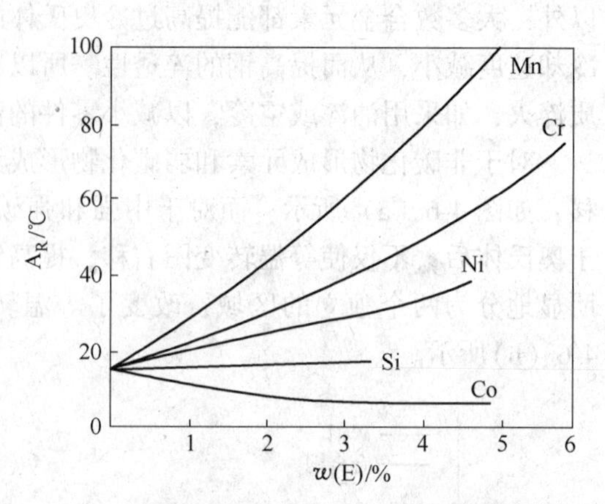

图 4-8 合金元素对 w(C) = 1.0%的非合金钢 1150℃淬火后残余奥氏体量的影响

对钢的耐回火性影响比较显著的合金元素有 V、W、Ti、Cr、Mo、Co、Si 等，影响不明显的元素有 Al、Mn、Ni 等元素。由于合金钢的耐回火性比非合金钢高，故在相同的回火温度下，合金钢的强度、硬度高于非合金钢，如图 4-9 所示。若要求得到同样的回火硬度，则合金钢的回火温度应比同样碳含量的非合金钢高，回火的时间也长，内应力消除得好，钢的塑性和韧性指标就高。

D 二次硬化

一些 Mo、W、V 含量较高的高合金钢在回火时，硬度不是随回火温度升高而单调地降低，而是到某一温度（约 400℃）后反而开始增大，并在另一更高的温度（550℃左右）达到峰值，这一现象称为二次硬化。图 4-10 所示是钼在钢中造成二次硬化的示意图。

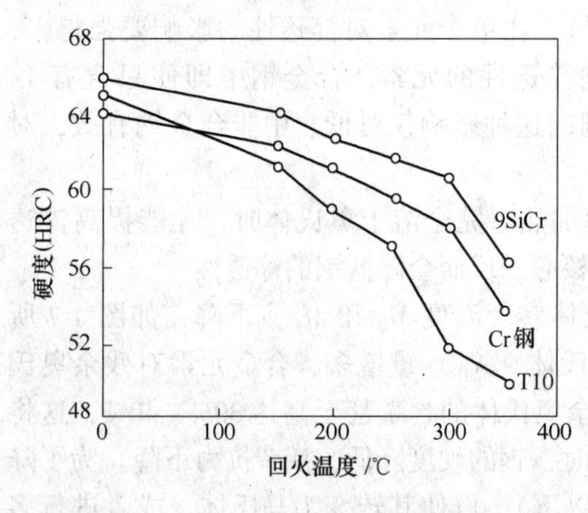

图 4-9 非合金钢与合金钢的回火硬度曲线

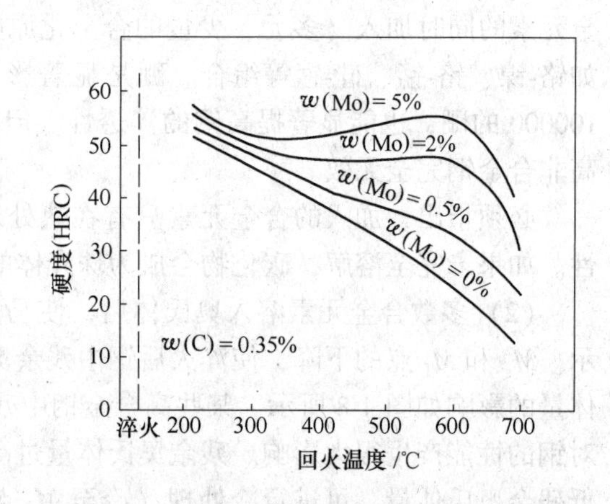

图 4-10 合金元素钼产生的二次硬化现象

二次硬化现象与回火析出物的性质有关。当回火温度低于 450℃时，钢中析出渗碳体；在 450℃以上渗碳体溶解，钢中开始沉淀出弥散稳定的难熔碳化物 Mo_2C、W_2C、VC 等，使硬度重新升高，产生沉淀硬化。此外，回火时冷却过程中残余奥氏体转变为马氏体的二次淬火也可导致二次硬化。二次硬化现象对需要较高热硬性的合金工具钢和高速工具钢很有价值。

综上所述，低合金钢与合金钢的性能比非合金钢优良，主要是由于合金元素提高了钢的淬透性和耐回火性，细化了奥氏体晶粒，产生了固溶强化或沉淀强化，使珠光体组织数量增多等所致。

4.2 钢的强化机制

钢中加入合金元素的主要目的是使钢具有更优的性能。对于结构材料来说，首先是提高其力学性能，既要有高的强度，又要保证钢具有足够的韧性。而材料的强度和韧性常常是一对矛盾，增加强度往往导致钢的塑性和韧性下降，反之亦然。因此各种钢铁材料在其发展过程中均受这一矛盾因素的制约。

使金属强度（主要是屈服强度）增大的过程称为强化。金属的强度一般是指金属材料对塑性变形的抗力，发生塑性变形所需要的应力越高，强度也就越高。

由于钢铁材料的实际强度与大量的位错密切相关，其力学本质是塑变抗力。为了提高钢铁材料的强度，要把着眼点放在提高塑变抗力上，阻止位错运动。钢的强化机制的基本出发点是造成障碍，阻碍位错运动。从这一基本点出发，钢中合金元素的强化作用主要有以下四种方式：固溶强化、晶界强化、第二相强化以及位错强化。

4.2.1 固溶强化

固溶强化的出发点是以合金元素作为溶质原子阻碍位错运动。其强化机制为：由于溶质原子与基体金属原子大小不同，因而使基体的晶格发生畸变，造成一个弹性应力场。此应力场与位错本身的弹性应力场交互作用，增大了位错运动的阻力，从而导致强化。此外，溶质原子还可以通过与位错的电化学交互作用而阻碍位错运动。

一般认为间隙溶质原子的强化效应远比置换式溶质原子强烈，其强化作用相差10~100倍，因此，间隙原子如C、N是钢中重要的强化元素。然而在室温下，它们在铁素体中的溶解度十分有限，因此，其固溶强化作用受到限制。

在工程用钢中置换式溶质原子的固溶强化效果不可忽视。能与Fe形成置换式固溶体的合金元素很多，如Mn、Si、Cr、Ni、Mo、W等。这些合金元素往往在钢中同时存在，强化作用可以叠加，使总的强化效果增大，尤其是Si、Mn的强化作用更大。

应当指出，固溶强化效果越大，则塑性韧性下降越多。因此选用固溶强化元素时一定不能只着眼强化效果的大小，而应对塑性、韧性给予充分保证。所以，对溶质的浓度应加以控制。

4.2.2 晶界强化

晶界强化是一种极为重要的强化机制，不但可以提高强度，而且还能改善钢的韧性。这一特点是其他强化机制所不具备的。

晶界强化的机制是：由于晶界的存在，引起在晶界处产生弹性变形不协调和塑性变形不协调。这两种不协调现象均会在晶界处诱发应力集中，以维持两晶粒在晶界处的连续性。其结果在晶界附近引起二次滑移，使位错迅速增殖，形成加工硬化微区，阻碍位错运动。这种由于晶界两侧晶粒变形的不协调性，在晶界附近诱发的位错称为几何上需要的位错。另外，由于晶界存在，使滑移位错难以直接穿越晶界，从而破坏了滑移系统的连续性，阻碍了位错的运动。

晶界的存在而使位错运动受阻，从而达到强化目的。晶粒越细化，晶界数量就越多，其强化效果也就越好。

利用晶界强化的途径有：

（1）利用合金元素改变晶界的特性。可向钢中加入表面活性元素如 C、N、Ni 和 Si 等，以使在 α-Fe 晶界上偏聚，提高晶界阻碍位错运动的能力。

（2）利用合金元素细化晶粒，通过减少晶粒尺寸增加晶界数量。常用的方法是向钢中加入 Al、Nb、V、Ti 等元素，形成难熔的第二相质点，阻碍奥氏体晶界移动，间接细化铁素体或马氏体的晶粒。

从细化晶粒角度出发，希望所形成的第二相稳定性高，不易聚集长大。为此，可向钢中加入能形成强碳化物或强氮化物形成的元素，如 Al、V、Ti、Nb、Zr 等，这常常是钢合金化的一个重要着眼点。

此外，细化晶粒还可以用热处理方法，如正火、反复快速奥氏体化及控制轧制等。

4.2.3 第二相强化

第二相粒子可以有效地阻碍位错运动。运动着的位错遇到滑移面上的第二相粒子时，或切过（第二相粒子的特点是可变形，并与母相具有共格关系，这种强化方式与淬火时效密切相关，故有沉淀强化之称）或绕过（第二相粒子不参与变形，与基体有非共格关系。当位错遇到第二相粒子时，只能绕过并留下位错圈，第二相粒子是人为加入的，不溶于基体，故有弥散强化之称），这样滑移变形才能继续进行。这一过程要消耗额外的能量，故需要提高外加应力，所以造成强化。

弥散强化是钢中常见的强化机制。例如，淬火回火钢及球化退火钢都是利用碳化物作弥散强化相。这时合金元素的主要作用在于为制造在高温回火条件下，使碳化物呈细小均匀弥散分布，并防止碳化物聚集长大，故需向钢中加入强碳化物形成元素 V、Ti、W、Mo、Nb 等。

利用沉淀强化的基本途径是合金化加淬火时效。合金化的目的是为造成理想的沉淀相提供成分条件。例如：在马氏体时效钢中加入 Ti 和 Mo，形成 Ni_3Ti、Ni_3Mo 理想的强化相，以获得良好的沉淀强化效果。

对于珠光体来说，为了达到强化目的，需向钢中加入一些增加过冷奥氏体稳定性的元素 Cr、Mn、Mo 等，使 C 曲线右移，在同样冷却条件下，可以得到片间距细小的珠光体，同时还可起到细化铁素体晶粒的作用，从而达到强化的目的。

总之，第二相强化机制比较复杂，往往要考虑第二相的大小、数量、形态、分布以及性能等方面的影响。这除了涉及热处理参数的直接影响外，还涉及合金元素的影响。合金元素的作用主要是为形成所需要的第二相粒子提供成分条件。

4.2.4 位错强化

位错强化也是钢中常用的一种强化机制，主要着眼于位错数量与组态对钢塑变抗力的影响。

金属中位错密度高，则位错运动时易于发生相互交割，形成割阶，引起位错缠结，因此造成位错运动的障碍，给继续塑性变形造成困难，从而提高了钢的强度。这种用增加位错密度提高金属强度的方法称为位错强化。

位错密度提高所带来的强化效果有时是很大的。金属中的位错密度与变形量有关，变形量越大，位错密度越大，钢的强度则显著提高，但塑性明显下降。例如，高度冷变形可使位错密度达到$10^{12}/cm^2$以上，产生高达每平方毫米数十千克的强化量。

一般面心立方金属中的位错强化效应比体心立方金属中的大，因此在面心立方金属（如Cu、Al）中利用位错强化是很有效的。

从位错强化机制出发，钢中加入合金元素应着眼于使塑性变形时位错易于增殖，或易于分解，提高钢的加工硬化能力。具体途径如下：

（1）细化晶粒。通过增加晶界数量，使晶界附近因变形不协调诱发几何上需要的位错，同时还可使晶粒内位错塞积群的数量增多。为此，向钢中加入细化晶粒的合金元素。

（2）形成第二相粒子。当位错遇到第二相粒子时，希望位错绕过第二相粒子而留下位错圈，使位错数量迅速增多。为此，宜向钢中加入强碳化物形成元素。

（3）促进淬火效应。淬火后希望获得板条马氏体，造成位错型亚结构。为此，宜向钢中加入提高淬透性的合金元素。

（4）降低层错能。通过降低层错能，使位错易于扩展和形成层错，增加位错交互作用，防止交叉滑移。为此，宜加入降低层错能的合金元素。

在工程上，金属材料的实际屈服强度是上述四种强化机制共同作用的结果。

4.3 改善钢的塑性和韧性的基本途径

与强度一样，塑性和韧性也是钢的重要力学性能指标。塑性、韧性的好坏，不仅涉及钢的冷变形加工工艺性能，而且还会直接影响使用的安全性。塑性和韧性与强度比较是对组织更为敏感的性能。例如，成分、组织的不均匀性、非金属夹杂物的形态、分布等对材料的强度虽有影响，但对塑性和韧性的影响更为严重。因此，在选择材料时，不但要着眼于强度，同时还要顾及塑性和韧性。为此，有必要深入理解合金元素对钢的塑性和韧性影响的机制，以便提高合理选用合金元素的能力。

4.3.1 影响钢塑性的主要因素

4.3.1.1 溶质原子的影响

在α-Fe中加入合金元素时，一般都使塑性下降。强化效果越大的合金元素使塑性下降得越多。间隙式溶质原子（C、N）使塑性下降的程度较置换式溶质原子大得多。在置换式溶质原子中，以Si和Mn使塑性损失较大，而且其加入数量越多，均匀应变就越低。

合金元素对奥氏体钢塑性的影响比较复杂，往往使塑性在一定的溶质含量处出现最大值。如图4-11（a）所示，钢中$w(Cr)=17\%$时，改变Ni的质量分数，则在$w(Ni)=10\%$处，使ε_u和ε_T出现最大值。反之固定$w(Ni)=8\%$时，改变Cr的质量分数，则在$w(Cr)=19\%$处，使ε_u和ε_T达到最大，如图4-11（b）所示。

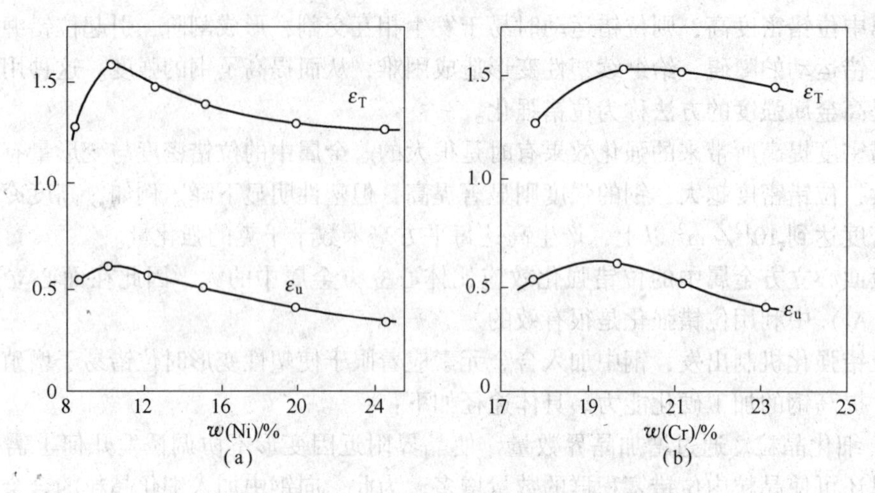

图 4-11 $w(\mathrm{Ni})$、$w(\mathrm{Cr})$ 对奥氏体钢塑性的影响

(a) $w(\mathrm{Cr})=17\%$时对 Ni 的影响；(b) $w(\mathrm{Ni})=8\%$时对 Cr 的影响

4.3.1.2 晶粒大小对塑性的影响

一般认为细化晶粒的合金元素对改善钢的均匀塑性贡献不大，但对极限塑性却会有一定好处。这是因为随着晶粒尺寸的减少，使应力集中减弱，推迟孔坑或微裂纹的形成。

例如，在工具钢中加入细化晶粒的合金元素，对塑性改善提高断裂抗力会有一定好处，这是工具钢合金化的一个主要的出发点。

4.3.1.3 第二相对塑性的影响

第二相强化（特别是弥散强化）是钢中重要的强化途径。为了改善钢的塑性，钢中第二相应为球状、细小、均匀、弥散的分布。这是充分发挥弥散强化作用的重要条件。

另外，第二相粒子对塑性也有影响。钢中常见的第二相粒子有硫化物、氧化物和碳化物。同硫化物和氧化物相比，碳化物对极限塑性的危害较小。在采用第二相强化时，可采用以下方法改善钢的塑性：

(1) 控制碳化物的数量、尺寸、形状和分布。可通过合金化与回火、球化处理相结合等方法，使碳化物呈球状、细小、均匀、弥散的分布状态。

(2) 减少钢中夹杂物的数量，控制夹杂物形态。要尽量减少钢中硫和氧的含量，并使硫化物与氧化物呈球状。为此向钢中加入 Ca、Zr 或稀土元素，能与钢中的硫形成难熔的硫化物，铸锭时可从钢液中以小质点颗粒析出，在以后的冷却、热变形时不再延伸成条状，则可使其危害性显著降低。

4.3.1.4 位错强化与钢的塑性

一般说来，增加位错密度可使钢的塑性下降。例如采用冷变形作为钢的强化方式时，虽然钢的强度提高，但却使钢的塑性下降，此为这种强化方式的一大弊病，使用时要充分注意。特别是当有间隙原子 C 和 N 钉扎位错时，位错的可动性大大降低，对塑性的影响更为不利。在这种情况下，加入少量的 Ti、V、Nb 等微量元素以固定间隙原子，使之不向位错处偏聚，可使钢的塑性得到一定程度的改善。

综上所述，强化机制对钢的塑性有着直接的影响，因此使钢的强度与塑性密切相关。在实际应用中，要视具体要求对钢的强度和塑性关系加以调节，才能使钢的性能潜力得到充分发挥。在调节钢的强度与塑性这一对矛盾时，合金化是一种重要手段。因此深入了解钢的强化机制及其对塑性的影响是正确选择和设计钢种成分的重要基础和依据。

4.3.2 改善钢韧性的途径

韧性是表征材料断裂抗力的一种力学参量。通常用冲击韧性 a_k、断裂韧度 K_{IC} 和脆性转折温度（T_k）等表示。由于外界条件的变化，通常可以表现出三种基本断裂类型：延性断裂、解理断裂和沿晶断裂。

4.3.2.1 改善延性断裂的途径

（1）减少钢中第二相的数量。尽量减少钢中第二相的数量，如氧化物、硫化物、硅酸盐、碳化物、氮化物等。

（2）细化第二相颗粒尺寸（即减小 D 值）也有利于改善钢的断裂韧性。

（3）控制第二相的形状　第二相呈球状时对钢的韧性有利，而呈尖角状时对钢的韧性不利。沿纵向分布的长条状夹杂物使钢的横向韧性显著下降，因此，为改善钢的韧性，宜加入稀土、Zr 等元素，以使硫化物呈球状。

（4）提高基体组织的塑性。一般说来，钢的强度越高，断裂韧性就越低。改善基体的塑性，以使裂纹扩展时塑性区宽度增大，消耗较多的能量。为此，宜减少基体组织中固溶强化效果大的元素，如降低 Si、Mn、P、C、N 的含量。

（5）提高组织的均匀性。提高组织均匀性的目的主要在于防止塑性变形的不均匀性，以减少应力集中。例如，希望强化相如碳化物呈细小弥散分布，而不要沿晶界分布。所以对淬火回火钢，改善韧性的主要措施是提高回火温度，故而发展了调质钢。

4.3.2.2 改善解理断裂抗力的途径

钢的解理断裂有一个很重要的特性——冷脆现象，即当试验温度低于某一温度 T_k 时，材料由塑性转变为脆性，这种现象称为冷脆。此现象对于低碳钢尤为重要。

防止解理断裂的第一种方法是细化晶粒。具体是正火、控制轧制、加入细化晶粒的合金元素。可见细化晶粒是一种非常重要的强韧化手段。另外，向钢中加入 Ni 元素可以显著降低钢的 T_k。如果应用上述方法仍满足不了钢材低温性能的要求时，那就只有更换基体组织而采用没有冷脆现象的面心立方 γ-Fe 为基的奥氏体钢了。

4.3.2.3 改善沿晶断裂抗力的途径

沿晶断裂的类型很多，例如回火脆性、过热、过烧等都是晶界弱化而引起的沿晶断裂。

防止溶质原子沿晶界分布和第二相沿晶界析出。如加入合金元素 Mo、Ti 或 Zr，这几个元素与杂质元素有更强的交互作用，可以抑制杂质元素向晶界偏聚，从而减轻回火脆倾向；减少钢中 S 含量或加入稀土元素形成难熔的稀土硫化物（熔点高），在高温加热时不会熔解，可防止 MnS 在晶界析出。

总之，要改善钢的韧性，应视断裂机制的不同，采取相应的措施。

习 题

4-1 低合金钢和合金钢中常加入哪些合金元素？

4-2 合金元素通过哪些途径提高或改善钢的力学性能和工艺性能？

4-3 试总结 Ni 元素在合金钢中的作用，并简要说明原因。

4-4 从合金化角度考虑，提高钢的韧性主要有哪些途径？

5 工程结构钢

5.1 工程结构钢分类及牌号

工程结构钢是指用于制造各种大型金属结构（如桥梁、船舶、屋架、锅炉及压力容器等）的钢材，又称为工程用钢。一般说来，构件的工作特点是不作相对运动，长期承受静载荷作用，有一定的使用温度要求。如锅炉使用温度可到250℃以上，而有的构件在北方寒冷条件下工作长期经受低温作用，桥梁或船舶则长期与大气或海水接触，承受大气和海水的侵蚀。

5.1.1 碳素结构钢

碳素结构钢又称普碳钢，其产量约占钢总产量的70%~80%，其中大部分用作钢的结构件，少量用作机器零件。由于普碳钢易于冶炼，价格低廉，性能也基本满足了一般构件的要求，所以工程上用量很大。普碳钢常以热轧状态供货，一般不经热处理强化。为了满足工艺性能和使用性能的要求，其 $w(\mathrm{C})=0.2\%$。

碳素结构钢中所含硫、磷的质量分数较高（$w(\mathrm{S})\geqslant 0.045\%$，$w(\mathrm{P})\geqslant 0.55\%$），大部分用于工程构件，如屋架、桥梁等，少部分也可用于机械零件，如螺钉、法兰等。

碳素结构钢的牌号表示方法由代表屈服强度的字母（Q）、屈服强度数值、质量等级符号（A、B、C、D）及脱氧方法符号（F、Z、TZ）四个部分按顺序组成。镇静钢和特殊镇静钢牌号中的脱氧方法符号（Z、TZ）可省略。例如：Q235AF 表示屈服强度不小于235MPa 的 A 级沸腾钢。

在 GB/T 700—2006 中，碳素结构钢按屈服强度和质量等级共分为 4 个牌号、11 个钢种。碳素结构钢的牌号、质量等级、化学成分和力学性能见表 5-1 和表 5-2。

表 5-1 碳素结构钢的牌号和化学成分（GB/T 700—2006）

<table>
<tr><th rowspan="2">牌号</th><th rowspan="2">统一数字代号</th><th rowspan="2">等级</th><th rowspan="2">厚度（直径）/mm</th><th rowspan="2">脱氧方法</th><th colspan="5">化学成分（质量分数，不大于）/%</th></tr>
<tr><th>C</th><th>Si</th><th>Mn</th><th>P</th><th>S</th></tr>
<tr><td>Q195</td><td>U11952</td><td>—</td><td>—</td><td>F、Z</td><td>0.12</td><td>0.30</td><td>0.50</td><td>0.035</td><td>0.040</td></tr>
<tr><td rowspan="2">Q215</td><td>U12152</td><td>A</td><td>—</td><td rowspan="2">F、Z</td><td rowspan="2">0.15</td><td rowspan="2">0.35</td><td rowspan="2">1.20</td><td rowspan="2">0.045</td><td>0.050</td></tr>
<tr><td>U12155</td><td>B</td><td>—</td><td>0.045</td></tr>
<tr><td rowspan="4">Q235</td><td>U12352</td><td>A</td><td>—</td><td>F、b、Z</td><td>0.22</td><td rowspan="4">0.35</td><td rowspan="4">1.40</td><td rowspan="2">0.045</td><td>0.050</td></tr>
<tr><td>U12355</td><td>B</td><td></td><td></td><td>0.20</td><td>0.045</td></tr>
<tr><td>U12358</td><td>C</td><td></td><td>Z</td><td rowspan="2">0.17</td><td>0.040</td><td>0.040</td></tr>
<tr><td>U12359</td><td>D</td><td></td><td>TZ</td><td>0.035</td><td>0.035</td></tr>
</table>

续表 5-1

牌号	统一数字代号	等级	厚度（直径）/mm	脱氧方法	化学成分（质量分数，不大于）/%				
					C	Si	Mn	P	S
Q275	U12752	A	—	F、Z	0.24	0.35	1.50	0.045	0.050
	U12755	B	≤40	Z	0.21			0.045	0.045
			>40		0.22				
	U12758	C		Z	0.20			0.040	0.040
	U12759	D	—	TZ	0.20			0.035	0.035

表 5-2　碳素结构钢的力学性能（GB/T 700—2006）

牌号	等级	屈服点 R_{eH}/MPa						抗拉强度 R_m/MPa	断后伸长率 A/%					冲击试验	
		钢材厚度 δ（直径 d）/mm							钢材厚度 δ（直径 d）/mm					温度/℃	冲击吸收功 KU（不小于）/J
		≤16	>16~40	>40~60	>60~100	>100~150	>150~200		≤40	>40~60	>60~100	>100~150	>150~200		
Q195	—	195	185	—	—	—	—	315~430	33	—	—	—	—	—	—
Q215	A	215	205	195	185	175	165	335~450	31	30	29	27	26	—	—
	B													+20	27
Q235	A	235	225	215	215	195	185	370~450	26	25	24	22	21	—	—
	B													+20	27
	C													0	27
	D													−20	27
Q275	A	275	265	255	245	225	215	410~540	22	21	20	18	17	—	—
	B													+20	27
	C													0	
	D													−20	

随着牌号数值的增大，钢中碳的质量分数增加，强度提高，塑性和韧性降低，冷弯性能逐渐变差。同一钢号内质量等级越高，钢材的质量越好，如 Q235C、Q235D 级优于 Q235A、Q235B 级。牌号为 Q215、Q235 的碳素结构钢，质量等级为 A、B 级时，在保证力学性能要求的前提下，化学成分可根据需方要求适当调整。

碳素结构钢一般在热轧空冷状态下使用，不再进行热处理，常采用焊接、铆接等工艺方法成型。但对某些零件，必要时可进行锻造等热加工，也可通过正火、调质、渗碳等处理，以提高其使用性能。碳素结构钢的特性和用途见表 5-3，其中以 Q235 钢最为常用。

试验表明，低碳沸腾钢加热到 Ac_3 以上并在水中急冷，可在提高强度的同时，大大降低其冷脆、应变时效及淬火时效的倾向（表 5-4）。经这种处理所得组织为细晶粒铁素体与细片状的珠光体（伪共析体），所以确切地说应叫快冷正火。沸腾钢经快冷正火后，甚至可以具有比相同含碳量的镇静钢更好的性能。

表 5-3 碳素结构钢的特性和用途

牌号	主要特性	应用举例
Q195 Q215	有高的塑性、韧性、焊接性良好的压力加工性能，但强度低	用于制造地脚螺栓、烟囱、屋板、铆钉、低碳钢丝、薄板、焊管、拉管、拉杆、吊钩、支架、焊接结构
Q235	具有良好的塑性、韧性、焊接性、冲压性能以及高的强度、好的冷弯性能	广泛应用于一般要求的零件和焊接结构如受力不大的拉杆、销、轴、螺钉、螺母、套圈、支架机座、建筑结构、桥梁等
Q275	具有较高的强度、较好的塑性和可加工性以及一定的焊接性	用于制造强度要求较高的零件如齿轮、螺栓、螺母、键、轴、农机用型钢、链轮、链条等优质碳素结构钢

表 5-4 快冷正火对沸腾钢性能的影响

状态	R_{eH}/MPa	R_m/MPa	A/%	Z/%	A_k(kg/cm^2)/断口中韧性部分的百分数			
					10℃	-20℃	-40℃	-60℃
热轧	245	420	33.7	60	14/60	3.2/0	12.5/25	0.8/0
快冷正火	359	530	29.0	69.5	16/100	14/70	12.5/25	11/20

注：试样直径 22mm，加热至 900~920℃水冷。

普碳钢经快冷正火后，有时为了消除应力，还要在 400℃左右回火。通常将普碳钢在 950℃加热后水冷和在 400℃回火处理，称水韧处理。经此处理后可使时效倾向性大为降低。

采用快冷正火的好处是大大发挥了普碳钢的性能潜力，不利之处是增加一道热处理工序，提高了成本。但可将此工艺与生产实际结合起来进行，如在热轧后直接喷水冷却，生产上叫热轧淬火，不过叫热轧快冷正火更确切些。

5.1.2 优质碳素结构钢

优质碳素结构钢是碳的质量分数小于 0.8%的非合金钢，其所含硫、磷及非金属夹杂物都比碳素结构钢少，碳含量的波动范围也小，力学性能比较均匀，塑性和韧性都比较好，属于优质级或特殊质量级，多用于制造机械零件。

优质碳素结构钢的牌号用两位阿拉伯数字表示。这两位阿拉伯数字表示钢中平均碳的质量分数的万分数，如 20 钢表示钢中平均 $w(C)=0.20\%$，08 钢表示钢中平均 $w(C)=0.08\%$。

优质碳素结构钢按含锰量不同，分为普通含锰量 $w(Mn)=0.25\%\sim0.8\%$ 和较高含锰量 $w(Mn)=0.7\%\sim1.2\%$ 两组。较高含锰量的一组，在其牌号数字后加“Mn”字，如 65Mn 钢。如果是沸腾钢，则在其牌号数字后加“F”，如 08F 钢。

优质碳素结构钢基本上属于亚共析钢和共析钢的范畴，其牌号数值越大，钢中碳的质量分数越高，组织中的珠光体越多，其强度越高，而塑性、韧性越低。优质碳素结构钢主要用于制造各种机械零件和小直径弹簧，大多需要通过热处理调整工件的性能。下面介绍几种常用钢的特点和应用范围见表 5-5 及表 5-6。

表 5-5 优质碳素结构钢的牌号及化学成分（GB/T 700—2006）

牌号	化学成分（质量分数）/%							
	C	Si	Mn	P（不大于）	S（不大于）	Ni（不大于）	Cr（不大于）	Cu（不大于）
08F	0.05~0.11	≤0.03	0.25~0.50	0.035	0.035	0.25	0.10	0.25
08	0.05~0.11	0.17~0.37	0.35~0.65	0.035	0.035	0.25	0.10	0.25
10F	0.07~0.13	≤0.07	0.25~0.50	0.035	0.035	0.25	0.15	0.25
10	0.07~0.13	0.17~0.37	0.35~0.65	0.035	0.035	0.25	0.15	0.25
15F	0.12~0.18	≤0.07	0.25~0.50	0.035	0.035	0.25	0.25	0.25
15	0.12~0.18	0.17~0.37	0.35~0.65	0.035	0.035	0.25	0.25	0.25
20	0.17~0.23	0.17~0.37	0.35~0.65	0.035	0.035	0.25	0.25	0.25
25	0.22~0.29	0.17~0.37	0.50~0.80	0.035	0.035	0.25	0.25	0.25
30	0.27~0.34	0.17~0.37	0.50~0.80	0.035	0.035	0.25	0.25	0.25
35	0.32~0.39	0.17~0.37	0.50~0.80	0.035	0.035	0.25	0.25	0.25
40	0.37~0.44	0.17~0.37	0.50~0.80	0.035	0.035	0.25	0.25	0.25
45	0.42~0.50	0.17~0.37	0.50~0.80	0.035	0.035	0.25	0.25	0.25
50	0.47~0.55	0.17~0.37	0.50~0.80	0.035	0.035	0.25	0.25	0.25
55	0.52~0.60	0.17~0.37	0.50~0.80	0.035	0.035	0.25	0.25	0.25
60	0.57~0.65	0.17~0.37	0.50~0.80	0.035	0.035	0.25	0.25	0.25
65	0.62~0.70	0.17~0.37	0.50~0.80	0.035	0.035	0.25	0.25	0.25

表 5-6 优质碳素结构钢的力学性能（GB/T 700—2006）

牌号	试样毛坯尺寸/mm	推荐热处理温度/℃			力学性能（不小于）					交货状态硬度（HBW，不大于）	
		正火	淬火	回火	R_{eL}/MPa	R_m/MPa	A/%	Z/%	KU_2/J	未热处理钢	退火钢
08F	25	930			175	295	35	60	—	131	—
08	25	930			195	325	33	60	—	131	—
10F	25	930			185	315	33	55	—	137	—
10	25	930			205	335	31	55	—	137	—
15F	25	930			205	355	29	55	—	143	—
15	25	920			225	375	27	55	—	143	—
20	25	910			245	410	25	55	—	156	—
25	25	900	870	600	275	450	23	50	71	170	—
30	25	880	860	600	295	490	21	50	63	179	—
35	25	850	850	600	315	530	20	45	55	197	—
40	25	860	840	600	335	570	19	45	47	217	187
45	25	830	840	600	355	600	16	40	39	229	197
50	25	830	830	600	375	630	14	40	31	241	207
55	25	820	820	600	380	645	13	35	—	255	217
60	25	810			400	675	12	35	—	255	229
65	25	810			410	695	10	30	—	255	229

08F、10钢属极软低碳钢，其强度、硬度很低，塑性、韧性很好，具有优良的冲压、拉伸及焊接性，淬透性、淬硬性差，不宜切削加工，因此被广泛用来制造冲压零件，适宜轧裂成薄板、薄带、冷变形材等，用于制造各种容器、仪表板、机器罩以及摩擦片、深冲器皿、汽车车身、管子、垫圈、卡头等。

15、20钢也具有良好的冲压及焊接性，常用来制造受力不大、韧性要求较高的中小结构件或零件，如容器、螺钉、螺母、杠杆、轴套等。

35、40、45、50钢的强度较高，综合力学性能良好，用来制造齿轮、连杆、轴类零件等。

60、65、70或65Mn、70Mn等钢的屈服强度和屈强比较高，具有足够的韧性和耐磨性，可用于制造小线径（<12~15mm）的弹簧、弹簧垫圈、重钢轨、轧辊、铁锹、钢丝绳等。其中，以65Mn钢在热成型弹簧中应用最广。

5.1.3 低合金高强度结构钢

低合金高强度结构钢是在碳素结构钢的基础上加入少量合金元素而形成的工程结构用钢。

5.1.3.1 化学成分特点

低合金高强度结构钢的化学成分以低碳和低硫为主要特征。由于对塑性、韧性、焊接性和冷成型性能的要求，其碳的质量分数不超过0.20%。

在低合金高强度结构钢中，常用的合金元素有Mn、Si、Nb、V、Ti、Zr、Cu、P等，其总含量一般在3%以下。

这种钢中的主加元素为锰（Mn），其主要作用是通过溶入铁素体中，起固溶强化作用，合金元素在α-Fe中的固溶强化次序是：Si、Mn较大，Ni次之，W、Mo、V、Cr较小。Mn能降低钢的Ar_1温度，降低奥氏体向珠光体转变的温度范围，并减缓其转变速度，可细化珠光体和铁素体。晶粒细化既可使钢的屈服强度升高，又可使脆性转折温度下降，有利于钢的韧性提高。锰是一种固溶强化效果显著又比较便宜的元素，为保证钢的塑性和韧性，其加入量不超过1.4%。此外，Mn的加入可使Fe-C状态图中的点“S”左移，使基体中珠光体数量增多，因而可使钢在C的质量分数相同下，随铁素体量减少，珠光体量增多，致使强度不断提高。铌、钛或钒等为辅加元素，少量的铌、钛或钒在钢中形成细碳化物或碳氮化物，一方面在热轧时阻止奥氏体晶粒长大，另一方面在冷却过程中使碱氮化物析出，进一步提高钢的强度和韧性。此外，加入少量铜（≤5%）和磷（0.1%左右）等，可提高钢的耐大气腐蚀性。

加入少量稀土元素，可以脱硫、去气，使钢材净化，改善韧性和工艺性能。

5.1.3.2 性能特点

一般情况下，低合金高强度结构钢制造的工程构件尺寸大，不做相对运动，长期承受静载荷作用，且可能长期处于低温或暴露于一定的环境介质中。所以，其性能特点如下：

（1）强度高，一般屈服强度在300MPa以上，所以1t低合金高强度结构钢可代替1.2~2.0t碳素结构钢使用，从而可减轻构件的质量，提高构件使用的可靠性并节约钢材。

（2）塑性、韧性好，具有良好的焊接性和冷成型性，并且韧脆转变温度低，耐大气腐蚀性高。

（3）一般在热轧、空冷状态下使用，采用冷弯及焊接工艺成型，不需要进行专门的热处理。使用状态下的显微组织一般为铁素体+珠光体（索氏体），高强度级别钢种为低碳贝氏体组织或淬火成低碳马氏体组织。

5.1.3.3 牌号表示方法

低合金高强度结构钢的牌号表示方法与碳素结构钢相同，也是以屈服强度级别为标准编号，用“Q+数字+字母”表示。例如，Q345C 表示 $R_{eL} \geqslant 345\text{MPa}$、质量等级为 C 级的一般用途低合金高强度结构钢。

在 GB/T 1591—2008 中，低合金高强度结构钢分为 Q345、Q390、Q420、Q460、Q500、Q550、Q620、Q690 共 8 个牌号，根据质量不同分为 A、B、C、D、E 五个等级，其中 A 级质量等级最低，E 级质量等级最高。

当需方要求钢板具有厚度方向的性能时，则在上述规定的牌号后加上代表厚度方向（Z 向）性能级别的符号。例如：Q460EZ35 中的 Z35 表示钢板沿厚度方向的断面收缩率为 35%。

对低合金高强度结构钢的化学成分、加工工艺和性能做相应的调整，发展出了门类众多的低合金专业钢，如低合金耐候钢、压力容器用钢、桥梁用钢等。专业钢的牌号一般在低合金高强度结构钢牌号的基础上附加用途符号，如 Q355NH、Q345R、Q370q 分别表示耐候钢、压力容器用钢、桥梁用钢。

5.1.3.4 常用钢种及其应用

在较低级别的钢中，Q345（旧标准中为 16Mn）最具有代表性，它是目前我国用量最多、产量最大的一种低合金结构钢，使用状态的组织为细晶粒的铁素体+珠光体，强度比碳素结构钢 Q235 高 30%~40%，耐大气腐蚀性高 20%~30%，低温性能尚可，塑性和焊接性良好，可用于使用温度在-40℃以下寒冷地区的各种结构，如船舶、车辆、桥梁、容器等大型钢结构。目前，在其基础上已经发展出了多种派生牌号和专用钢种，如 Q345R、Q345q 等。例如，南京长江大桥采用 Q345 钢比用碳素结构钢节约钢材 15%以上，又如，我国载重汽车大梁采用 Q345 钢后，使载重比由 1.05 提高到了 1.25。

强度级别超过 450MPa 后，铁素体和珠光体组织难以满足使用要求，于是发展出了低碳贝氏体钢。Q460 钢含 Mo、B 元素，其正火组织为贝氏体。通过控制碳的质量分数、微合金化和控制轧制，保证了钢的强度、低温韧性和焊接性，可用于各种大型工程结构以及要求强度高、载荷大的轻型结构。

部分低合金高强度结构钢的力学性能和用途见表 5-7。

5.1.4 船舶及海洋工程用结构钢

船舶及海洋工程用结构钢是指按船级建造规范要求生产的，用于制造远洋、沿海和内河区航行船舶、海上石油钻井平台、海洋建筑和码头设施、低温液化石油气储运装备等的钢材。常作为专用钢订货、排产、销售，一般包括厚度不大于 150mm 的钢板，厚度不大于25.4mm的钢带及剪切板或直径不大于50mm的型钢。

表5-7 部分低合金高强度结构钢的力学性能和用途

牌号	等级	屈服强度 R_{eL}/MPa（厚度或直径为16~150mm）	抗拉强度 R_m/MPa	断后伸长率 A/%（≥）	冲击吸收能量		应用举例
					温度/℃	KV_2/J	
Q345	A	285~345	470~630	20	—	27	桥梁、船舶、车辆、压力容器、起重及矿山机械、建筑结构等
	B				20		
	C				0		
	D				-20		
	E				-40		
Q390	A	310~390	490~650	19	—	34	大型桥梁、起重设备、大型船舶、中高压压力容器、电站设备等
	B				20		
	C				0		
	D				-20		
	E				-40		
Q420	A	340~420	520~680	18	—	34	大型桥梁、中高压容器、大型船舶、电站设备、大型焊接结构、管道等
	B				20		
	C				0		
	D				-20		
	E				-40		
Q460	C	380~460	550~720	16	0	34	中温高压容器、大型焊接结构件及要求强度高、载荷大的轻型结构等
	D				-20		
	E				-40		

根据GB 712—2011，船舶及海洋工程用结构钢按强度级别可分为一般强度、高强度和超高强度三类，见表5-8，牌号中第一个字母表示质量等级，字母“H”表示高强度或超高强度。

表5-8 船舶及海洋工程结构钢的分类（GB 712—2011）

牌号	Z向钢	用途
A、B、D、E	Z25、Z35	一般强度船舶及海洋工程用结构钢
AH32、DH32、EH32、FH32 AH36、DH36、EH36、FH36 AH40、DH40、EH40、FH40	Z25、Z35	高强度船舶及海洋工程用结构钢
AH420、DH420、EH420、FH420 AH460、DH460、EH460、FH460 AH500、DH500、EH500、FH500 AH550、DH550、EH550、FH550 AH620、DH620、EH620、FH620 AH690、DH690、EH690、FH690	Z25、Z35	超高强度船舶及海洋工程用结构钢

5.1.4.1　一般强度船舶及海洋工程结构钢

一般强度船舶及海洋用结构钢分为 A、B、D、E 四个质量等级，这四个质量等级钢材的屈服强度（≥235MPa）和抗拉强度（400~520MPa）一样，只是对不同温度下的冲击韧性的要求不同，A 级钢要求+20℃的冲击试验性能，B 级钢要求 0℃的冲击试验性能，D 级钢要求-20℃的冲击试验性能，E 级钢要求-40℃的冲击试验性能。

一般强度船舶及海洋工程用结构钢以各种规格的型材或板材供应，显微组织为铁素体+珠光体，主要用于小型船舶、大中型船舶和海洋工程结构中的非重要结构件，如上层建筑、扶手以及受静载荷作用的机舱平台、舷墙等。

5.1.4.2　高强度船舶及海洋工程用结构钢

高强度船舶及海洋工程用结构钢是低合金高强度结构钢中一个重要的钢种。虽然此类钢在民船上的使用始于 19 世纪，但其真正获得应用还是在 20 世纪 60 年代。1998 年，中国船级社 CCS 规范中划分了高强度船体结构用钢的品种。

GB 712—2011 和中国船级社规范标准的高强度船舶及海洋工程用结构钢分为 320MPa、360MPa、400MPa 三个强度级别，A、D、E、F 四个质量等级。

高强度船舶及海洋工程用结构钢的化学成分与低合金高强度结构钢相近，以低碳和微合金化为主要特征，显微组织为铁素体+珠光体。

高强度船舶及海洋工程用结构钢具有较高的力学性能，其屈服强度在 315MPa 以上，为防止断裂事故和低温脆断，同时具有良好的塑性、韧性以及一定的耐海洋、大气和海水腐蚀能力。高强度船舶及海洋工程用结构钢的断后伸长率 A≥20%，-40℃时的冲击吸收能量不低于常温时的 50%，可以冷弯加工，能在严寒地区做工程结构，能保证船舶无限航区的要求。

高强度船舶及海洋工程用结构钢的碳当量[C]、焊接裂纹敏感系数 P_{cm} 较低，焊接性优良，可满足船舶及海洋工程结构对焊接工艺的要求。

高强度船舶及海洋工程用结构钢主要用于大中型船舶和海洋工程结构中的重要结构，如所有外板、舱壁板、双层底、主甲板等，以及承受动载荷的主机座、起重机吊臂架等。

5.1.5　管线用钢

5.1.5.1　管线用钢及其性能要求

管线用钢是指用于输送石油、天然气等的大口径焊接钢管用热轧卷板或中厚板，可分为高寒、高硫地区和海底铺设三类。

管线用钢首先要求具有较高的屈服强度和抗拉强度，屈强比为 0.85~0.93，其次要求具有较高的低温韧性和优良的焊接性，此外，还要有优良的抗氢致开裂（HIC）和抗硫化物应力腐蚀开裂（SCC）性能。

5.1.5.2　管线用钢的化学成分及组织类型

现代管线用钢属于低碳或超低碳的微合金化钢，主要合金元素有 Mn、Mo、Nb、V、

Ti、Cu 等，并应将杂质元素 S、P、O、N、H 的含量降到很低的水平。管线用钢按显微组织有铁素体+珠光体钢、微珠光体钢、针状铁素体钢和淬火回火钢（马氏体钢）等类型。

5.1.5.3 管线用钢的牌号表示方法

《石油天然气工业管线输送系统用钢管》（GB/T 9711—2005）中规定，管线用钢以屈股强度级别为标准编号，用“L+数字+字母”表示。其中，“L”是英语单词 Line 的首写字母，后面的数值代表最小屈服强度值（MPa），再其后是交货状态符号。例如：L485M 表示最小屈服强度为 485MPa、交货状态为热机械轧制的冷成型钢管。

GB/T 9711—2005 包括的钢管等级有 L175、L210、L45、L290、L320、L360、L390、L415、L450、L485、L555、L625、L690 和 L830 等。

美国石油学会 API（American Petroleum Institute）制订的 APISPEC5L（《管线钢管规范》）是国际上具有较大影响的管线钢管规范，世界上的大多数石油公司都习惯采用此规范作为管线用钢管采购的基础规范。在 APISPEC5L 中，管线用钢牌号由“X+数字”组成，其中，“X”是管的意思，后面的数值代表美制单位屈服强度（psi）最小值的前两位。例如：X80 表示最小屈服强度为 80000psi（552MPa）的高强度管线用钢。常用的管线用钢牌号见表 5-9。

表 5-9 常用的管线用钢牌号

<table>
<tr><th>GB/T 9711—2005 牌号</th><th>API 牌号</th><th>交货状态表示方法</th></tr>
<tr><td>L290</td><td>X42</td><td rowspan="9">R：轧制
N：正火轧制，正火成型，正火+回火
Q：淬火+回火
M：热机械轧制或热机械成型</td></tr>
<tr><td>L360</td><td>X52</td></tr>
<tr><td>L415</td><td>X60</td></tr>
<tr><td>L450</td><td>X65</td></tr>
<tr><td>L485</td><td>X70</td></tr>
<tr><td>L555</td><td>X80</td></tr>
<tr><td>L625</td><td>X90</td></tr>
<tr><td>L690</td><td>X100</td></tr>
<tr><td>L830</td><td>X120</td></tr>
</table>

5.2 工程结构钢的力学性能

工程结构钢的力学性能有三大特点：屈服现象、冷脆现象和时效现象。

5.2.1 结构钢的屈服现象

众所周知，屈服现象是低碳钢所具有的力学行为特点之一，其表现主要在以下两方面：

（1）拉伸曲线上出现屈服齿与屈服平台，如图 5-1 所示。

（2）在屈服过程中，试件的塑性变形分布是宏观不均匀的。

由于屈服变形集中在局部地区少数滑移带上，所以必然引起滑移台阶高度增大，使试样表面有明显滑移线，表面出现皱褶。屈服现象有时会影响构件（如汽车蒙皮）的表面质量。实践中发现，有一些冷轧钢板在冲压前表面质量很好，但冲压后却在某些部分形成皱褶，这是一种水波纹状的表面缺陷，称为滑移线。这种滑移线的出现破坏了构件的外观，甚至在涂漆以后仍然可以看出，故必须消除。

消除的办法是对于一些冲压用的钢板退火后，进行变形量约为 0.8%～1.5%的冷轧，即平整加工。其目的是使钢板的屈服现象在冷轧过程中完成，使钢板处于正常的加工硬化状态，从而在以后的冲压过程中变形均匀，以免出现皱褶。注意冷轧后不能停留时间过长，否则易产生应变时效现象。

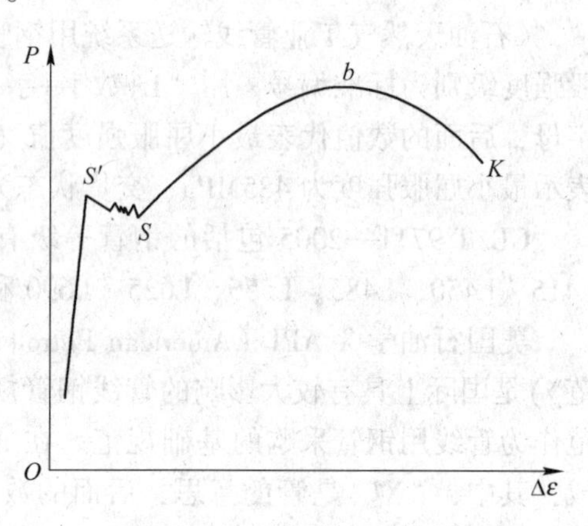

图 5-1　屈服齿与屈服平台

一般认为，屈服现象与钢中 C、N 原子与位错相互作用产生的“柯氏气团”有关。因此减少钢中 C、N 原子的含量或加入碳化物形成元素（如 Ti、Nb 等），使 C、N 原子与之结合成稳定的碳化物，抑制柯氏气团的形成，可避免冲压时产生表面皱褶。

值得注意的是，平整加工后不允许放置时间过长，否则由应变时效现象造成在冲压时仍出现皱褶。这时再用平整加工方法将无法消除，所以冲压时各工序应连续进行。

5.2.2　结构钢的冷脆现象

随着试验温度的降低，构件用钢的屈服点显著升高，且出现断裂特征，由宏观塑性破坏过渡到宏观脆性破坏，这种现象称为冷脆。带有尖锐缺口或裂缝的构件，上述断裂形式的过渡可能在一般的气温条件下即能产生，而且其断裂应力往往低于室温下的屈服极限。

评定材料冷脆倾向大小的指标是冷脆转变温度，又称脆性转折温度（T_k）。T_k 是组织敏感的参数。如金属的晶体结构、强度、合金元素及晶粒大小等均对 T_k 有影响。除此之外，变形速度、试件尺寸、应力状态及缺口形式等对 T_k 也有一定影响。

结构钢的冷脆现象在生产上有很大的实际意义。曾经认为按照钢材的屈服点设计的各种构件是安全的，即使在受到超载作用时，也只能产生过量的塑性变形而失效，不会因构件断裂造成严重后果。但在生产实际中，一系列低碳构件（船舶、桥梁、容器等）在较低使用温度下发生的引起严重后果的冷脆事故，使人们认识到只根据常规拉伸性能数据还不能全面评价构件用钢的性能。为了防止发生冷脆，对构件用钢还必须要求低的脆性转折温度，并且要保证构件的工作温度高于 T_k。

5.2.3　结构钢的应变时效、淬火时效及蓝脆

结构钢钢加热到 Ac_3以上进行淬火（快冷）或经塑性变形后，在放置过程中，强度、硬度增高，塑性、韧性下降，并提高钢的脆性转折温度，这种现象称为时效。塑性变形后的时效称为应变时效；淬火后的时效称为淬火时效；在一般气候条件下的时效称为自然时效；在较高温度下进行的时效称为人工时效，时效温度升高，时效进程加快。

对低碳构件用钢，时效的影响较显著，如图 5-2、图 5-3 所示。

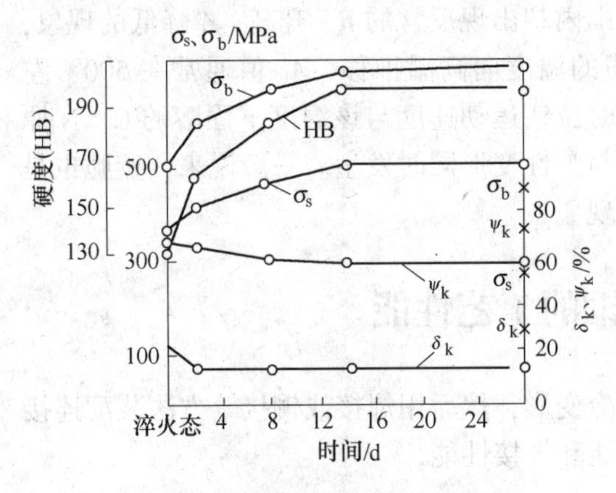

图 5-2 低碳钢经淬火后天然时效时力学性能的变化

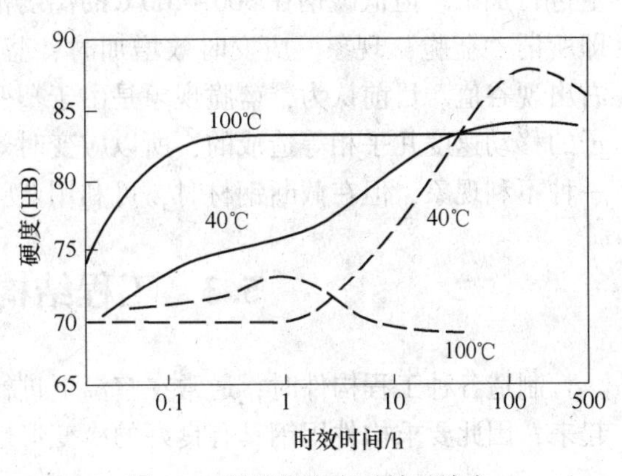

图 5-3 低碳钢应变时效及淬火时效（虚线）时硬度的变化

5.2.3.1 应变时效

钢材经一定量塑性变形之后在常温下长期停留，或经 100~300℃加热一定时间后，其常温冲击功值及塑性下降而硬度提高的现象。

A 形成原因

塑性变形后晶格出现了滑移层而扭曲，对固溶合金元素的溶解能力下降，呈现出饱和或过饱和状态，必然促使被溶物质扩散及析出，这就引起了钢材性能的变化。在加热状态下原子活力增加，促使固溶体内过饱和物质加速析出，也引起时效。应变时效主要发生在低碳钢中，钢中氧、氮、锰、铜会显著提高应变时效倾向，镍可降低该倾向。

B 应变时效的不利影响

弯曲、卷边、冲孔、剪裁等过程中产生局部塑性变形的工艺操作，由于应变时效会使局部地区的断裂抗力降低，增加构件脆断的危险性。应变时效还给冷变形工艺造成困难，裁剪下的毛坯如过一段时间再进行下道冷变形工序，往往因为裁剪边出现裂缝而报废。在一些焊接构件上，由于热影响区的温度可以达到 Ac_1 以上温度而产生淬火时效。此时，钢的显微组织没有明显变化，但其力学性能也发生类似于应变时效的变化，硬度等指标增高，韧性等指标降低。

钢材应变时效敏感性主要与固溶于 α-Fe 中的少量 C、N 原子（特别是 N 原子的影响较大）有关。因此，应控制在 α-Fe 中的 C、N 原子数量。为此，应向钢中加入强碳、氮化物形成元素。如 V、Ti、Nb 等，使低碳钢中的 C、N 元素以化合物形式固定下来而较少地溶入 α-Fe 中。另外，钢中气体的含量与冶炼方法和浇铸方法有关，因而不同的冶炼方法所得钢材的时效敏感性不同。一般说来，侧吹转炉钢的时效敏感性要大于平炉钢，沸腾钢的时效敏感性要大于镇静钢。

GB/T 4160—2004 规定了低碳钢应变时效敏感性的试验方法。通常把钢在应变时效前后的冲击韧性之百分比 C 作为钢的时效敏感性的衡量标准：

$$C = \frac{(\alpha_k)_{原} - (\alpha_k)_{时效}}{(\alpha_k)_{原}} \times 100\%$$

塑变抗力随温度的升高而减小，所以在室温下不能加工成型时，就可以在较高的温度下进行加工。但低碳钢在300~400℃的温度范围内却出现反常的R_m升高、A降低的现象，即所谓“蓝脆”现象。应变时效增加时，蓝脆的温度向高温推移，A_k值通常在500℃左右出现谷值。目前认为，蓝脆现象是由于塑变时位错运动速度与该温度下固溶的C、N原子的移动速度几乎相等造成的，所以应变时效与塑性变形同时发生。一般说来，蓝脆也是一种不利现象，但在截断钢材时，可利用蓝脆现象。

5.3　工程结构钢的工艺性能

制造各种工程构件时，通常在室温下进行冷变形，然后用焊接或铆接等方法装配连接起来，因此要求构件用钢具有良好的冷变形性能和焊接性能。

5.3.1　构件用钢的冷变形性能

结构钢通常以棒材、板材、型材、管材和带材等供应用户。为了制造各种构件，需要进行必要的冷变形。钢材的变形通常在一般气候条件下进行，因此要求有良好的冷变形性能。

钢材的冷变形性能包括以下三方面：

(1) 钢材的变形抗力，它决定钢材制成必要形状的部件的难易程度；

(2) 钢材在承受一定量的塑性变形时产生开裂或其他缺陷的可能性；

(3) 钢材在冷变形后性能的变化，即危害性或可利用性。

影响冷变形性能的因素包括以下几个方面。

5.3.1.1　钢材的成分

含碳量对其冷变形性能影响最大。含碳量增高，钢中的珠光体量增多，塑变抗力增高，而塑性降低，变形时开裂的倾向性增大。含硫量增高，钢中的MnS夹杂物增多，也使钢材变形开裂的倾向增大，并使轧制钢板纵向及横向的塑性不同。钢材易于沿着呈条状分布的硫化物夹杂发生开裂或分层。磷有强烈的偏析倾向，含磷较高的钢板带状组织比较严重，其性能也有明显的方向性。

5.3.1.2　钢材表面质量

钢材表面质量也影响冷变形性能，表面上的裂缝、结疤、折叠、划痕等缺陷，往往是冷变形开裂的根源。

钢材冷变形后，强度增高，而塑性降低，应变时效进一步提高强度和降低塑性。但多数构件进行变形是由于加工上的需要，因此强度的增高往往不能利用，而塑性的降低却可能成为构件断裂的起因，必须予以注意。

变形时开裂是构件用钢加工过程中经常发生的现象。通常用下列指标和方法来衡量构件开裂的可能性。

一般情况用极限塑性指标δ_k、ψ_k来衡量，希望δ_k、ψ_k指标高，则变形开裂倾向性小；弯曲、延伸等冷变形时用塑性失稳时变形量的大小ε_u衡量，工程上$\varepsilon_u=n$（n为加工硬化指数)，而 n 测定困难，故工程上常用屈强比 R_{eL}/R_m 来衡量材料塑性失稳的可能性，这个比值接近于 1，说明构件易于塑性失稳。对于工艺过程中需要进行较大变形的材料，规定 R_{eL}/R_m 不应大于 0.7；冲压成型时构件宽度和厚度的变形能力不同，可用 $R=\varepsilon_W/\varepsilon_T$ 表示。式中，ε_W 为宽度方向真应变；ε_T 为厚度方向真应变；R 值大小表示塑性应变的各向异性，称 R 为深冲性能参量。R 值高说明厚度方向上变形能力低，所以易形成颈缩，工程上一般希望 $R>1$。

工程上用试验方法衡量棒材、板材、带材等在弯曲变形时的可能性，详见 GB/T 232—2010 规定的冷（热）弯曲试验方法。

5.3.2 结构钢的焊接性能

焊接性能也是很重要的工艺性能，特别是近年来，随着断裂力学的发展，人们对焊接性能的重要性更为重视。

一般说来，焊接材料总是不均质的。例如：(1) 金属在焊接过程中，其焊缝区、半熔化区及热影响区发生小范围的复杂冶金过程、熔化过程及热处理过程，使各处形成不同的组织；(2) 由于热循环及组织变化，产生一定的焊接残余应力；(3) 焊接过程可能产生未焊透、气泡、夹渣、裂纹等缺陷。这些复杂的变化必然会影响整个构件的承载能力和使用寿命。

焊接质量是否良好，一方面与构件的结构及焊接工艺有很大关系，另一方面与材料的焊接性能也有很大关系。焊接性能与钢材的化学成分及其在焊接时形成的组织有关。由于钢材化学成分和组织的变化而导致焊接构件脆断趋势增加的现象称为焊接脆性。焊接脆性包含马氏体转变脆性、过热及过烧脆性、凝固脆性和热影响区的时效脆性等。

马氏体转变脆性是焊接时造成冷裂纹的主要原因之一。因而焊接时是否易于形成马氏体是人们关注的问题之一。

是否易于形成马氏体取决于钢材的淬透性。碳是显著增加钢材淬透性的元素，且还增大马氏体的延迟断裂倾向，因此在一般碳素构件用钢中应将 C 的质量分数控制在 0.25% 以下，在普通低合金构件用钢中 C 的质量分数一般不超过 0.2%。很多合金元素都会增加钢的淬透性，对焊接性能不利，故对其含量也应加以控制。

另外，碳及合金元素还会降低钢的 M_s 点，这也是不利的。M_s 点最好不低于 300℃。这是因为在热影响区虽有马氏体转变，但 M_s 点高于 300℃时可产生“自回火”现象，从而减少了开裂的倾向。

有人尝试用单一参数碳当量（记为 [C]）来综合表示碳及合金元素对于焊接性能的影响，钢的 [C] 越高，表示焊接性能越差。目前已报道了不少计算 [C] 的公式，常采用的有：

$$[C]=C+\frac{Mn}{4}+\frac{Si}{4}\text{(适用于其他元素可忽略的情况)}$$

$$[C]=C+\frac{Mn}{6}+\frac{Cr+Mo+V}{5}\text{(英美常用)}$$

$$[C]=C+\frac{Mn}{20}+\frac{Si}{30}+\frac{Ni}{60}+\frac{Mo}{4}+\frac{V}{10}+\frac{Cu}{20}+\frac{B}{0.2}\text{(已由日本焊接工程师协会推荐为国际标准)}$$

公式中各元素的含量用质量分数来表示。

通常认为：$w(C)<0.35\%$，焊接性能良好；$w(C)>0.4\%$，焊接有困难，需采用焊接预热或焊后及时回火等措施补救。

过烧脆性产生在紧靠熔合线的热影响区。防止过烧脆性的方法是限制钢的含碳量，或者向钢中加少量稀土元素（如铈）以固定硫。稀土硫化物可以降低钢对过烧脆性的敏感性。离熔合线较远的热影响区易产生过热脆性，可降低钢的塑性，增加冷脆倾向性。向钢中加入少量 Mo、V、Ti、Nb 等强碳化物形成元素时，可阻止晶粒长大，并减小过热敏感性。

凝固脆性一般以热裂纹的形式表现出来。引起凝固脆性的主要元素是 S、P、Si 等，C、Ni、Cu 也有促进作用，故对这些元素在构件用钢中的含量也应加以限制。而加入 Ti、Zr 或 Ce 能形成球状的硫化物并提高其熔点，对减小凝固脆性有一定的好处。

热影响区的时效脆性也可能成为构件用钢在使用过程中的开裂源，必须充分注意。为此，向钢中加入 V、Ti、Nb 等元素，以抑制时效敏感性。

综上所述，焊接会带来很多缺陷而使构件的承载能力降低，因此必须改善焊接性能。钢中的碳及合金元素都易使焊接性能下降，这便是要求构件一般应为低碳、低合金的主要原因之一。

5.4 构件用钢耐大气腐蚀性能

耐大气腐蚀性能也是构件用钢的重要使用性能。前已指出，构件用钢多在野外使用，又不可能保护得很好，加之其用量极大，因而，对于如何防止锈蚀必须给予足够的重视。

5.4.1 大气腐蚀过程

一般认为，大气腐蚀过程是一种电化学腐蚀过程，电化学腐蚀过程实质上是一种原电池腐蚀现象。但是，构件用钢在大气中的腐蚀又与一般的原电池腐蚀有所不同。在一般原电池中需要有两块金属极板，而实际构件在大气中的腐蚀是在同一块钢板上进行的，故通常将构件用钢在大气中的腐蚀过程称为微电池现象。

所谓微电池现象，是指在一块钢板里构成有许多个微小的原电池，从而引起钢板腐蚀的现象。钢板的组织是不均匀的，例如构件用钢的组织除了基体 α-Fe 外，还有第二相质点（如碳化物），这就构成了原电池中的两极。

一般说来，固溶体基体的电极电势比较低，在微电池中做阳极；而第二相质点的电极电势比较高，在微电池中做阴极。这样基体金属与第二相便可以看成是原电池。使用导线连接起来的两个极板，如图 5-4 所示。加之钢板在大气中放置时表面上会吸附水汽并形成水膜，于是便构成一个完整的微电池。可以使电化学腐蚀过程自动地进行，结果使金属基体不断遭受腐蚀。

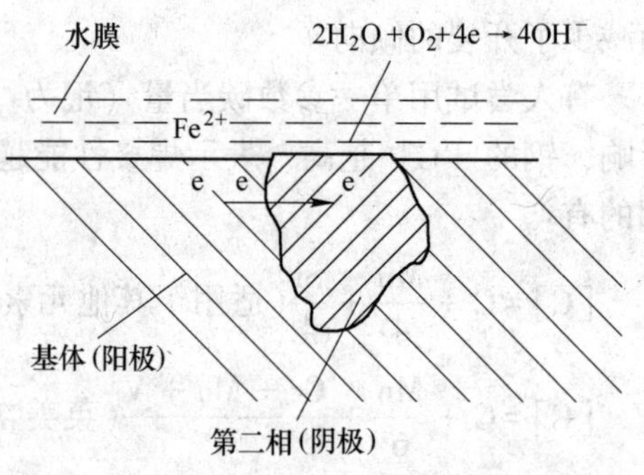

图 5-4 微电池现象示意图

5.4.2 提高构件用钢耐大气腐蚀的途径

由以上分析可以看出，提高构件用钢耐大气腐蚀的途径有以下几种。

5.4.2.1 减少微电池数量

一般说来，微电池数量越多，则腐蚀速度越快，故为了减慢腐蚀速度，应减少微电池数目。C 与 S 含量增多时，会使第二相质点（碳化物与硫化物）数量增多，从而导致腐蚀速度加快。所以从提高耐大气腐蚀的角度出发，应对构件用钢的含碳量和含硫量加以限制。这也是要求构件用钢应是低碳钢的重要原因之一。

5.4.2.2 提高基体的电极电势

基体与第二相的电极电势差越大，则腐蚀速度越快。为了减慢腐蚀速度，应力求提高基体的电极电势，以抑制阳极反应。从这一角度出发，可向钢中加入能与 α-Fe 形成固溶体并能提高其电极电势的合金元素（例如 Cr、Ni、Ti 等元素）。但这种办法的缺点是提高了钢的成本。

5.4.2.3 利用钝化效应

所谓钝化效应是指通过改变钢表面状态而造成基体金属表面部分电极电势升高的现象。最常采用的钝化措施是在金属表面形成一层致密的氧化膜。这种氧化膜使钢的表面与电介质隔开，从而使阳极反应受到阻碍。一般认为 Cr 是最有效的钝化元素，但成本较高，发展量大面广的构件用钢不宜走这一条路。

实践表明，当 Cu 的质量分数达到一定数量时，Cu 能在构件用钢的表面上弥散析出，也可以促进钝化效应。其原因是：在室温下 Cu 在 α-Fe 中的溶解度较小，$w(\mathrm{Cu})=0.2\%$ 时，便有 Cu 原子以游离状态在钢的表面析出，形成均匀、弥散分布的富 Cu 相。Cu 的电极电势比较高，这样就增加了微电池的阴极接点，弥散均匀分布的 Cu 阴极接点有利于迅速在构件用钢表面上形成一层比较致密的氧化膜而产生钝化作用。如果没有 Cu 阴极接点，则构件用钢的阴极接点仅仅是分布不均匀的碳化物，在腐蚀过程中无法在表面上形成一层均匀的钝化膜而起到防腐蚀作用。

另外，Cu 的良好作用还在于少量的铜 $w(\mathrm{Cu})<0.2\%$ 溶入 α-Fe 中可提高 α-Fe 的电极电势，也有利于提高抗蚀性。在构件用钢中加入 Cu（$w(\mathrm{Cu})=0.1\%\sim0.15\%$），便可使腐蚀速度显著下降。若 Cu 的质量分数达到 0.25%左右，则抗蚀性可提高 1 倍以上。但 Cu 的质量分数过高（$w(\mathrm{Cu})>0.5\%$），易使钢产生热脆现象。

通常在耐大气腐蚀用钢中，$w(\mathrm{Cu})=0.2\%\sim0.5\%$，特别是 Cu 与 P 复合存在时效果更好，以 P($w(\mathrm{P})=0.1\%$)+Cu($w(\mathrm{Cu})=0.3\%$)效果最佳。值得注意的是，P 的质量分数过高，会增加钢的脆性，应加以控制。

5.5 提高普低钢力学性能的途径

具有铁素体-珠光体组织的普低钢，屈服极限最高约为 470MPa，若希望获得强度更高的普低钢，就需要考虑选择其他类型组织的普低钢，因而发展了低碳贝氏体型普低钢、低碳索氏体型普低钢及针状铁素体型普低钢。另外，还可通过控制轧制方法来获得高强度的普低钢。

5.5.1　低碳贝氏体型普低钢

低碳贝氏体型普低钢的主要特点是使大截面的构件在热轧空冷（正火）条件下，能获得单一的贝氏体组织。发展贝氏体型普低钢的主要冶金措施是向钢中加入能显著推迟珠光体转变而对贝氏体转变影响很小的合金元素，从而保证热轧空冷（正火）条件下获得下贝氏体组织。

贝氏体型普低钢多采用 Mo(w(Mo) = 0.5%) + B(w(B) = 0.003%)为基本成分，以保证得到贝氏体组织，加入 Mn、Cr、V 等元素是为了进一步提高钢的强度及综合性能。这些元素的作用是：

（1）产生固溶强化作用；

（2）降低贝氏体转变温度，使贝氏体及其析出的碳化物更加细小；

（3）强烈推迟 C 曲线中的珠光体转变，进一步提高贝氏体的淬透性；

（4）提高回火稳定性（Mo 和 V 最有效）。

低碳贝氏体型普低钢的焊接性能很好。这是因为贝氏体的转变温度较高（>300℃），可使组织应力得到充分消除，而且体积效应较小，不易出现焊接脆性。我国发展的几种低碳贝氏体型普低钢如表 5-10 所示，这些钢种主要用于锅炉和石油工业中的中温压力容器。

表 5-10　我国发展的几种低碳贝氏体型普低钢

钢　号	化学成分（质量分数）/%								板厚/mm	力学性能		
	C	Mn	Si	V	Mo	Cr	B	RE（加入量）		R_m/MPa	R_{eL}/MPa	A/%
14MnMoV	0.10~0.18	1.20~1.50	0.20~0.40	0.08~0.16	0.45~0.65	—	—	—	30~115（正火回火）	≥620	≥500	≥15
14MnMoVBRe	0.10~0.16	1.10~1.60	0.17~0.37	0.04~0.10	0.30~0.60	—	0.0015~0.006	0.15~0.20	6~10（热轧态）	≥650	≥500	≥16
14CrMnMoVB	0.10~0.15	1.10~1.60	0.17~0.40	0.03~0.06	0.32~0.42	0.90~1.30	0.002~0.006	—	6~20（正火回火）	≥750	≥650	≥15

5.5.2　低碳索氏体型普低钢

提高普低钢强度的另一途径是采用低碳低合金钢淬火获得低碳马氏体，然后进行高温回火，获得低碳回火索氏体组织，以保证钢具有良好的综合力学性能和焊接性能。生产这种钢是有一定困难的，因为钢材在淬火时容易变形，所以钢板和型钢必须在淬火机上进行淬火，而截面厚的钢板不易完全淬透。

与热轧状态或正火状态使用的铁素体-珠光体型普低钢不同，低碳索氏体型普低钢的强度主要取决于含碳量及钢的回火稳定性，所选的合金元素及其含量应保证钢具有足够的淬透性、较高的回火稳定性和良好的焊接性能。

在美国对这类钢中研究较多的是 T-1 型钢，规定成分为：$w(C)=0.1\%\sim0.2\%$、$w(Mn)=0.6\%\sim1.0\%$、$w(Si)=0.15\%\sim0.35\%$、$w(Ni)=0.7\%\sim1.0\%$、$w(Cr)=0.4\%\sim0.8\%$、$w(Mo)=0.4\%\sim0.6\%$、$w(V)=0.04\%\sim0.1\%$、$w(Cu)=0.15\%\sim0.5\%$、$w(B)=0.002\%\sim0.006\%$。上述成分主要是为了保证得到适宜的淬透性，而实际采用的成分随截面不同而变化。T-1 型钢板在不同状态下的力学性能如表 5-11 所示。

表 5-11　T-1 型钢板在不同状态下的力学性能

钢板状态	R_{eL}/MPa	R_m/MPa	A/%	Z/%	脆性转折温度/℃
热轧	570	829	21.8	58.6	-17
927℃淬火	978	1368	14.0	52.5	-96
927℃淬火+650℃回火水冷	743	827	22.0	68.5	-153

这种钢易于焊接，焊前不预热，具有良好的焊接性能。

低碳索氏体型普低钢已在重型载重车辆、桥梁、水轮机及舰艇等方面得到应用。我国在发展这类钢中也做了不少工作，并成功地应用于导弹、火箭等国防工业中。

5.5.3　控制轧制的应用

如前所述，在普低钢中加入微量的 Nb、V 等元素，可以产生显著的沉淀强化效应，但同时也使钢的冷脆倾向性增大。所以，为了充分发挥 Nb、V 等元素的沉淀强化效应，必须相应采取韧化措施，即采用控制轧制工艺。

控制轧制是将普低钢加热到高温（1250~1350℃）进行轧制，但必须将终轧温度控制在 Ar_3 附近。

控制轧制是高温形变热处理的一种派生形式，其主要目的是细化晶粒，提高热轧钢的强韧性。常规热轧和控制轧制之间的基本差别在于：前者铁素体晶粒在奥氏体晶界上成核，而后者由于控制轧制，奥氏体晶粒被形变带划分为几个部分，铁素体晶粒可在晶内和晶界上同时成核，从而形成晶粒非常细小的组织。控制轧制后空冷可使铁素体晶粒细化到 5μm 左右，如再加快冷却速度还可使晶粒进一步细化，国外已成功地对含 Nb 的普低钢进行了控制轧制，使 σ_s 达到 500MPa 以上，而 T_k 下降到-100℃以下，从而获得了良好的强韧化效果。

控制轧制的主要工艺参数是：

（1）选择合适的加热温度，以获得细小而均匀的奥氏体晶粒；

（2）选择适当的轧制道次和每道的压轧量，通过回复再结晶获得细小的晶粒；

（3）选择合适的在再结晶区和无再结晶区停留的时间和温度，以使再结晶晶粒内产生形变回复的多边形化亚结构；

（4）在两相区（α+γ）选择适宜的总压下量和轧制温度；

（5）控制冷却速度。

目前控制轧制在钢厂广泛用以生产钢板、钢带和钢棒。经常采用的规范是粗轧—待温—终轧工艺，即在高温快速再结晶区内轧几道，待温度降低一些再进行终轧。待温主要是保证终轧在无再结晶区和两相区进行。

5.5.4　针状铁素体型普低钢

为了满足在北方严寒条件下工作的大直径石油和天然气输出管道用钢的需要，目前世界各国正在发展针状铁素体型普低钢，并通过轧制以获得良好的强韧化效果。典型成分为：$w(C)=0.06\%$、$w(Mn)=1.6\%\sim2.2\%$、$w(Si)=0.01\%\sim0.4\%$，$w(Mo)=0.25\%\sim0.40\%$、$w(Nb)=0.04\%\sim0.10\%$、$w(Al)\approx0.05\%$、$w(N)\leqslant0.01\%$、$w(S)\leqslant0.02\%$、$w(P)\leqslant0.02\%$。这种钢控制轧制后可使 σ_s 达到 490MPa 以上，而 T_k 在−100℃以下。而且其焊接性能相当良好，可以用普通电弧焊焊接。

创制针状铁素体型普低钢的着眼点在于：（1）通过轧制后冷却时形成非平衡的针状铁素体（实际上是无碳贝氏体），提供大量的位错亚结构，为以后碳化物的弥散析出创造条件，并可保证钢管在原板成型时有较大的加工硬化效应，以防止因包申格效应引起的强度降低。（2）利用 Nb(C、N）为强化相，使之在轧制后冷却过程中，以及在 575~650℃时效时从铁素体中弥散析出造成弥散强化，可使 σ_s 提高 70~140 MPa，但又相应使使用温度提高约 8~19℃，为此需要采取相应的补救措施。（3）采用控制轧制细化晶粒，将终轧温度降至 740~780℃（Ar_3 附近），并使在 900℃以下的形变量达到 65%以上，在每道轧制后用喷雾快冷，以防止碳化物从奥氏体中析出而减弱时效强化效果。

从上述考虑出发，针状铁素体型普低钢合金化的主要特点为：（1）C 的质量分数较小（$w(C)=0.04\%\sim0.08\%$）；（2）主要用 Mn、Mo、Nb 进行合金化；（3）对 V、Si、N、S 的质量分数加以适当限制。

5.6　冷冲压薄板钢的冶炼和热处理

冷冲压薄板用钢主要用于制造厚度在 4mm 以下的各种冷冲压构件，如车身、驾驶室、各种仪器及机器的外壳等。这些构件一般对强度要求不高，但却要求钢板有良好的冷冲压性能。而且这些构件通常在冲压成型后，尚需经过电镀、喷漆或上珐琅等工艺美化表面，因此还要求钢板有较小的应变时效敏感性，以防止表面出现橘皮状皱褶。这样对冷冲压薄板钢的冶炼、成分和热处理提出了相应的要求。

冷冲压薄板钢通常采用优质低碳钢，用量最大的是 08 钢（表 5-12）。采用低碳钢主要是为了提高塑性，以保证钢的冷冲压性能。由于 Si 和 P 固溶于铁素体，使强度显著提高，塑性明显下降，所以要求含 Si 和 P 量愈低愈好。Mn 与 S 可形成 MnS 夹杂，呈细长条状分布时，将严重降低钢板的横向塑性使其在冷冲压时易于开裂，因此对钢中 Mn 和 S 的含量也应加以限制。

冷冲压薄板钢也有沸腾钢与镇静钢之分，对冲压性能要求高且外观要求较严的构件，不宜用沸腾钢冷轧板冲制，而应选用 Al 脱氧的镇静钢轧板（如 08Al）。

表 5-12　冷冲压薄板钢的化学成分（质量分数）

牌号	化学成分（质量分数）/%							
	C	Si	Mn	P（不大于）	S（不大于）	Ni（不大于）	Cr（不大于）	Cu（不大于）
08Al	≤0.08	痕迹	0.30~0.45	0.020	0.03			
08F	0.05~0.11	≤0.03	0.25~0.50	0.035	0.035	0.25	0.10	0.25
08	0.05~0.11	0.17~0.37	0.35~0.65	0.035	0.035	0.25	0.10	0.25
10	0.07~0.13	0.17~0.37	0.35~0.65	0.035	0.035	0.25	0.15	0.25
15	0.12~0.18	0.17~0.37	0.35~0.65	0.035	0.035	0.25	0.25	0.25
20	0.17~0.23	0.17~0.37	0.35~0.65	0.035	0.035	0.25	0.25	0.25

冷冲压薄板钢要求具有细小而均匀的铁素体晶粒（6~7 级）。如果晶粒过粗（1~4 级），在冲压过程中易在变形量较大的部位发生开裂，并且冲压后表面变得粗糙（橘皮状）。但晶粒过细（8 级以上）又使钢板的塑变抗力增高，冲压性能恶化，容易磨损冲模。另外，晶粒均匀性也十分重要，当晶粒大小参差不齐时，塑性变形会变得不均匀，在相同的宏观变形量下，大晶粒的实际变形量大，易造成提前开裂。

除铁素体的影响外，渗碳体的形态对钢板的冲压性能也有影响。当渗碳体在晶界上析出或呈链状分布时，破坏了基体金属的连续性，而使钢板的冲压性能变坏。通常在冷冲薄板钢的技术条件中，要求对渗碳体的数量和分布进行评定，并限制在一定级别以下。

一般冷冲压薄板钢是在浇注成钢锭后，再经若干次热轧及冷轧成板材后使用的。为了使钢板具有优良的冲压性能，通常在热轧与冷轧之间要进行一次重结晶退火（加热到 Ac_3 以上），以利于随后的冷轧。在冷轧中，如果减缩率小于 20%，则在轧后要采用 950℃正火来细化晶粒，提高塑性；如果减缩率大于 20%，在轧后采用再结晶退火（650~750℃）即可。减缩率不足 20%时，如采用低温退火，会引起严重的晶粒长大现象。

习　题

5-1　说明碳素结构钢牌号数值与性能、用途之间的关系。

5-2　说明优质碳素结构钢牌号数值与碳的质量分数、组织、性能、用途之间的关系。

5-3　不同牌号的碳素工具钢在力学性能和用途上有什么区别？

5-4　人们对低合金高强度钢的性能有什么要求？请简述低合金高强度钢中常用合金元素。

5-5　何为控制轧制和控制冷却速度？

6　机械结构用钢

机械结构用钢是指用于制造各种机械零件所用的钢种，常用来制造各种齿轮、轴（杆）类零件、弹簧、轴承及高强度结构件等，故又称机械零件用钢。

按钢的生产工艺和用途，机械结构用钢可分为调质钢、弹簧钢、滚动轴承钢、渗碳钢、氮化钢、易切削钢等。

6.1　机械结构用钢力学、工艺性能要求

机器零件要求结构紧凑、运转快速，以及零件间要有公差配合等。由此便决定零件用钢在性能上要求与构件用钢有所不同。零件用钢以力学性能为主，工艺性能为辅，具体要求如下。

6.1.1　力学性能要求

（1）机器零件在常温或温度波动不大的条件下，承受反复同向或反复交变载荷作用，因而要求机器零件用钢应有较高的疲劳强度或耐久强度。

（2）机器零件有时承受短时超负荷作用，因而要求机器零件用钢具有高的屈服强度、抗拉强度以及较高的断裂抗力。以防止零件在使用过程中产生大量塑性变形或断裂而造成事故。

（3）机器零件工作时往往由于相互间有相对滑动或滚动而产生磨损，引起零件尺寸变化和接触疲劳破坏，因而要求机器零件用钢具有良好的耐磨性和接触疲劳强度。

（4）由于机器零件的形状往往比较复杂，不可避免地存在有不同形式的缺口如台阶、键槽、油孔等，这些缺口都会造成应力集中，使零件易于产生低应力脆断。因而零件用钢应具有较高的韧性（如 K_{IC}、a_k 等），以降低缺口敏感性。

机器零件用钢对力学性能要求是多方面的，不但在强度和韧性方面有要求，以保证机器零件体积小、结构紧凑及安全性好，而且在疲劳性能与耐磨性能方面也有所要求。因此对零件用钢必须进行热处理强化，以充分发挥钢材的性能潜力。机器零件用钢的使用状态为淬火加回火态，即强化态。

6.1.2　工艺性能要求

通常机器零件的生产工艺是：型材—改锻—毛坯热处理—切削加工—最终热处理—磨削。其中以切削加工性能和热处理工艺性能为机器零件用钢的主要工艺性能。但对钢材的其他工艺性能（如冶炼性能、浇注性能、可锻性能等）也有要求，但一般问题不大。

6.1.3　机械结构用钢的牌号表示方法

机械结构用钢中调质钢、弹簧钢、渗碳钢、氮化钢的牌号用“两位数字+元素符号+

数字+…”的方法表示。牌号的前两位数字表示平均碳的质量分数的万分之几。合金元素以化学元素符号表示，合金元素后面的数字则表示该元素的质量分数，一般用百分之几表示。凡合金元素的平均质量分数小于1.5%时，牌号中一般只标明元素符号而不标明其含量，如果平均质量分数≥1.5%、≥2.5%、≥3.5%时则相应地在元素符号后面标以2、3、4、…，如为高级优质钢，则在其牌号后加“A”。虽然钢中V、Ti、Al、B、RE等合金元素的含量很低，但它们在钢中起相当重要的作用，故仍应在牌号中标出。例如：20CrMnTi表示平均碳的质量分数为0.20%，主要合金元素Cr、Mn的质量分数均低于1.5%，并含有微量Ti元素的合金结构钢，60Si2Mn表示平均碳的质量分数为0.60%，主要合金元素Mn的质量分数低于1.5%，Si的质量分数为1.5%~2.5%的弹簧钢。

滚动轴承钢在牌号前标以“G”，表示“滚”字汉语拼音的第一个大写字母，其后为“Cr+数字”，数字表示铬平均质量分数的千分之几。如GCr15。这里应注意，牌号中铬元素后面的数字表示铬的质量分数为1.5%，其他元素仍按质量分数的百分之几表示，如GCr15SiMn表示铬的质量分数为1.5%，Si、Mn的质量分数均小于1.5%的滚动轴承钢。

易切削钢在钢号前加“Y”代表“易切削钢”，“Y”后面的阿拉伯数字表示平均碳的质量分数（以万分之几计）。例如：Y40Mn表示碳的质量分数约为0.4%，锰的质量分数小于1.5%的易切削钢。

6.2 渗 碳 钢

汽车、拖拉机上的变速齿轮，内燃机上的变速齿轮、活塞销等零件是在受冲击和磨损条件下工作的，要求表面硬、耐磨，而零件心部则要求有较高的韧性以承受冲击。为满足上述要求，选用渗碳钢制造此类零件。

6.2.1 渗碳钢的化学成分

6.2.1.1 钢材的含碳量

为了满足“外硬内韧”的要求，渗碳钢一般都采用低碳成分，碳的质量分数一般为0.10%~0.25%，个别钢种可达0.28%，以使零件心部有足够的塑性和韧性。

近年来的研究表明，渗碳钢心部过低的碳含量易于使表面硬化层剥落，适当提高心部碳含量可使其强度增加，从而避免剥落现象。所以近年来有提高渗碳钢碳含量的趋势，但通常也不能太高，否则会降低其韧性。目前总的趋向是将渗碳钢中C的质量分数增大到0.25%左右。如对韧性要求较低时，C的质量分数也可提高至0.3%~0.4%。

渗碳钢中的主加合金元素是Cr、Ni、Mn、B等，主要作用是提高渗碳钢的淬透性，以使较大尺寸的零件在淬火时心部能获得大量的板条马氏体组织，提高零件的确定和韧性。另一方面，利用碳化物形成元素Cr在渗碳后于表层形成碳化物，以提高硬度和耐磨性。此外。Ni对渗碳层和心部的韧性非常有利，并可降低韧脆转变温度。

6.2.1.2 钢材的淬透性

渗碳件心部的硬度和强度取决于钢材的含碳量和淬透性两方面的因素。钢材的含碳量决定着心部马氏体的硬度，而心部是否易于得到马氏体组织又取决于钢材的淬透性。如淬透性足够时，能得到全部低碳马氏体，而淬透性不足时，除低碳马氏体外还会出现不同数量的非马氏体组织（如铁素体和珠光体）。这种非马氏体组织的产生会大大降低渗碳件的弯曲疲劳性能和接触疲劳性能。例如，表层上有 0.08mm 的黑色组织出现，可使 25CrMn 钢碳氮共渗齿轮的弯曲疲劳强度降低约 50%。

对重要的渗碳件除规定心部硬度外，还常规定检查心部组织，用标准金相图片来控制铁素体的含量。但渗碳钢的淬透性也不宜过高，如淬透性过高时，易使渗碳件淬火变形量增加。

渗碳钢的淬透性是通过加入合金元素来保证的，为了提高钢的淬透性，常在钢中加入 Cr、Mo、Ni、W、Mn、Si、B 等元素。特别是 B 提高淬透性效果很好，因而在我国汽车、拖拉机制造业中已得到应用。

6.2.1.3　表层碳化物的形态

碳化物的形态对表层性能也会产生影响。如果渗碳层中所形成的碳化物呈网状，则渗层的脆性加大，易于脱落；而碳化物呈粒状时，即使在表面 C 的质量分数大于 2%~3%的情况下，韧性也不至于有很大的下降，且耐磨性与接触疲劳性能得到大大的改善。

现已发现，加入渗碳钢中的合金元素对表层碳化物的形态有很大影响。一般说来，中等碳化物形成元素如 Co 的影响较为有利，易使碳化物呈粒状分布；而强碳化物形成元素如 W、Mo、V 以及非碳化物形成元素如 Si 等，则易使碳化物呈长条状或网状分布。这种长条状或网状的碳化物起着应力集中和缺口的作用，因而使表面的胞晶增大，显示不利的影响。

6.2.1.4　合金元素对渗碳钢工艺性能的影响

合金元素对渗碳钢的影响，还表现在影响渗碳速度、渗层深度和表层碳浓度上。一般说来，碳化物形成元素如 Cr、Mo、W、Ti、V、Mn 等都促使表层含碳量增多；而非碳化物形成元素如 Si、Ni、Co、Al 等，都减少表层碳浓度。同时，提高表层碳浓度的元素通常又增加渗层的深度与渗入速度，而减少表层碳浓度的元素，则相应降低渗层深度，并减慢渗入速度。

由于渗碳温度一般为 920 ~950℃，对于用 Mn、Si 脱氧的钢，奥氏体晶粒会急剧长大。加入少量强碳化物形成元素 Ti、V、W、Mo 等，形成稳定的合金碳化物，可以阻止奥氏体晶粒在高温渗碳时长大，能细化晶粒，同时还可增加渗碳层硬度，进一步提高耐磨性。

6.2.2　渗碳钢的热处理

碳素渗碳钢（如 20 钢、25 钢等）在机械加工前的预备热处理采用正火，合金渗碳钢零件在机械加工前的预备热处理通常分两步进行，首先将钢件在 Ac_3 线以上加热进行正火，然后根据合金钢的淬透性不同分别进行退火（珠光体型钢）和高温回火（马氏体型钢）。正火的目的是细化晶粒，减少组织中的带状组织并调整好硬度，以便于机械加工。对于珠光体型钢，通常用在 800℃左右的一次退火代替正火，可得到相同的效果，这样既能细化晶粒，又能改善可加工性，对于马氏体型钢，则必须在正火之后，再在 Ac_1 以下温度进行高温回火，以获得回火索氏体组织，这样可使马氏体型钢的硬度（HBW）由 380~550 降低到 207~240，以顺利地进行切削加工。

一般渗碳零件的渗碳温度为 930℃左右，但渗碳只改变表层的碳含量，而随后的淬火、回火才赋予零件最终的力学性能。渗碳后的淬火处理常用直接淬火、一次淬火和二次淬火等方法，而后进行低温回火。非合金渗碳钢和低合金渗碳钢经常采用直接淬火或一次淬火，而后进行低温回火，高合金渗碳钢则采用二次淬火和低温回火处理。

高合金渗碳钢由于含有较多的合金元素，渗层表面含碳量又高，若渗后直接淬火，渗层中将保留大量的残余奥氏体，使表面硬度下降。采取下列方法可减少残余奥氏体量，改善渗碳钢的性能。

(1) 淬火后进行冷处理（-60~100℃），使残余奥氏体转变为马氏体；

(2) 渗碳空冷之后与淬火之前进行一次高温回火（600~620℃），随后加热到较低温度（Ac_1+30~50℃），淬火后再进行一次低温回火；

(3) 在渗碳后进行喷丸强化，也可有效地使渗层中的残余奥氏体转变为马氏体。

热处理后渗碳零件表面组织为回火马氏体+碳化物+少量残余奥氏体，硬度（HRC）达 58~62，满足耐磨的要求，而心部的组织是低碳马氏体，保持较高的韧性，满足承受冲击载荷的要求。对于大尺寸的零件，如钢的淬透性不足，零件的心部淬不透，则仍保持原来的珠光体+铁素体组织。

6.2.3 常用的渗碳钢

渗碳钢有碳素渗碳钢和合金渗碳钢两大类。常用的碳素渗碳钢是优质碳素结构钢中的 10 钢、15 钢、20 钢，用来制造一些受力小、强度要求不高、形状简单、尺寸较小、易磨损的零件，如轴套、链条的滚子、链轮、不重要的齿轮等。但是由于非合金钢的淬透性差、强度较低，满足不了受力较大、形状复杂、尺寸较大的零件的要求。因此，合金渗碳钢在生产上获得了更广泛的应用。

合金渗碳钢按淬透性的高低可分为低淬透性、中淬透性、高淬透性三类。

6.2.3.1 低淬透性渗碳钢

低淬透性合金渗碳钢中合金元素的质量分数小于 3%，如 15Cr、20Cr、20Mn2。这类钢中合金元素的含量少，淬透性较低，水淬临界直径小于 25mm，渗碳淬火后，心部的强、韧性较低，只适于制造受冲击载荷较小的耐磨零件，如活塞销、凸轮、滑块、小齿轮等。

6.2.3.2 中淬透性渗碳钢

中淬透性合金渗碳钢中合金元素的质量分数在 4%左右，如 20CrMn、20CrMnTi、20Mn2TiB。典型钢种为 20CrMnTi，其淬透性较高，油淬临界直径为 25~60mm，过热敏感性较小，渗碳过渡层比较均匀，具有良好的力学性能和工艺性能，主要用于制造承受中等载荷，要求具有足够冲击韧性和耐磨性的汽车、拖拉机齿轮等零件。

6.2.3.3　高淬透性渗碳钢

高淬透性合金渗碳钢中合金元素的质量分数为4%~6%，如18Cr2NiWA、20Cr2Ni4A等。这种钢的淬透性很高，钢的油淬临界直径大于100mm，且具有很好的韧性和低温冲击韧性，主要用于加工大截面、高载荷的重要耐磨件，如飞机、坦克的曲轴、大模数齿轮等。

常用的合金渗碳钢牌号、热处理工艺、力学性能及用途见表6-1。

表6-1　常用的合金渗碳钢牌号、热处理工艺、力学性能及用途（GB/T 3077—1999）

类别	牌　号	热处理/℃			力学性能（不小于）			用　途
		渗碳	淬火	回火	R_m /MPa	R_{eL} /MPa	A/%	
低淬透性	20Mn2	930	770~800（油）	200	785	590	10	小齿轮、小轴、活塞销等
低淬透性	20Cr	930	800（水，油）	200	835	540	10	齿轮、小轴、活塞销等
低淬透性	20MnV	930	880（水，油）	200	785	590	10	同20Cr，也用作锅炉、高压容器管道等
中淬透性	20CrMn	930	850（油）	200	930	735	10	齿轮、轴、蜗杆、活塞销、摩擦轮
中淬透性	20CrMnTi	930	860（油）	200	1080	850	10	汽车、拖拉机上的变速器齿轮
中淬透性	20MnTiB	930	860（油）	200	1130	930	10	汽车、拖拉机上的变速器齿轮
高淬透性	18Cr2Ni4WA	930	850（空）	200	1180	835	10	大型渗碳齿轮和轴类零件
高淬透性	20Cr2Ni4A	930	780（油）	200	1180	1080	10	大型渗碳齿轮和轴类零件

6.3　调　质　钢

采用调质处理，即淬火+高温回火后使用的机械结构钢，统称为调质钢，属于整体强化态钢。调质后得到回火索氏体组织，既有高的强度，还有良好的塑性和韧性，即又强又韧，综合力学性能好，用于受力较复杂的重要结构零件，如汽车后桥半轴、连杆、螺栓以及各种轴类零件。

目前，调质钢的强化工艺已不限于淬火+高温回火，还可采用正火、等温淬火、低温回火等工艺手段。调质钢在机械零件中是用量最大的。

6.3.1　调质钢的化学成分

合金调质钢中碳的质量分数为0.30%~0.50%，属中碳钢。碳的质量分数在这一范围内可保证钢的综合性能，碳的质量分数过低，则会影响钢的强度指标，碳的质量分数过高，韧性将显得不足。对于合金调质钢，随合金元素的增加，碳的质量分数趋于下限。

调质钢中的主加合金元素为Cr、Mn、Ni、Si、B等，主要目的是提高淬透性。除硼（B）外，这些合金元素除了提高淬透性外，还能形成合金铁素体，提高钢的强度。例如：

经调质处理的40Cr钢的强度比45钢高很多。调质钢一般用以制作大的结构件，淬透性至关重要。

加入少量强碳化物形成元素Ti、V、W、Mo等，可形成稳定的合金碳化物，阻碍奥氏体晶粒长大，从而可细化晶粒和提高耐回火性。其中W、Mo还可以防止第二类回火脆性，其适宜含量为 w(Mo) = 0.2%~0.3%，不大于0.6%，应用较多，w(W) = 0.4%~0.6%，不大于1.2%，即所谓“一钼抵二钨”。

6.3.2 调质钢的热处理

预备热处理的目的是消除因热加工不当而造成的粗大组织和带状组织，以改善可加工性。对于珠光体调质钢，一般采用在 Ac_1 线以上加热进行正火，可细化晶粒，改善可加工性。对马氏体调质钢正火后可能得到马氏体组织，所以必须先退火或正火后再进行高温回火，使其组织转变为粒状珠光体，回火后硬度（HBW）可由380~550降至207~240，此时可顺利地进行切削加工。

调质钢的最终热处理是淬火加高温回火（调质处理）。合金调质钢的淬透性较高，一般靠用油淬，淬透性特别大时甚至可以空冷，这能减少热处理缺陷。

调质钢的最终性能取决于回火温度，一般采用500~650℃回火。通过选择回火温度，可以获得所要求的性能（具体可查《热处理手册》中有关钢的回火曲线）。为防止第二类回火脆性，回火后应快冷（水冷或油冷），这样有利于韧性的提高。当要求零件具有特别高的强度（R_m = 1600~1800MPa）时，在200℃左右回火，得到中碳马氏体组织，这也是发展超高强度钢的重要方向之一。

对于表面要求耐磨的零件（如齿轮、主轴），在调质处理后再进行感应淬火及低温回火，表面硬度（HRC）可达55~58。

6.3.3 常用的调质钢

在机械制造工业中，调质钢是按淬透性高低来分级的，一般分为低淬透性调质钢、中淬透性调质钢和高淬透性调质钢。

6.3.3.1 低淬透性调质钢

45和40Cr钢是用途最广泛的低淬透性调质钢。45钢为非合金钢，用作截面尺寸较小或不要求完全淬透的零件，由于其淬透性较低，只能用水或盐水淬火。低淬透性合金钢中合金元素的质量分数小于3%，油淬临界直径最大为30~40mm，广泛用于制造一般尺寸的重要零件，如轴、齿轮、连杆螺栓等，典型钢种是40Cr、40MnB、35SiMn、40MnVB、40Mn2、40MnB等。表6-2所列为常用低淬透性合金调质钢的牌号、化学成分、热处理、力学性能及用途。

6.3.3.2 中淬透性调质钢

这类钢合金元素的质量分数在4%左右，淬火临界直径为40~60mm，含有较多的合金元素，用于制造截面较大、承受较大载荷的零件，如曲轴、连杆等，典型钢种为40CrNi、35CrMo、40CrMn。表6-3所列为常用中淬透性合金调质钢的牌号、化学成分、热处理、力学性能及用途。

表 6-2　常用低淬透性合金调质钢的牌号、化学成分、热处理、力学性能及用途

牌　号		35SiMn	40MnB	40MnVB	40Cr
化学成分（质量分数）/%	C	0.32~0.40	0.37~0.44	0.37~0.44	0.37~0.45
	Mn	1.10~1.40	1.10~1.40	1.10~1.40	0.50~0.80
	Si	1.10~1.40	0.20~0.40	0.20~0.40	0.20~0.40
	Cr	—	—	—	0.80~1.10
	其他	—	w(B)：0.001~0.0035	w(V)：0.05~0.10 w(B)：0.001~0.004	—
热处理	淬火/℃	900（水）	850（油）	850（油）	850（油）
	回火/℃	570（水、油）	500（水、油）	500（水、油）	500（水、油）
力学性能（≥）	R_m/MPa	885	1000	1000	1000
	R_{eL}/MPa	735	800	800	800
	A/%	15	10	10	9
	KU_2/J	47	47	47	47
用　途		除要求低温（-20℃以下）韧性很高的情况外，可全面代替40Cr	代替40Cr	可代替40Cr及部分代替40CrNi制作重要零件，也可代替38CrSi制作重要销钉	制作重要调质件，如轴类件、连杆螺栓、进气阀和重要齿轮等

表 6-3　常用中淬透性合金调质钢的牌号、化学成分、热处理、力学性能及用途

牌　号		38CrSi	30CrMnSi	40CrNi	35CrMo
化学成分（质量分数）/%	C	0.35~0.43	0.27~0.34	0.37~0.44	0.32~0.40
	Mn	0.30~0.60	0.80~1.10	0.50~0.80	0.40~0.70
	Si	1.00~1.30	0.90~1.20	0.17~0.37	0.20~0.40
	Cr	1.30~1.60	0.80~1.10	0.45~0.75	0.80~1.10
	其他	—	—	w(Ni)：1.00~1.40	w(Mo)：0.15~0.25
热处理	淬火/℃	900（油）	880（油）	820（油）	850（油）
	回火/℃	600（水、油）	520（水、油）	500（水、油）	550（水、油）
力学性能（≥）	R_m/MPa	1000	1100	980	1000
	R_{eL}/MPa	850	800	785	850
	A/%	12	10	10	12
	KU_2/J	55	63	55	63
用　途		载荷大的轴类件及车辆上的重要调质件	高强度钢制作高速载荷砂轮，车辆上的内外摩擦片等	汽车、拖拉机、机床、柴油机的轴、齿轮、螺栓等	重要调质件，如曲轴、连杆及代替40CrNi制作大截面轴

6.3.3.3 高淬透性调质钢

这类钢合金元素的质量分数为4%~10%，油淬临界直径为60~100mm，最大可达300mm，多半为铬镍钢。Cr、Ni的适当配合，可大大提高淬透性，并能获得比较优良的综合力学性能，用于制造大截面、承受大载荷的重要零件，如汽轮机主辅、压力机曲轴、航空发动机曲轴等，常用钢种为40CrNiMoA、37CrNi3、25Cr2Ni4A。常用高淬透性合金调质钢的牌号、化学成分、热处理、力学性能及用途见表6-4。

表6-4 常用高淬透性合金调质钢的牌号、化学成分、热处理、力学性能及用途

牌号		38CrMoAlA	37CrNi3	40CrMnMo	25Cr2Ni4WA	40CrNiMnA
主要化学成分（质量分数）/%	C	0.35~0.42	0.34~0.41	0.37~0.45	0.21~0.28	0.37~0.44
	Mn	0.30~0.60	0.30~0.60	0.90~1.20	0.30~0.60	0.50~0.80
	Si	0.20~0.40	0.20~0.40	0.20~0.40	0.17~0.37	0.20~0.40
	Cr	1.35~1.65	1.20~1.60	0.90~1.20	1.35~1.65	0.60~0.90
	其他	w(Ni):0.15~0.25 w(Al):0.70~1.10	w(Ni):3.00~3.5	w(Ni):0.20~0.30	w(Ni):4.00~4.50 w(W):0.80~1.20	w(Ni):1.25~1.75 w(Mo):0.15~0.25
热处理	淬火/℃	940（水、油）	820（油）	850（油）	850（油）	850（油）
	回火/℃	550（水、油）	500（水、油）	600（水、油）	550（水）	600（水、油）
力学性能（≥）	R_m/MPa	1000	1150	1000	1100	1000
	R_{eL}/MPa	850	1000	800	950	850
	A/%	14	10	10	11	12
	KU_2/J	63	71	63	71	78
用途		制作氮化零件，如高压阀门、缸套等	制作大截面并要求高强度、高韧性的零件	相当于40CrNiMo的高级调质钢	制作力学性能要求很高的大截面零件	制作高强度零件，如航空发动机轴，在500℃以下工作的喷气发动机承载零件

6.3.4 调质零件用钢的发展动向

6.3.4.1 低碳马氏体钢

钢淬火形成马氏体是强化钢的基本方法，但调质零件经高温回火后马氏体已不复存在，因此可以说，调质处理使淬火钢已失去马氏体强化的意义，它只是利用淬火条件使α相获得极大的过饱和度，以便在回火时析出碳化物，产生弥散强化的作用。但就回火索氏体而言，碳化物的弥散强化作用也未充分发挥，所以调质处理所得的回火索氏体强度是较低的。为了提高钢的强度，就需要相应地改变组织状态，如上所述，将调质钢淬火后进行低温回火得到中碳回火马氏体，可获得很高的强度，但随之而来的却是塑性和韧性的牺牲。如何才能在获得高强度的同时也保持更高的塑性和韧性，低碳马氏体钢的研究开发为此提供了成功的思路和实践。

低碳马氏体是具有高密度位错的板条马氏体，在板条内部有自回火和回火析出的均匀分布的碳化物，板条间存在少量残余奥氏体薄膜。低碳（合金）钢淬火成低碳马氏体充分利用了钢的强化和韧化手段，使钢不仅强度高而且塑性和韧性好。

6.3.4.2 中碳微合金非调质钢

中碳微合金非调质钢是作为调质零件（如汽车拖拉机曲轴、连杆）用钢的新型结构钢。这类钢的优点是在锻造或热轧冷却后就可以达到曲轴、连杆等零件所要求的强度和韧性，即可将锻（轧）材直接加工成零件，而省去调质处理及随后的热处理变形矫正等工序。

中碳微合金非调质钢的使用组织一般是铁素体-珠光体，其发展始于20世纪70年代。这类钢通常是在中碳锰钢中单一或复合加入微合金化元素钒、铌、钛等而形成的。钒、铌、钛等均是强碳化物形成元素，在钢的加热过程中也有部分固溶入奥氏体，在以后的冷却过程中即在奥氏体-铁素体相界面或铁素体晶内析出弥散分布的碳化物质点，产生显著的沉淀强化效应。加热时未溶的碳化物对奥氏体晶界钉扎，阻止其粗化，细晶强化作用十分明显。为了使沉淀强化效应更强烈，在一些钢中加入了少量的氮以形成弥散度更大的碳氮化合物。由于微合金化元素的沉淀强化和细晶强化作用，辅之以锰的固溶强化作用，中碳微合金非调质钢的强度已接近或超过一般调质钢。

中碳微合金非调质钢的主要缺点是冲击韧度偏低，目前改善措施是降碳升锰，降碳可明显提高钢的韧性，因降碳引起的强度损失由增加锰量得以补偿。由于锰降低奥氏体转变温度 A_1 和 A_3，具有细化铁素体和珠光体团的作用，又能减薄珠光体中碳化物片的厚度，在升锰补强的同时不会对韧性带来损害。

这类钢是由锻（轧）直接进行机加工的，为了使其在较高的温度下仍有良好的切削加工性能，常在钢中加入微量易切削元素硫、铅等。

为了满足汽车工业迅速发展对高强韧性非调质钢的需要，近年来又发展了贝氏体型和马氏体型微合金非调质钢，这两类钢在锻轧后的冷却中即可获得贝氏体和马氏体或以马氏体为主的组织，其成分特点是降碳并适量添加锰、铬、钼、钒、硼，使钢在获得高于900MPa抗拉强度的同时保持足够的塑性和韧性。

中碳微合金非调质钢代替调质钢，具有简化生产工序、节约能源、降低成本的特点，已引起国内外广泛的关注。一些发达国家已在多种型号的汽车曲轴、连杆上成功应用微合金非调质钢，国内也有一些应用报道，中碳微合金非调质钢的开发应用有着广阔的发展前景。

6.4 弹 簧 钢

在机械产品中，弹簧是重要的基础零部件之一，在各种机械产品中都少不了各种各样的弹簧，按其使用场合和结构外形的不同，可分为板弹簧和螺旋弹簧两大类。用以制造弹簧或制造类似弹簧性能的零件的钢种称为弹簧钢。

在各种机器设备中，弹簧的主要作用是吸收冲击能量，缓和机械的振动和冲击作用。

例如，用于汽车拖拉机和机车上的叠板弹簧，它们除了承受车厢和载物的巨大质量外，还要承受因地面不平所引起的冲击载荷和振动，使汽车、火车等车辆运转平稳，并避免某些件因受冲击而过早地破坏。此外，弹簧还可储存能量，使其机件完成事先规定的动作（如汽阀弹簧、喷嘴弹簧等），保证机器和仪表的正常工作。

6.4.1 弹簧钢的性能要求

弹簧钢是一种专用结构钢，主要用于制造各种弹簧和弹性元件。合金弹簧钢应具有高的弹性极限，尤其是高的屈强比（R_{eL}/R_m），以保证弹簧有足够高的弹性变形能力和较大的承载能力，具有高的疲劳强度，以防止在振动和交变应力的作用下产生疲劳断裂，具有足够的韧性，以免受冲击时脆断。

此外，弹簧钢还要有较好的淬透性，不易脱碳和过热，容易绕卷成型等。一些特殊弹簧钢还要求具有耐热性、耐蚀性等。

6.4.2 弹簧钢的化学成分

弹簧钢中碳的质量分数一般为 0.45%~0.70%。碳的质量分数过高，塑性和韧性降低，疲劳极限下降。弹簧钢中可加入的合金元素有 Si、Mn、Cr、V、W、B 等，Si、Mn 可提高淬透性，同时也提高屈强比，强化铁素体（Si、Mn 固溶强化效果最好）、提高钢的回火稳定性，使其在相同回火温度下具有较高的硬度和强度。其中 Si 的作用更为突出。Si、Mn 的不足之处是硅会促使钢材表面在加热时脱碳，Mn 则使钢易于过热。因此，重要用途的弹簧钢必须加入 Cr、V、W 等，它们不仅使钢材有更高的淬透性，不易脱碳和过热，而且使其有更高的高温强度和韧性。此外，弹簧的冶金质量对疲劳强度有很大的影响，所以弹簧钢均为优质钢或高级优质钢。

6.4.3 常用的弹簧钢

65Mn 和 60Si2Mn 是以 Si、Mn 为主要合金元素的弹簧钢。这类钢的价格便宜，淬透性明显优于碳素弹簧钢，且由于 Si、Mn 的复合合金化，故其性能比只用 Mn 好得多。这类钢主要用于汽车、拖拉机上的板簧和螺旋弹簧。

50CrVA 为含 Cr、V、W 等元素的弹黄钢。Cr、V 的复合合金化不仅大大提高了钢的淬透性，而且提高了钢的高温强度、韧性和热处理工艺性能。这类钢可制作在 350~400℃ 承受重载的较大弹簧。

55SiMnVB 是在 Si-Mn 钢的基础上，加入微量 Mo、V、Nb、B 和稀土元素的优质弹簧钢。合金化的目的是降低脱碳敏感性，故减少了钢中的 Si 含量；在中截面弹簧钢中加入微量 B 元素，在大截面弹簧钢中加入了少量 Mo 元素。此外，钢中加入了少量 V 元素，作用在于细化晶粒，提高强韧性。

常用合金弹簧钢的牌号、热处理、力学性能及用途见表 6-5。

6.4.4 弹簧钢的生产方式和热处理

根据弹簧钢的生产方式，可将其分为热成型弹簧和冷成型弹簧两类，所以其热处理工艺也分为两类。对于热成型弹簧，一般可在淬火加热时成型，然后进行淬火+中温回火，获得回火托氏体组织，具有很高的屈服强度和弹性极限，并有一定的塑性和韧性。例如：在汽系钢板弹簧的生产中，首先采用中频感应设备将钢板加热到适当温度，然后热压成型，并随之在油中淬火，使成型与热处理结合起来，实现了形变热处理，取得了良好的效果。对于冷成型弹簧，通过冷拔（或冷拉）、冷卷成型。冷卷后的弹簧不必进行淬火处理，只需要进行一次消除内应力和稳定尺寸的定型处理，即加热到250~300℃，保温一段时间，从炉内取出空冷即可使用。钢丝的直径越小，强化效果越好，强度越高，强度极限可达1600MPa以上，而且表面质量也越好。

表 6-5　常用合金弹簧钢的牌号、热处理、力学性能及用途（GB/T 1222—2007）

牌　号		65Mn	60Si2Mn	55SiMnB	50CrVA
主要成分（质量分数）/%	C	0.62~0.70	0.57~0.65	0.52~0.60	0.46~0.54
	Mn	0.90~1.20	0.60~0.90	1.00~1.30	0.50~0.80
	Si	0.17~0.37	1.50~2.00	0.70~1.00	0.17~0.80
	其他	w(Cr)：0.17~0.37	w(Cr)≤0.30	w(B)：0.0005~0.035 w(V)：0.08~0.16	0.80~1.10
热处理	淬火/℃	830（油）	870（油）	880（油）	850（油）
	回火/℃	540	480	460	500
力学性能	R_m/MPa	785	1275	1373	1300
	R_{eL}/MPa	981	1177	1225	1150
	A/%	8	5	5	10
	Z/%	30	25	30	40
用途举例		截面不大于25mm的弹簧，如车厢板簧、弹簧发条等	截面为25~30mm的弹簧，如汽车板簧、机车螺旋弹簧；还可用于工作温度小于250℃的耐热弹簧	代替60Si2Mn制造重型、中型、小型汽车的板簧和其他中等截面的板簧和螺旋弹簧	截面为30~50mm，承受高载荷的重要弹簧以及工作温度低于400℃的阀门弹簧、活塞弹簧、安全弹簧等

如果弹簧钢丝的直径太大，如大于ϕ15mm，板材厚度大于8mm，则会出现淬不透现象，导致弹性极限下降，疲劳强度降低。所以，弹簧钢材的淬透性必须和弹簧选材直径尺寸相适应，弹簧的弯曲应力、扭转应力在表面处最高，因而它的表面状态非常重要。热处理时的氧化脱碳是最忌讳的，加热时要严格控制炉气，尽量缩短加热时间。

弹簧经热处理后，一般进行喷丸处理，使表面强化并在表面产生残余压应力，以提高疲劳强度。为进一步发挥弹簧钢的性能潜力，在弹簧热处理时应注意以下三点：

（1）弹簧钢多为硅锰钢，硅有促进脱碳的作用，锰有促进晶粒长大的作用。表面脱碳和晶粒长大均使钢的疲劳强度大大下降，因此加热温度、加热时间和加热介质均应注意选择和控制。如采用盐炉快速加热及在保护气氛条件下进行加热。淬火后应尽快回火，以防延迟断裂产生。

（2）回火温度一般为350~450℃。若钢材表面状态良好（如经过磨削），应选用低限温度回火；反之，若表面状态欠佳，可用上限温度回火，以提高钢的韧性，降低对表面缺陷的敏感性。

（3）弹簧钢含硅量较高，钢材在退火过程中易产生石墨化，对此必须引起重视。一般钢材进厂时要求检验石墨的含量。

6.5 滚动轴承钢

滚动轴承是一种重要的基础零件，其作用主要在于支撑轴径。滚动轴承由内套、外套、滚动体（滚珠、滚轮、滚针）和保持架四部分组成。其中除保持架常用低碳钢（08钢）薄板冲制外，内套、外套和滚动体则均用轴承钢制成。

除此之外，轴承钢还广泛用于制造各类工具和耐磨零件，如精密量具、冷变形模具、丝杠、冷轧辊和高强度的轴类等。

6.5.1 滚动轴承钢的工作条件及性能要求

6.5.1.1 滚动轴承钢的工作条件

滚动轴承运转时，内外套圈与滚动体之间呈点或线接触，接触面积极小，在接触面上承受极大的压应力和交变载荷，接触应力可达2000~5000MPa，应力交变次数可达每分钟数万次甚至更高，从而容易造成轴承钢的接触疲劳破坏。其主要失效形式是在滚动体内外套的工作表面上产生麻点剥落，进而造成机械振动、噪声，降低轴承运转精度。

滚动轴承在高速运转时，不仅有滑动摩擦，而且还有滚动摩擦，从而产生强烈的摩擦磨损，甚至产生大量的摩擦热。其失效形式是：由于磨损引起尺寸变化；摩擦热可以引起组织变化，由于金相组织比容的差异，不但产生附加应力，而且还会由于体积效应而产生尺寸变化。总之，由于摩擦磨损引起尺寸变化会影响轴承的精度，也可能由于摩擦热使表面温度升高而造成表面“烧伤”。

另外，有时在强大冲击载荷作用下，轴承也可能产生破碎。对在特殊条件下工作的轴承，常与大气、水蒸气及腐蚀介质相接触，进而产生腐蚀。

6.5.1.2 滚动轴承钢的性能要求

轴承钢应具有如下性能：

（1）高的弹性极限、抗拉强度和接触疲劳强度；

（2）高的淬硬性和必要的淬透性，以保证高耐磨性，其硬度（HRC）为61~65；

（3）一定的冲击韧性；

（4）良好的尺寸稳定性（或组织稳定性），这对精密轴承特别重要；

（5）在和大气或润滑油接触时要能抵抗化学腐蚀。

对于大批量生产的轴承，其所用钢种除必须满足使用性能外，还应具有良好的加工工艺性能。

6.5.2 滚动轴承钢的化学成分

滚动轴承钢是一种高碳低铬钢。其碳的质量分数一般为 0.95%～1.10%以保证其具有高硬度、高耐磨性和高强度。主加元素铬为基本合金元素，可提高淬透性，使淬火、回火后整个截面上获得较均匀的组织；合金渗碳体（Fe，Cr)$_3$C 呈细密、均匀分布，可提高钢的耐磨性，特别是疲劳强度；溶入奥氏体中的铬又可提高马氏体的耐回火性；适宜的铬的质量分数为 0.40%～1.65%，加入硅、锰、钒等可进一步提高淬透性，便于制造大型轴承。

6.5.2.1 高碳

轴承钢含碳量高，属于过共析钢。高碳可以保证钢有高的硬度和耐磨性。实践证明，在同样硬度的情况下，在马氏体上有均匀细小的碳化物存在，比单纯马氏体的耐磨性要高。为了形成足够的碳化物，钢中的含碳量不能太低，但过高的碳含量会增加碳化物分布的不均匀性，且易于生成网状碳化物而使力学性能降低，故轴承钢的 w(C)＝0.95%～1.10%。

6.5.2.2 加入 Cr、Mn、Si 等合金元素

Cr 是轴承钢中最主要的合金元素，可提高钢的淬透性；钢中部分 Cr 可溶于渗碳体，形成稳定的合金渗碳体（Fe，Cr)$_3$C，含 Cr 的合金渗碳体在淬火加热时溶解较慢，可减少过热倾向，经热处理后可以得到较细的组织；碳化物能以细小质点均匀分布于钢中，既可提高钢的回火稳定性，又可提高钢的硬度，进而提高钢的耐磨性和接触疲劳强度；Cr 还可以提高钢的耐腐蚀性能，但如果钢中 Cr 的质量分数过大（w(Cr)>1.65%），则会使残余奥氏体增加，使钢的硬度和尺寸稳定性降低，同时还会增加碳化物的不均匀性，降低钢的韧性。

通过加入合金元素 Si 和 Mn，进一步提高钢的淬透性，便于制造大型轴承。

钒部分溶于奥氏体中，部分形成碳化物 VC 提高了钢的耐磨性并可防止过热。

6.5.2.3 高的冶金质量

由于轴承钢的接触疲劳性能对钢材的微小缺陷十分敏感，所以非金属夹杂物对轴承的使用寿命有很大影响，如图 6-1 所示。非金属夹杂物的种类、尺寸、大小和形态不同，则影响大小也不同。危害性最大的是氧化物，其次是硅酸盐，它们的多少主要取决于冶金质量和铸造工艺。因此，在冶炼和浇铸时必须严格控制非金属夹杂物的数量。通常 w(S) < 0.02%，w(P) ≤0.02%。另外，碳化物的带状或网状不均匀分布、疏松（一般疏松或中心疏松）、偏析等都会影响轴承的使用寿命，应严格加以控制。对于另一些冶金缺陷，如裂纹、折叠、发纹、结疤，以及缩孔、气泡、白点、过烧等缺陷，一般是不允许存在的。

为了提高钢材的冶金质量，现已广泛采用精炼、电渣重熔及真空冶炼等技术。

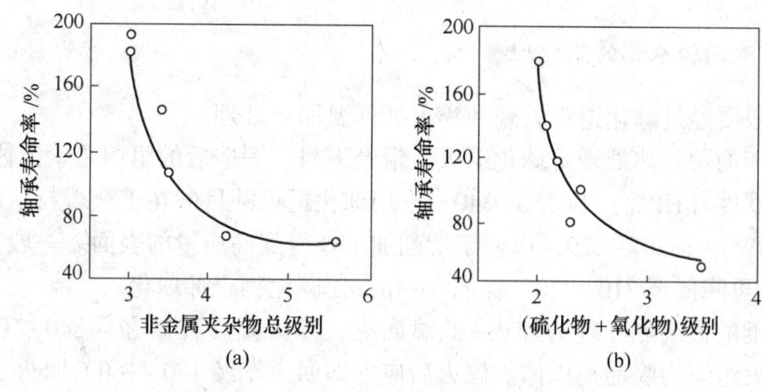

图 6-1 非金属夹杂物对轴承使用寿命的影响

(a) 非金属夹杂物总级别；(b)(硫化物+氧化物) 级别

6.5.3 滚动轴承钢的牌号及其热处理

6.5.3.1 轴承钢的种类

滚动轴承钢的典型牌号是 GCr15，其使用量占约占轴承用钢的 90%左右。由于 GCr15 的淬透性不是很高，因此多用于制造中小型轴承。添加 Mn、Si、Mo、V 的轴承钢，如 GCr15SiMn 钢等，其淬透性较高，主要用于制造大型轴承。

为了节约 Cr，可以加入 Mo、V 得到不含铬的轴承钢，如 GSiMnMoV、GSiMnMoVRE 等，其性能和用途与 GCr15 相近。

常用滚动轴承钢的牌号、热处理、力学性能及用途见表 6-6。从化学成分看，滚动轴承钢也属于工具钢范畴，所以这类钢也经常用于制造各种精密量具、冲压模具、丝杠、冷轧辊和高精度的轴类等耐磨零件。

表 6-6 常用滚动轴承钢的牌号、热处理、力学性能及用途

牌号	化学成分（质量分数）/%				淬火温度/℃	回火温度/℃	回火后硬度(HRC)	主要用途
	C	Cr	Si	Mn				
GCr6	1.05~1.15	0.40~0.70	0.15~0.35	0.20~0.40	800~820	150~170	62~66	直径小于 10mm 的滚珠、滚柱和滚针
GCr9	1.0~1.10	0.9~1.2	0.15~0.35	0.20~0.40	800~820	150~160	62~66	直径小于 20mm 的各种滚动轴承
GCr9SiMn	1.0~1.10	0.9~1.2	0.40~0.70	0.90~1.20	810~830	150~200	61~65	壁厚小于 14mm，外径小于 250mm 的轴承套；直径为 25~50mm 的钢球
GCr15	0.95~1.05	1.40~1.65	0.15~0.35	0.20~0.40	820~840	150~160	62~66	与 GCr9SiMn 相同
GCr15SiMn	0.95~1.05	1.40~1.65	0.40~0.65	0.90~1.20	820~840	170~200	>62	壁厚不小于 14mm、外径小于 250mm 的套筒；直径为 20~200mm 的钢球；其他同 GCr15

6.5.3.2 滚动轴承钢的热处理

轴承钢一般要经过球化退火处理和淬火加低温回火处理。

滚动轴承钢的预备热处理是球化退火，钢经下料、锻造后的组织是索氏体、少量粒状二次渗碳体，硬度（HBW）为255~340，采用球化退火的目的在于获得粒状珠光体组织，调整硬度（HBW）至207~229，以便于切削加工及得到高质量的表面。一般加热到790~810℃烧透后，再降低至710~720℃保温3~4h，使碳化物全部球化。

滚动轴承钢的最终热处理为淬火+低温回火，淬火温度控制在（840±10）℃范围内，切忌过热，淬火组织为隐晶马氏体。淬火后应立即回火，经150~160℃回火2~4h以去除应力，提高韧性和稳定性。滚动轴承钢淬火、回火后得到极细的回火马氏体、分布均匀的细小粒状碳化物（5%~10%）以及少量残余奥氏体（5%~10%），硬度（HRC）为62~66。

生产精密轴承或量具时，由于低温回火不能彻底消除内应力和残余奥氏体，在长期保存及使用过程中，会因应力释放、奥氏体转变等原因造成尺寸变化，所以淬火后应立即进行一次冷处理，并在回火及磨削后，于120~130℃进行的10~20h尺寸稳定化处理。

为了消除零件在磨削时产生的磨削应力，以及进一步稳定组织和尺寸，在磨削加工后再进行一次附加回火，回火温度为120~150℃，回火时间为2~3h。

图6-2所示为GCr15钢制滚动轴承外套最终热处理工艺曲线。

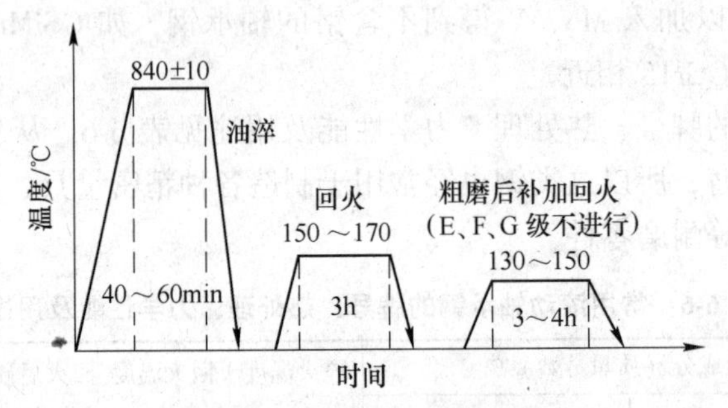

图6-2 GCr15钢制滚动轴承外套最终热处理工艺曲线

6.5.4 发挥轴承钢性能潜力的途径

轴承是重要的基础零部件，用量很大，提高轴承的使用寿命具有重大的实际意义。为此应从下述几方面来考虑。

6.5.4.1 淬火时的组织转变特性

轴承钢淬火前经过球化退火处理，组织为铁素基体上分布着颗粒状碳化物。淬火加热时，部分碳化物不溶入奥氏体，则淬火及低温回火后，钢的组织为：马氏体（w=80%）+残余奥氏体（w=5%~10%）+残留碳化物（w=10%）。

在一般淬火条件下，轴承钢奥氏体中的碳质量分数、合金化程度和残留碳化物量等，均没有达到奥氏体化温度下的平衡状态。金相观察进一步表明，在奥氏体化过程中，碳化物的溶解不是在整个体积内均匀进行的。碳化物首先在奥氏体晶界处大量溶解，使该区域具有较大质量分数的碳和铬及较低的马氏体开始转变温度（M_s）。于是在淬火冷却过程中，在较大温度时奥氏体晶内首先发生马氏体转变，并相继发生回火现象，从而在金相显微镜下显示与晶界附近马氏体具有不同的颜色（这便是人们所熟知的铬轴承钢淬火金相组织的“黑白区”特征）。

6.5.4.2 马氏体中碳浓度对性能的影响

轴承钢经淬火回火处理后其组织大约含有质量分数为80%的回火马氏体。对钢中马氏体影响最大的元素是碳。研究工作表明，当马氏体中的 $w(C)=0.2\%\sim0.6\%$时，随C的质量分数增大，其硬度急剧升高，当马氏体中 $w(C)=0.6\%$时，硬度缓慢上升。而塑性指标（如断面收缩率 A 和延伸率 Z）则随马氏体中含碳质量分数的增大而下降。试验证明，当马氏体中 $w(C)>0.4\%\sim0.5\%$时，抗拉强度、屈服极限、最大负荷和接触疲劳寿命均达到最大值，其他性能指标却开始急剧下降。这个结果，对于制定轴承钢的热处理工艺具有很大的指导意义。

工程上轴承钢的淬火温度为（850±10）℃，此时马氏体中 $w(C)=0.5\%\sim0.6\%$。为了将马氏体中C的质量分数减小到0.4%~0.5%范围内，应采用降低淬火温度的方法。目前认为轴承钢的淬火温度为840℃较为合适，淬火后能得到隐晶马氏体和细针状马氏体及质量分数：10%左右的残余奥氏体，并且在其上分布着未溶解的碳化物，它能保证获得较好的力学性能。

6.5.4.3 碳化物的影响

为了提高轴承的疲劳寿命，通常认为轴承钢淬火前的原始组织状态是决定淬火后获得良好组织状态的关键因素。即正常淬火温度范围内能获得良好的淬火组织，经回火后可获得最佳的力学性能，即强度高、塑性韧性好、接触疲劳寿命可提高1.5~2.5倍。

为了获得碳化物呈粒状且分布均匀的球化组织，不仅要严格控制球化退火工艺，还应严格控制退火前的原始组织，否则优良的淬火组织无法获得，因为粗大的块状碳化物无法通过球化退火及淬火工艺来消除。在轴承钢中可能出现三种碳化物分布不均匀的缺陷，即碳化物网状组织、碳化物带状组织和碳化物液析。轴承钢中的网状碳化物是在轧制或锻造后的冷却过程中形成的，网状碳化物急剧地降低钢的强度和韧性。锻造比轧制容易消除网状碳化物，因为锻造过程中可使网状碳化物破碎。钢中一旦出现了网状碳化物，通常采用先正火处理后再球化退火处理的方法，以消除网状碳化物。采用正火方法消除网状碳化物又会带来新问题如碳化物粒度不均匀，降低球化退火的质量。所以在锻造或轧制后避免网状碳化物的出现是很重要的。

碳化物带状组织是由于钢锭结晶时所发生的树枝状偏析引起的，热变形后偏析被拉长，造成铬或碳的偏析区析出较多的碳化物。带状碳化物是个不均匀的组织因素，对退火和淬火后的组织转变有相当大的影响。如退火时难以获得均匀一致的球化组织，淬火组织不均匀，其结果造成钢的硬度不均匀，淬火变形大，甚至成为淬火裂纹的根源。

在轴承钢中也可能出现个别的粗大碳化物沿热变形方向排列的情况，此称之为碳化物液析，属一次碳化物。碳化物液析通过扩散退火能被消除，扩散退火在比较高的温度下

(1150~1200℃）进行。

6.5.4.4　残余应力的影响

轴承表层的残余应力状态和大小，对其接触疲劳寿命影响较大。当表面存在残余拉应力时，接触疲劳寿命降低，拉应力越大，寿命越低。相反，残余压应力的存在和增大，将显著提高轴承的接触疲劳寿命。

在一般淬火条件下，轴承表层产生残余拉应力。但当采用表面渗氮时，可在表面产生残余压应力且可达300MPa，从而使寿命提高2~3倍。

6.5.4.5　短时快速加热淬火

通常情况下，现行GCr15钢的淬火温度为850℃左右，淬火后马氏体中 $w(C)=0.5\%\sim0.6\%$，这种处理工艺并没有使GCr15钢的性能得到充分发挥。目前正在发展短时快速加热淬火工艺，即采用预热，并以较快的速度通过钢的 Ac_1 点，并保温较短时间后淬火。处理后可保留较多的未溶碳化物，并可降低奥氏体中的含碳量，阻止富碳微区的形成，使淬火马氏体由原来的片状马氏体变为有相当数量的板条马氏体，从而使破断抗力和韧性均显著提高。

近年来，人们在轴承钢的强韧化处理方面开展了一些工作，建立了一些新的热处理工艺方法。例如：碳化物超细化淬火方法（可使碳化物细化到0.1μm级）和轴承套圈的锻热淬火处理等。上述两种新工艺虽然对提高轴承寿命有好处，但工艺复杂且带来新的弊病，还有待今后进一步完善。总之，轴承钢是个老钢种，还有待于进一步挖掘其性能潜力。

6.6　特殊用途钢

机械制造中特殊用途的结构钢包括：低温用钢（耐寒钢）、耐磨钢、无磁钢、易切削钢和大锻件用钢等钢种，这里着重讨论低温用钢和大锻件用钢。

6.6.1　低温用钢

近年来，对低温用钢的需求有了很大的增长。钢铁、化学工业大量使用液氧、液氮；由于能源结构的变化，液化气的用量迅速增加；液体燃料火箭以液氧、液氮为推进剂等。为了储存、运输液氧、液氮等液化气体，需要大量的低温容器和运输船等，因此促进了低温用钢的研制工作。

6.6.1.1　低温用钢的要求

（1）低温下有足够的强度。为减轻自重和节约钢材，在保证设备有足够的刚度、韧性和易于制造加工的前提下，应尽可能选用高强度，特别是高屈服强度的钢。

（2）有足够的韧性。具有体心立方点阵的金属都有冷脆性，即随温度的降低，将出现塑脆转变，即从韧性断裂转为脆性断裂。因此对于低温用钢，其低温下的缺口韧性是最重要的性能，各国都规定了在最低温度下的一定冲击韧性值。我国目前尚未制定低温用钢标准，一般采用梅氏试样，要求 $KU_2 \geqslant 60J/cm^2$。

（3）良好的焊接性能。低温用钢绝大部分是板材，其焊接性能非常重要。选用钢种时一般要考虑碳及合金元素对焊接性能的影响（即较低的碳当量）和良好的焊接工艺。此外，为保证冷加工成型，还要求钢材有良好的塑性。一般要求碳钢的延伸率不低于16%，合金钢不低于14%。

（4）较好的耐蚀性。

6.6.1.2 低温用钢分类

低温用钢按显微组织可分为奥氏体型钢、低碳马氏体型钢和铁素体型钢。

A 奥氏体型低温用钢

奥氏体不锈钢由于有良好的低温韧性，所以最早用作低温用钢，其中18Cr-8Ni型钢、0Cr18Ni9和1Cr18Ni9使用最为广泛，但在-200℃以下奥氏体不稳定。25Cr-20Ni是最稳定的奥氏体不锈钢，用于超低温（-268.9℃液氦）条件下。

我国为节约镍、铬而研制的15Mn26Al4钢已在生产上开始应用。这类钢合金元素多，价格高，应注意合理使用。

B 低碳马氏体型低温用钢

属于这类钢的主要是 w(Ni)=9%(1Ni9) 的钢。

研究工作表明，镍可以改善铁素体的低温韧性和降低脆性转变温度（图6-3），因此发展了一些含镍的低温用钢，其中使用最广泛的是 w(Ni)=9%钢，可用在-196℃的条件下，广泛用做制取液氮的设备。

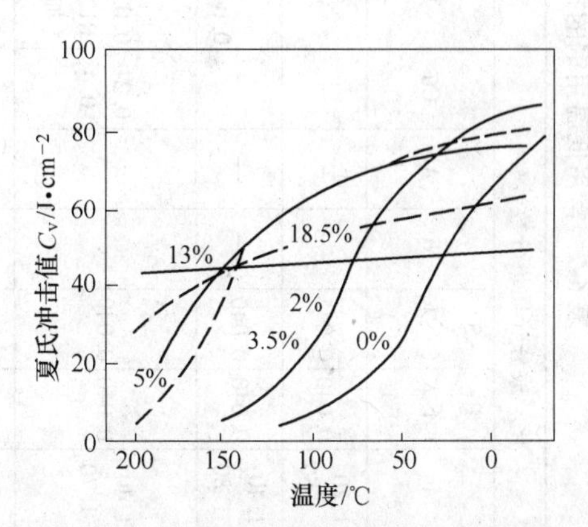

图6-3 Ni的质量分数对低温韧性的影响

w(Ni)=9%钢常用的热处理规范有两种：

（1）二次正火加回火，第一次正火温度为900℃，第二次正火温度为790℃，回火温度为550~585℃，回火后急冷。经过适宜的热处理后，w(Ni)=9%钢具有高的强度和韧性（表6-7）。

（2）w(Ni)=9%钢经冷变形后须在565℃下进行消除应力的退火，以提高室温特别是低温的冲击韧性。w(Ni)=9%钢的焊接性能良好。

C 铁素体型低温用钢

属于这类钢的是一些低合金钢，其显微组织主要是铁素体并有少量的珠光体。为了降低钢的脆性转变温度，需尽可能降低钢中的碳以及磷、硫等夹杂的含量，以提高低温下抗开裂的能力。图中的“%”均为Ni的质量分数，这类钢的化学成分及其力学性能见表6-7中的16MnRE、09Mn2VRE及09MnTiCuRE等。

6.6.2 大锻件用钢

电力、造船、航天航空、国防、重型机械等工业的发展要求制造大型零件，例如电站

表 6-7　常用低温用钢的技术条件

温度等级/℃	钢号	技术条件	化学成分（质量分数）/%									板厚/mm	热处理	力学性能（不小于）			低温冲击韧性		冷弯180°不裂
			C	Si	Mn	P（不大于）	S（不大于）	Ni	Al	Cu	其他			R_{eL}/MPa	R_m/MPa	A/%	温度/℃	KU_2/J·cm^{-2}（不小于）	
-40	16MnRE	YB 536—69	≤0.20	0.20~0.60	1.20~1.60	0.040	0.045	—	—	—	—	6~16 17~26	热轧	350 330	520 500	21 20	-40	35	$d=2a$ $d=3a$
-70	09Mn2VRE	YB 536—69	≤0.12	0.20~0.50	1.40~1.80	0.040	0.040	—	—	—	V 0.04~0.10	5~20	热轧	350	500	21	-70	35	$d=2a$
-70	09MnTiCuRE	修订13—69草案	≤0.12	≤0.40	1.40~1.70	0.040	0.040			0.2~0.4	Ti 0.03~0.08 RE≤0.15（加入量）	≤30 31~50	正火	320 300	450 430	21	-70	60	$d=2a$
-100	w(Ni)=3.5%（10Ni4）	ASTM A203—70D	≤0.70	0.15~0.70	≤0.70	0.035	0.040	3.25~3.75					正火或正火+回火	260	460~540	23	-100	22[①]	
-150~-100	w(Ni)=5%（13Ni5）	MⅡTY2332（2333）—49	0.10~0.17	0.17~0.37	0.30~0.60	0.030	0.030	4.5~5.0	—	—	Cr≤0.30	120	淬火+回火	350	600	18	-100	50	$d=40$mm，150℃
-120	06AlNbCuN	修订13—69草案	≤0.08	≤0.35	0.90~1.30	0.020	0.035		0.04~0.15	0.30~0.50	Nb 0.04~0.09 N 0.010~0.018	3~14 >14	正火 水淬+正火	300	400	21	-120	60	$d=2a$
-196	w(Ni)=9%	ASTM A533—10A	≤0.13	0.15~0.30	≤0.90	0.035	0.04	8.50~9.50					淬火+回火	600	700~840	20	-196	35[①]	
-253	18Cr-8Ni	JISG 4304—1972	<0.08	≤1.00	≤2.00	0.040	0.030	8.00~10.50			Cr 18.00~20.00		固溶	210	530	40			
-253	15Mn26Al4	厂标	0.13~0.19	≤0.60	24.5~27	0.035	0.035		3.80~4.70				热轧 固溶	250 200	500 480	30 30	-196 -253	120 120	
-269	25Cr-20Ni（低碳）	JISG 4304—1972	<0.08	≤1.50	≤2.00	0.040	0.030	19.00~22.00			Cr 24.00~26.00		固溶	210	530	40			

①夏氏 V 形缺口试样的冲击韧性。

设备中的转子、大马力柴油机曲轴、轧钢机的冷热轧辊等。重要的大截面零件，特别是一些关键性零件，性能要求高，通常采用大锻件用钢生产。

大锻件锻造终了时往往得到粗大而不均匀的再结晶晶粒，奥氏体晶粒度一般是3~4级，有时还更大。这一方面是由于锻造时各部分的变形不均匀，另一方面大锻件不能一次锻成，需要进行多次加热、锻造。要保证大锻件具有良好的力学性能，获得细小而均匀的晶粒是重要的条件，所以，大锻件热处理必须注意晶粒的细化和均匀化问题。

另外，大锻件只能采取缓慢的回火冷却速度，以减少残余应力。

6.6.2.1　大锻件用钢的选用

在选择大锻件用钢时，要根据锻件尺寸和对力学性能的要求、零件的服役条件和重要程度、工艺性能等条件来考虑。我国常用的部分大锻件用钢如表6-8所示。

表6-8　部分大锻件用钢的化学成分（质量分数）　（%）

钢　号	C	Mn	Si	Cr	Ni	Mo	V	S	P
20SiMn	0.16~0.22	1.00~1.30	0.60~0.80	—	—	—	—	≤0.040	≤0.040
42MnMoV	0.36~0.45	1.2~1.5	—	—	—	0.2~0.3	0.1~0.2		
50SiMnMoV	0.46~0.54	1.5~1.8	0.6~0.9	—	—	0.45~0.55	0.05~0.10		
34CrNiMo	0.30~0.40	0.5~0.8	0.17~0.37	1.3~1.7	1.3~1.7	0.20~0.30	—	≤0.030	≤0.035
34CrNi2Mo	0.30~0.40	0.5~0.8	0.17~0.37	0.8~1.2	1.75~2.25	0.25~0.40	—	≤0.035	≤0.030
34CrNi3Mo	0.30~0.40	0.5~0.8	0.17~0.37	0.7~1.1	2.75~3.25	0.25~0.40	—	≤0.035	≤0.030
34Cr2Ni3Mo	0.30~0.40	0.5~0.8	0.17~0.37	1.2~1.6	2.75~3.25	0.25~0.40	—	≤0.035	≤0.030
34CrNi3MoV	0.30~0.40	0.5~0.8	0.17~0.37	1.2~1.5	3.0~3.5	0.25~0.40	0.1~0.2	≤0.035	≤0.030
2%NiCrMoV	0.28~0.33	0.25~0.6	0.15~0.30	1.1~1.4	1.8~2.1	0.30~0.35	0.05~0.10	≤0.035	≤0.035
3.5%NiCrMoV	0.24~0.26	0.30	0.10	1.5~1.8	3.3~3.5	0.3~0.5	0.07~0.15	≤0.015	≤0.015

大锻件用钢如下：

（1）优质碳素结构钢。对于性能要求较高的大锻件可以采用普通合金结构钢，如34CrNiMo、34CrNi3Mo等钢。

（2）无铬镍的大锻件用钢。如18MnMoNb、42MnMoV、50SiMnMoV等钢。42MnMoV可用在300~500mm截面范围内代替40CrNi、42CrMo等钢做齿轮和齿轮轴，50SiMnMoV是一种大截面中碳贝氏体钢，用做500~900mm截面轧钢机齿轮轴，以代替34CrNi3Mo钢。

对于要求综合力学性能良好的大锻件用钢，碳的质量分数不宜过高，因为碳可降低塑性和韧性，增加脆断倾向，而且偏析较大，一般在$w(C)=0.2\%\sim0.4\%$范围内。对于一般耐磨零件可以适当提高碳含量，例如热轧辊、耐磨齿轮等，也可以采用低合金钢渗碳。

根据大锻件工作条件的不同，对大锻件用钢提出不同的特殊要求，如耐蚀性、导磁性、高温性能与低温脆性等，可视具体情况而定。例如：对于大型发电机转子和汽轮机转子，一般采用Ni-Cr-Mo-V等淬透性高的钢；对于中、高压汽轮机转子，一般采用Cr-Mo

或 Cr-Mo-V 钢。

6.6.2.2 大锻件用钢的锻后热处理

锻后热处理的主要目的是防止白点的产生，其次是提高化学成分的均匀性，细化与调整锻件在锻造过程中所形成的粗大与不均匀的组织，消除锻造应力，降低硬度，为切削加工和最终热处理作组织准备。

对白点不敏感的低碳钢（w(C)<0.3%，w(Mn)<0.3%）和对白点敏感性较小的中碳钢，在锻后空冷或坑冷（500~600℃装入缓冷坑）便可以防止白点发生。截面较大的碳钢和对白点敏感的合金钢锻件，锻后必须进行专门的热处理。如等温冷却、起伏等温冷却、正火回火或等温退火、起伏等温退火等。其处理工艺曲线如图 6-4 所示。

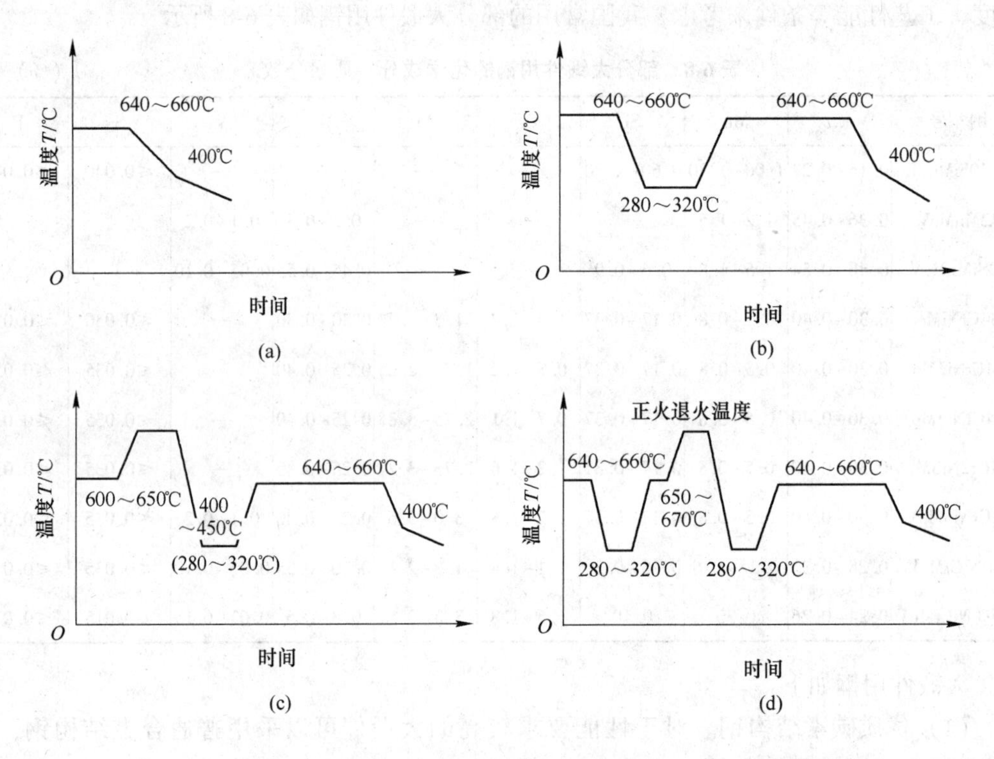

图 6-4 常用的大锻件热处理工艺

（a）等温冷却；（b）起伏等温冷却；（c）正火回火或等温退火；（d）起伏高温退火

大锻件晶粒粗大而且很不均匀，这将影响最终热处理后钢的组织和性能。调整和细化晶粒的有效措施是多次正火。例如，第一次正火采用较高的加热温度（加热到 Ac_3 以上 100~150℃），这时奥氏体晶粒长得大一些，但较均匀。第二次正火时选用不致引起晶粒显著长大的温度。

6.6.2.3 大锻件最终热处理

大锻件最终热处理的目的是采用淬火或正火及随后高温回火的热处理工艺，以获得所要求的组织和性能。

6.6.2.4　大锻件锻后热处理的方式

A　大锻件的加热

大锻件的加热速度应加以控制，这是为了避免因产生过大的热应力而使原有钢的内部缺陷（如小裂纹、夹杂及疏松等）进一步扩大。对于一些截面较小、形状简单、残余应力较小的碳钢及低合金结构钢锻件，可以直接装入炉温为淬火或正火温度的炉中加热；对截面大、合金元素含量高的重要锻件，多采用阶梯加热，即在低温装炉后按规定速度加热，并在升温中间进行一次或两次中间保温。

B　大锻件的冷却

大锻件的冷却工艺主要是控制冷却速度和终冷温度。基本原则是：高、中合金钢大锻件心部冷却速度要能抑制珠光体和上贝氏体组织出现（要求高温性能者例外），使心部奥氏体过冷到贝氏体，转变终了点 B_f，与马氏体点 M_s 之间的温度，并在回火前实现充分转变。高合金钢心部终冷温度一般在200~350℃；中合金钢一般在300~450℃；一般低合金钢要求终冷温度在450℃左右，碳钢在550℃左右。

大锻件常用的冷却方式有：空冷（自然空冷、鼓风冷却）、油淬、水淬、间歇冷却（水-油、水-空、油-空）、喷雾和喷水冷却。

C　大锻件的回火

大锻件回火的目的是消除或降低工件淬火或正火冷却时产生的内应力，得到稳定的回火组织，以满足综合性能要求。在回火过程中还继续起去氢作用，以消除氢脆现象。

大锻件淬火后，由于内应力很大，故应及时回火，间隔时间一般不超过2~3h，以防开裂。水淬、水淬油冷及其他重要锻件应立即回火。

回火加热时，采用较低的加热速度，一般控制在30~80℃/h，以免热应力和残余应力叠加造成工件的开裂。回火温度一般在530~660℃之间，回火总的保温时间不应少于4h。大锻件回火后应缓慢冷却，使残余应力尽量减少，冷却速度一般控制在5~50℃/h范围。

习　题

6-1 试述渗碳钢的合金化思想及热处理特点。

6-2 调质钢的成分、组织、性能和主要特征有哪些？请简述调质钢的最后热处理工艺和微观组织。

6-3 弹簧钢的成分、组织、性能和主要特征有哪些？请简述弹簧钢最后热处理工艺和微观组织。

6-4 轴承钢的成分、组织、性能和主要特征有哪些？请简述轴承钢最后热处理工艺和微观组织。

7 工 具 钢

用于制造刃具、模具和量具的钢称为工模具钢，简称工具钢。工具钢分为刃具钢、量具钢、耐冲击工具钢、冷作模具钢、热作模具钢、无磁工具钢和塑料模具钢等，但在实际的工程应用中，各类钢种的分类并无明显的限制。

7.1 工具钢分类、牌号及性能要求

国家标准 GB/T 221—2008 把工具钢分为碳素工具钢、合金工具钢和高速工具钢三类。

7.1.1 碳素工具钢牌号表示方法

碳素工具钢中碳的质量分数在 0.65%~1.35%范围内，故属高碳钢范畴。

碳素工具钢的牌号是以汉字“碳”的拼音首位字母“T”，后面附加数字表示的，数字表示平均碳的质量分数的千分数。例如：T8 钢表示 $w(C)=0.8\%$的碳素工具钢。

较高含锰量的碳素工具钢，在牌号后加锰的元素符号，如 T8Mn。高级优质碳素工具钢则在钢号末端再附加字母“A”，例如 T12A、T8MnA 等。

碳素工具钢的牌号及化学成分见表 7-1。

表 7-1 碳素工具钢的牌号及化学成分（GB/T 1298—2008）

牌 号	化学成分（质量分数）/%				
	C	Mn	Si（不大于）	S（不大于）	P（不大于）
T7	0.66~0.74	≤0.40	0.35	0.030	0.035
T8	0.76~0.84				
T8Mn	0.80~0.90	0.40~0.60			
T9	0.86~0.94	≤0.40			
T10	0.96~1.04				
T11	1.06~1.14				
T12	1.16~1.24				
T13	1.26~1.35				

所有碳素工具钢淬火后的硬度（HRC）都差不多，为 60~64。但随着钢中含碳量增多，淬火组织中粒状渗碳体的数量增多，钢的耐磨性提高，韧性下降。碳素工具钢的力学性能见表 7-2。

碳素工具钢的可加工性好，加工低廉，热处理后的硬度（HRC）可达到 60 以上，有较好的耐磨性。但由于碳素工具钢的热硬性差（刃部温度达到 250℃以上时，硬度和耐磨性迅速降低），淬透性低，淬火时容易变形开裂，多用于制造手工工具及低速、小切削用量的机用刃具、量具、模具等。

T7、T8 钢的硬度高、韧性较高，可制造冲头、锤子等工具。T9、T10、T11 钢的硬度高、韧性适中，钻头、刨刀、丝锥等刃具和冷作模具等。T12、T13 钢的硬度高、韧性较低，可制作锉刀、刮刀等刃具以及量规、样套等量具。

表 7-2 碳素工具钢的力学性能（GB/T 1298—2008）

<table>
<tr><th rowspan="2">牌　号</th><th>退火状态</th><th colspan="2">试样淬火</th></tr>
<tr><th>硬度（HBW，≤）</th><th>淬火温度/℃</th><th>硬度（HRC，≥）</th></tr>
<tr><td>T7</td><td rowspan="3">187</td><td>800~820（水）</td><td rowspan="8">62</td></tr>
<tr><td>T8</td><td rowspan="2">780~800（水）</td></tr>
<tr><td>T8Mn</td></tr>
<tr><td>T9</td><td>192</td><td rowspan="5">760~780（水）</td></tr>
<tr><td>T10</td><td>197</td></tr>
<tr><td>T11</td><td rowspan="2">207</td></tr>
<tr><td>T12</td></tr>
<tr><td>T13</td><td>217</td></tr>
</table>

7.1.2 合金工具钢和高速工具钢的牌号表示方法

合金工具钢的牌号以“一位数字（或没有数字）+元素+数字+…”表示。其编号方法与合金结构钢大体相同，区别在于碳的质量分数的表示方法。当碳的质量分数小于 1.07%时，牌号前用一位数字表示平均碳的质量分数的千分之几，合金元素及其含量的表示方法同结构钢；当碳的质量分数大于或等于 1.0%时，为避免同结构钢混淆，牌号前不予标出碳的质量分数。如 9SiCr 钢，其平均碳的质量分数为 0.9%，Si、Cr 的质量分数都小于 1.5%，又如 Cr12MoV 钢，其平均碳的质量分数为 1.45%~1.70%，因大于 1.0%所以不标出，该钢中 Cr 的质量分数约为 12%，Mo 和 V 的质量分数都小于 1.5%。

对于 Cr 含量低的钢，其 Cr 的质量分数以千分之几表示，并在数字前加“Cr”，以示区别。例如，平均 Cr 的质量分数为 0.6%的低铬工具钢的牌号为 Cr06。

高速工具钢牌号中合金元素的表示方法与其他合金钢相同，但无论碳的质量分数为多少，在牌号中都不予标出。当合金成分相同，仅碳的质量分数不同时，对碳的质量分数较高者，在牌号前冠以“C”字。例如，牌号前 W6Mo5Cr4V2 和 CW6Mo5Cr4V2 区别，前者碳的质量分数为 0.80%~0.90%，后者碳的质量分数为 0.95%~1.05%。

7.1.3 工具钢的性能要求

高硬度、高耐磨性是工具钢最重要的使用性能，不同用途的工具钢也有各自的特殊性能要求。

刃具钢：除要求高硬度、高耐磨性外，还要求红硬性及一定的强度和韧性。

冷模具钢：要求高硬度、高耐磨性、较高的强度和一定的韧性。

热模具钢：要求高的韧性和耐热疲劳性及一定的硬度和耐磨性。

量具钢：除要求具有高硬度、高耐磨性外，还要求高的尺寸稳定性。

工具钢对钢材的纯洁度要求很严，对 S、P 的质量分数一般均限制在 0.02%~0.03%

以下，属于优质钢或高级优质钢。钢材出厂时，其化学成分、脱碳层、碳化物不均匀度等均应符合国家有关标准规定，否则会影响工具钢的使用寿命。

7.2 刃 具 钢

通常按照使用情况及相应的性能要求不同，将刃具钢分为：碳素刃具钢、合金刃具钢和高速钢三类。常以高速钢为标准衡量一个国家工具材料的水平。

7.2.1 刃具钢的服役条件及性能要求

刃具钢在切削过程中受到弯曲、剪切、冲击、扭转、振动、摩擦等力的作用，产生大量热量，有可能使切削刃温度升高到600℃甚至更高，同时刃部也发生磨损。所以，刃具钢要求具有较高的硬度和耐磨性，硬度（HRC）一般应在60以上，高硬度是保证进行切削的基本条件，高耐磨性可保证刃具有一定的寿命。同时也要有一定的韧性和塑性，以防止使用过程中崩刃或折断。为了保证其在高速切削时仍然有高的硬度，要求刃具具有高的热硬性。所谓热硬性是指钢在高温条件下保持硬度的能力，主要与钢的耐回火性有关。

7.2.2 碳素刃具钢

碳素刃具钢属高碳钢，$w(C)=0.65\%\sim1.35\%$时，包括亚共析钢、共析钢和过共析钢。

7.2.2.1 *碳素刃具钢性能特点*

碳素刃具钢在性能上有“两个缺点、一个不足”，即淬透性低，工具断面尺寸大于15mm时，水淬后只有工件表面层有高硬度，故不能做形状复杂、尺寸较大的刃具；红硬性差，当工作温度超过250℃，硬度和耐磨性迅速下降，而失去正常工作的能力；由于不含有合金元素，淬火回火后碳化物属于渗碳体型，硬度（HRC）虽然可达62，但耐磨性不足。

7.2.2.2 *碳素刃具钢的热处理*

碳素刃具钢的热处理工艺为淬火+低温回火。一般亚共析钢采用完全淬火，淬火后的组织为细针状马氏体。过共析钢采用不完全淬火，淬火后的组织为隐晶马氏体+未溶碳化物，且由于未溶碳化物的存在，使钢的韧性较低，脆性较大，所以在使用中脆断倾向性大，应予以充分注意。

在碳素刃具钢正常淬火组织中还不可避免地会有数量不等的残余奥氏体存在。

碳素刃具钢在热处理时须注意以下几点：

(1) 碳素刃具钢淬透性低，为了淬火后获得马氏体组织，淬火时工件要在强烈的淬火质（如水、盐水、碱水等）中冷却，因而淬火时产生的应力大，将引起较大的变形甚至开裂，故而淬火后应及时回火。

(2) 碳素刃具钢在淬火前经球化退火处理，在退火处理过程中，由于加热时间长、冷速度慢，会有石墨析出，使钢脆化（称为黑脆），应引起重视。

（3）碳素刃具钢由于含碳量高，在加热过程中易氧化脱碳，所以加热时须注意保护，一般用盐浴炉或在保护气氛条件下加热。

综上所述，由于碳素刃具钢淬透性低、红硬性差、耐磨性不够高，所以只能用来制造切削量小、切削速度较低的小型刃具，常用来加工硬度低的软金属或非金属材料。对于重负荷、尺寸较大、形状复杂、工作温度超过200℃的刃具，碳素刃具钢就满足不了工作的要求，在制造这类刃具时应采用合金刃具钢。但碳素刃具钢成本低，在生产中应尽量考虑选用。

7.2.3 低合金刃具钢

7.2.3.1 低合金刃具钢的成分特点

低合金刃具钢中碳的质量分数一般为0.75%~1.50%，高的碳含量可保证钢的高硬度并形成足够的合金碳化物，以提高耐磨性。

为了克服碳素工具钢淬透性低、易变形和开裂以及热硬性差等缺点，在碳素工具钢的基础上加入少量的合金元素（质量分数一般不超过3%~5%），就形成了低合金刃具钢。

合金元素的作用主要是保证钢具有足够的淬透性和热硬性。钢中常加入的合金元素有Si、Mn、Cr、Mo、V、W等。其中，Si、Mn、Cr、Mo提高淬透性的作用显著，还可强化铁素体；Cr、Mo、V、W可细化晶粒，使钢进一步强化，提高钢的强度；作为碳化物形成元素，Cr、Mo、V、W等在钢中形成合金渗碳体和特殊碳化物，可提高钢的硬度、耐磨性和热硬性；Si虽然是非碳化物形成元素，但能在400℃以下提高耐回火性，使钢的硬度（HRC）在250~300℃时仍能保持在60以上；Mn能使过冷奥氏体的稳定性增加，淬火获得较多的残余奥氏体，减小刃具淬火时的变形量。

7.2.3.2 常用钢种及其用途

低合金刃具钢中常用的有9SiCr、9Mn2V、CrWMn、Cr06等。

9SiCr钢有较高的淬透性和耐回火性，且其碳化物均匀、细小，油淬临界直径可达40~50mm，热硬性可达250~300℃耐磨性高，不易崩刃。9SiCr过冷奥氏体中温转变区的孕育期较长，可采用分级或等温淬火，以减少变形，因而常用于制作形状复杂、要求变形小的刃具，如丝锥、板牙等。

CrWMn钢中碳的质量分数为0.9%~1.05%，同时加入Cr、W、Mn使钢具有更高的硬度（64~66HRC）和耐磨性，但热硬性不如9SiCr钢。CrWMn热处理后变形小，故称其为微变形钢，主要用来制造较精密的低速刃具，如长铰刀、拉刀等。常用低合金刃具钢的成分、热处理与用途见表7-3。

7.2.3.3 低合金刃具钢的热处理

低合金刃具钢的预备热处理是球化退火，最终热处理为淬火+低温回火，其组织为回火马氏体+未溶碳化物+残余奥氏体，硬度（HRC）为60~65。

表 7-3 常用低合金刃具钢的成分、热处理与用途

牌号	化学成分（质量分数）/%						热处理				应用
	C	Si	Mn	Cr	W	V	淬火温度/℃	淬火后硬度（HRC）	回火温度/℃	回火后硬度（HRC）	
9SiCr	0.85~0.95	1.20~1.60	0.30~0.60	0.95~1.25			820~860(油)	≥62	160~180	60~62	制作板牙、丝锥、铰刀、钻头、齿轮铣刀、拉刀等，也可作冲模、冷轧辊等
Cr06	1.30~1.45	≤0.40	≤0.40	0.50~0.70			780~810(水)	≥64	150~170	64~66	制作刮刀、锉刀、剃刀、外科手术刀、刻刀等
9Mn2V	0.85~0.95	≤0.30	1.70~2.00			0.10~0.25	780~810	≥62	150~200	60~62	小冲模、冷压模、雕刻模、各种变形小的量规、丝锥、板牙、铰刀等
CrWMn	0.90~1.05	≤0.40	0.80~1.10	0.90~1.20	1.20~1.60		820~840	≥62	140~160	62~65	板牙、拉刀、量规、形状复杂的高精度冲模等

图 7-1 所示为 9SiCr 钢制板牙的热处理工艺曲线。9SiCr 钢制板牙淬火加热采用盐浴炉，为防止变形与开裂，应先在 600~650℃ 盐浴炉中预热，以缩短高温停留时间，降低板牙的氧化脱碳倾向；再放入 850~870℃ 盐浴炉中加热；加热后在 160~180℃ 的硝盐浴中进行等温淬火，等温时间为 30~45min 等温停留时，部分过冷奥氏体转变为下贝氏体，从而使钢的硬度、强度和韧性得到良好的配合。由于合金元素 Si、Cr 的加入，提高了钢的耐回火性，淬火后可在 190~200℃进行低温回火，回火时间为 60~90min，低温回火后的金相组织为回火马氏体+部分下贝氏体+少量残余奥氏体+细小颗粒状的残留渗碳体，使其达到所要求的硬度（60~63HRC），并降低残余应力。

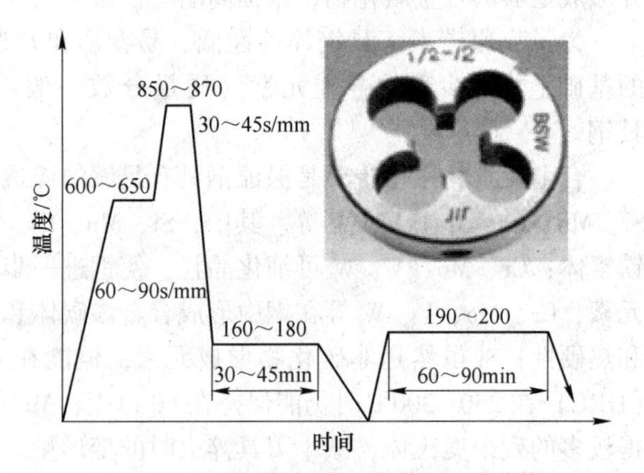

图 7-1　9SiCr 钢制板牙的热处理工艺曲线

合金刃具钢解决了淬透性低、耐磨性不足等缺点。但由于合金刃具钢所加合金元素数量不多，仍属于低合金范围，故其红硬性虽比碳素刃具钢高，但仍满足不了生产要求。如回火温度达到 250℃时硬度值（HRC）已降到 60 以下。因此要想大幅度提高钢的红硬性，靠合金刃具钢难以解决，故发展了高速钢。

7.2.4 高速工具钢

在高速切削过程中，刃具的刃部温度可达 600℃以上，此时低合金刃具钢已不适用（300℃以下适用）。为此，发展了碳含量较低、合金元素含量更高的高速工具钢（High Speed Steel，HSS）。

高速工具钢具有很高的淬透性，中小型刃具淬火时，甚至在空气中冷却也能硬化，并

且很锋利，故俗称风钢或锋钢。在现代工具材料中，高速工具钢占刃具材料总量的65%，而产值则占70%左右，所以它是一种极其重要的工具材料。

7.2.4.1 高速工具钢的成分特点

高速工具钢是一种成分复杂的合金钢，含有Cr、Mo、W、V等碳化物形成元素，合金元素总量达10%~25%。

A 碳

高速工具钢中碳的质量分数较高，为0.7%~1.65%。碳在淬火加热时溶入基体α相中，提高了基体中碳的浓度，既提高了钢的淬透性，又获得高碳马氏体，有足够的硬度。又保证能够与合金元素形成足够数量的碳化物合金元素Cr、W、Mo、V等形成合金碳化物，可以提高硬度、耐磨性和红硬性。高速钢中C的质量分数必须与合金元素相匹配，过高过低都对其性能有不利影响，每种钢号C的质量分数都限定在较窄的范围内。其具体数值可根据钢中合金元素的含量用定比碳公式算出，最高可达1.6%，如W6Mo5Cr4V5SiNbAl钢，碳的质量分数为1.56%~1.65%。但碳含量过高将造成淬火后残余奥氏体量增多，并可造成碳化物不均匀性增加、热硬性下降。

根据G. Steven的平衡碳计算式可确定高速钢中C的质量分数：

$$w(\mathrm{C}) = 0.033w(\mathrm{W}) + 0.063w(\mathrm{Mo}) + 0.060w(\mathrm{Cr}) + 0.200w(\mathrm{V})$$

B 钨

钨是高速工具钢中的主要合金元素，作用是提高热硬性。在退火状态下，W以M_6C型碳化物的形式存在。在淬火加热时，未溶M_6C阻碍奥氏体晶粒长大；另一部分M_6C型碳化物溶入奥氏体，提高了奥氏体的合金度，淬火冷却后存在于马氏体组织中，提高了马氏体的耐回火性。在560℃回火时析出W_2C形成弥散分布，造成二次硬化，这种碳化物在500~600℃的温度范围内非常稳定，从而使钢具有良好的热硬性。

随钨含量的增多，钢的热硬性增加，但当钨的质量分数大于18%时，热硬性增加不明显，碳化物不均匀性增加，塑性降低，造成加工困难。故常用钨系高速工具钢中钨的质量分数在18%左右。

由于世界范围内钨资源的缺少，人们找到了以Mo、Co元素代替W元素而保持高热硬性的方法。

C 钼、钴

Mo在高速工具钢中的作用和W相似。由于二者原子量的差别，质量分数为1%的Mo可取代1.5%~2.0%的W，如W6Mo5Cr4V2和W18Cr4V钢的性能相近，可代用。但含Mo高速工具钢的热塑性良好，便于热加工。

高速工具钢中加入Co可进一步提高其热硬性，一般Co的质量分数主要有5%、8%和12%三个级别，都是高热硬性高速工具钢。由于钴资源稀缺，现在一般提倡高速工具钢中不加钴和少加钴。

D 铬

Cr在高速工具钢中的作用是提高淬透性，并能形成碳化物强化相，Cr在高温下可形成$Cr_{23}C_6$，能起到钝化膜的保护作用。一般认为Cr的质量分数在4%左右为宜，高于4%时，会使马氏体转变温度下降，淬火后将造成残余奥氏体量增多的不良结果。

E　钒

V 在高速工具钢中的作用是提高热硬性和耐磨性。V 在钢中主要以 VC 的形式存在，VC 非常稳定，即使淬火温度达到 1260~1280℃，VC 也不会全部溶于奥氏体中。部分溶入奥氏体中的 VC 淬火后使马氏体的耐回火性提高，强烈阻碍马氏体分解，在一定温度下 VC 又弥散析出，从而产生二次硬化。淬火加热未溶的 VC 起阻止晶粒长大的作用。由于 VC 的硬度很高，所以高速工具钢中 V 的质量分数应小于 3%，否则锻造性和磨削性能将变差。

7.2.4.2　常用钢种及其应用

按用途不同，高速工具钢可分为通用型和特殊用途型两种。

通用型高速工具钢主要用于制造切削硬度（HBW）不大于 300 的金属材料的切削刀具（如钻头、丝锥、锯条）和精密刀具（如滚刀、插齿刀、拉刀），主要包括钨系和钨钼系高速工具钢。

A　钨系高速工具钢

典型牌号为 W18Cr4V（又称 18-4-1），是广泛应用的钢种。W18Cr4V 钢具有很高的红硬性，可以制造在 600℃以下工作的工具。W 系高速钢的脆性较大，易于产生崩刃现象，其主要原因是碳化物不均匀性较大所致。

B　Mo 系高速钢

从保证红硬性角度看，Mo 与 W 的作用相似。Mo 系高速钢是以 Mo 为主要合金元素，常用钢种有 M1 和 M10（W2Mo8Cr4V 和 Mo8Cr4V2）。Mo 系高速钢具有碳化物不均匀性小和韧性较高的优点，但又存在两大缺点，限制了它的应用：一是脱碳倾向性较大，故对热处理保护要求较严；二是晶粒长大倾向性较大，易于过热，故应严格控制淬火加热温度，淬火加热温度为 1175~1220℃（W 系高速钢淬火温度为 1250~1280℃）。

C　W-Mo 系高速钢

钨钼系高速工具钢的典型牌号 W6Mo5Cr4V2（又称 6-5-4-2）应用最普遍。国外称为 M2 钢。W-Mo 系高速钢兼有 W 系和 Mo 系高速钢的优点，即既有较小的脱碳倾向性与过热敏感性，又有碳化物分布均匀且韧性较高的优点。因此，近年来 W-Mo 系高速钢获得了广泛应用，特别是 M2 钢在许多国家已取代了 W18Cr4V 高速钢而占统治地位。

各类高速钢的性能比较如图 7-2 所示。由图可见，W 系高速钢的红硬性较高，而韧性较低；Mo 系与 W-Mo 系高速钢虽红硬性稍低，但具有较高的韧性。就耐磨性而言，三类高速钢大体相同。

特殊用途高速工具钢也称高性能高速工具钢、超硬型高速工具钢，包括高碳系高速工具钢、高钒系高速工具钢、含钴系高速工具钢和铝高速工具钢四种，主要用于制造切削难加工金属（如高温合金、钛合金和高强钢等）的刀具。

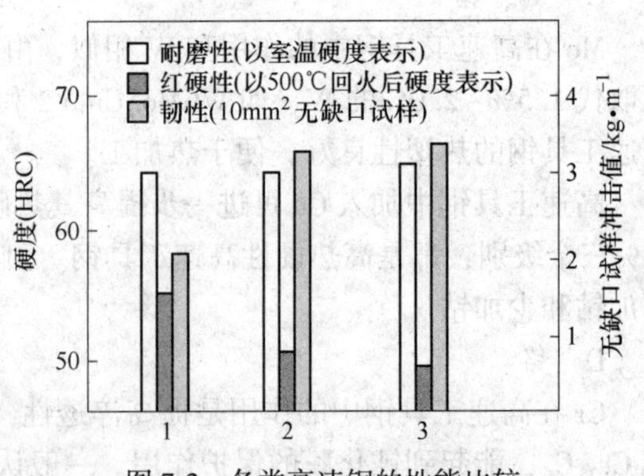

图 7-2　各类高速钢的性能比较

1—W18Cr4V；2—MoCr4V2；3—W6Mo5Cr4V2

高速工具钢与碳素工具钢及低合金刃具钢相比，切削速度可提高2~4倍，刃具的寿命提高8~15倍，广泛用于制造尺寸大、切削速度快、载荷重及工作温度高的各种机加工工具，如机用锯条、铣刀、刨刀、拉刀、钻头、丝锥、板牙等，此外还可以用于制造部分模具及一些特殊的轴承。常用高速钢工具钢的牌号、化学成分、热处理及用途见表7-4。

表7-4 常用高速钢工具钢的牌号、化学成分、热处理及用途（GB/T 9943—2008）

牌号	化学成分（质量分数）/%					热处理				应用
	C	Cr	W	V	Mo	淬火温度/℃	淬火后硬度(HRC)	回火温度/℃	回火后硬度(HRC)	
W18Cr4V	0.70~0.80	3.80~4.40	17.50~19.00	1.00~1.40	≤0.30	1260~1280(油)	≥63	550~570(三次)	63~66	制作中速切削用车刀、刨刀、钻头、铣刀等
9W18Cr4V	0.90~1.00	3.80~4.40	17.50~19.00	1.00~1.40	≤0.30	1260~1280(油)	≥63	570~580(三次)	67~68	在切削不锈钢及其他硬或韧的材料时，可显著提高刀具寿命和降低被加工零件的表面粗糙度值
W6Mo5Cr4V2	0.80~0.90	3.80~4.40	5.50~6.75	1.75~2.20	4.50~5.50	1220~1240(油)	≥63	540~560(三次)	63~66	制作要求耐磨性和韧性相配合的中速切削刀具，如丝锥、钻头等
W6Mo5Cr4VB(6-5-4-3)	1.10~1.25	3.80~4.40	5.75~6.75	2.80~3.30	4.75~5.75	1220~1240(油)	≥63	540~560(三次)	>65	制造要求耐磨性和热硬性较高的、耐磨性和韧性较好配合的、形状稍微复杂的刀具

7.2.4.3 高速工具钢的铸态组织与锻造

由于高速工具钢的合金元素含量多，使Fe-Fe_3C相图中的E点左移，在高速工具钢铸态组织中出现了大量的共晶莱氏体组织，如图7-3所示。鱼骨状的莱氏体及大量分布不均匀的大块碳化物，使得铸态高速工具钢既脆又硬，无法直接使用，碳化物不均匀度级别对高速钢力学性能的影响如表7-5所示。

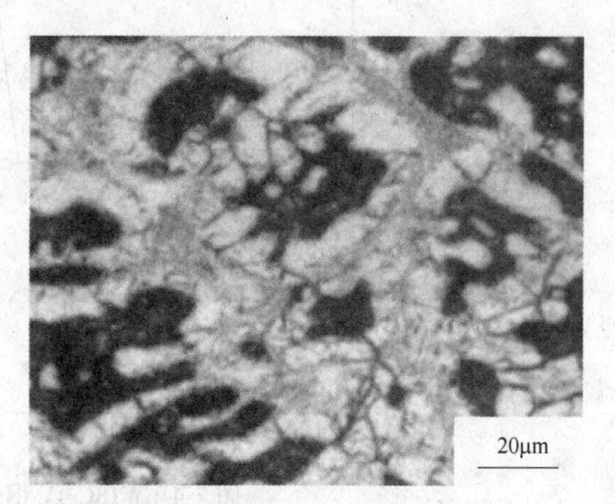

图7-3 W18Cr4V钢的铸态组织

高速工具钢铸态组织中碳化物分布不均匀的缺陷不能用热处理办法消除，为了提高碳化物的均匀性，首先要改善高速钢中原始碳化物分布的状态。其主要措施是：

（1）变质处理。向液体金属中加合金元素 Zr、Nb、Ti 及 Ce 等变质剂，增加结晶核心，用以细化共晶碳化物。

（2）附加振动。在钢液结晶过程中，加超声振荡或电磁搅拌，采用连续铸造法，由于冷却迅速共晶碳化物析出的时间短，形成很细的组织。

表 7-5　碳化物不均匀度级别对高速钢力学性能的影响

碳化物不均匀度级别	R_m/MPa	R_{eL}/MPa	KU_2（无缺口）/(J·cm^{-2})
3	3660	2340	23
4	3410	2170	22
5	3170	2170	17

（3）反复锻造。将共晶碳化物打碎，使其分布均匀。高速钢仅锻造一次是不够的，往往要经过二次、三次，甚至多次的镦粗、拔长，锻造比越大越好。实际上，反复镦拔总的锻造比达 10 左右时，效果最佳。如表 7-6 所示为镦拔次数与碳化物不均匀等级的关系。

高速钢的始锻温度为 1100℃，终锻温度为 850~890℃，锻后灰坑缓冷，防止产生过多的马氏体组织，防止产生过高的应力和开裂。锻后硬度（HB）为 240~270 左右。

近年来，国内外开始应用粉末冶金方法制造高速钢，可获得细小、分布均匀、无偏析的碳化物，从而使切削寿命大大提高。

表 7-6　镦拔次数与碳化物不均匀等级的关系

处理状态	原材料	镦拔一次	镦拔二次	镦拔三次
碳化物不均匀等级	6~7	5	3	1~2

7.2.4.4　高速工具钢的热处理

高速工具钢的热处理工艺较为复杂，必须经过退火、淬火、回火等一系列过程。W18Cr4V 钢的热处理工艺曲线如图 7-4 所示。

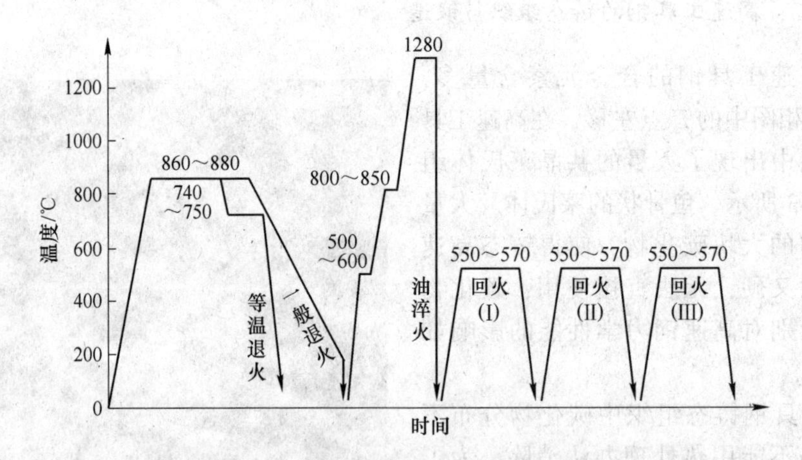

图 7-4　W18Cr4V 钢的热处理工艺曲线

A 退火

高速工具钢锻造后必须进行退火，目的在于消除应力，降低硬度，使显微组织均匀，便于淬火。具体工艺可采用等温退火，加热到860~880℃保温，然后冷却到720~750℃保温，炉冷至550℃以下出炉，硬度（HBW）为207~225，组织为索氏体+碳化物，如图7-5所示。

B 淬火

高速工具钢的淬火加热温度较低合金刃具钢高得多，一般为1220~1280℃，目的是使尽量多的合金元素在加热时溶入奥氏体，淬火后获得高合金的马氏体，具有高的耐回火性，在高温回火时析出弥散碳化物，产生二次硬化，提高硬度和热硬性。淬火加热温度越高，合金元素溶入奥氏体的数量越多，对高速工具钢热硬性作用最大的合金元素（W、Mo、V）只有在1000℃以上时，其溶解度才急剧增加。但当温度超过1300℃时，虽然可继续增加这些合金元素的含量，但此时奥氏体晶粒急剧长大，甚至会在晶界处发生局部熔化现象，这也就是需精确掌握淬火加热温度和加热时间的原因所在。

高速钢淬火时进行两次预热，其原因在于：

（1）高速钢中含有大量合金元素，导热性较差，如果把冷的工件直接放入高温炉中，会引起工件变形或开裂，特别是对大型复杂工件则更为突出。

（2）高速钢淬火加热温度大多数在1200℃以上，如果先预热，可缩短在高温处理停留的时间，这样可减少氧化脱碳及过热的危险性。

一次预热温度为500~600℃，二次预热为800~850℃，这样的加热工艺可避免由热应力而造成的变形或开裂，工厂均采用盐炉加热。淬火冷却采用油中分级淬火法，淬火后的组织为马氏体+碳化物+残余奥氏体（25%~30%），如图7-6所示。

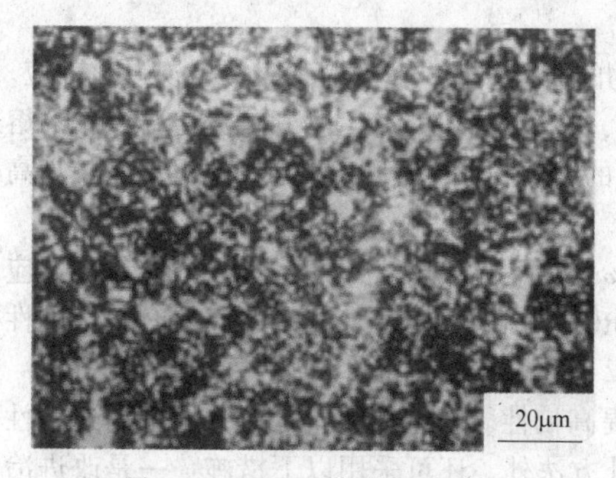

图7-5 W18Cr4V钢的退火组织

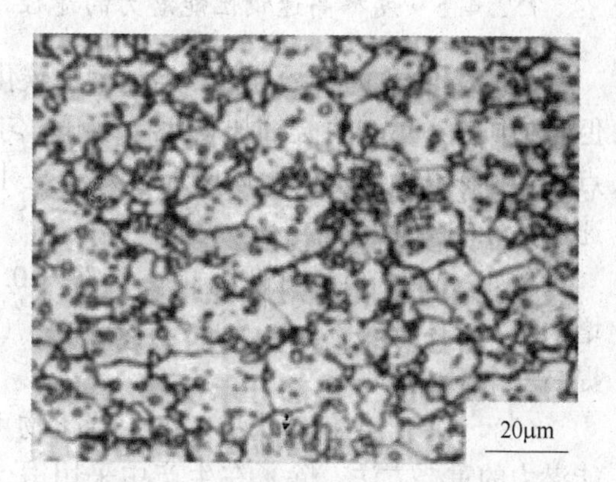

图7-6 W18Cr4V的正常淬火组织

C 回火

为了消除淬火应力，减少残余奥氏体量，稳定组织，达到性能要求，高速工具钢淬火后应立即回火。高速工具钢的回火一般进行三次，回火温度为560℃，每次1~5h。高速工具钢淬火组织中的碳化物在回火时不发生变化，只有马氏体和残余奥氏体发生转变引起性能的变化。在回火550~570℃时，W、Mo、V碳化物M_2C（W_2C、Mo_2C）和VC的析出量增多，产生二次硬化现象，硬度最高。所以，高速工具钢多在560℃的回火。

高速工具钢淬火后残余奥氏体量大约为30%，第一次回火只对淬火马氏体起回火作用，在回火冷却过程中，发生残余奥氏体转变，同时产生新的内应力。经第二次回火，没有彻底转变的残余奥氏体继续发生新的转变，又产生新的内应力。这就需要进行第三次回火。三次回火后仍保留1%～3%（体积分数）的残余奥氏体。W18Cr4V钢的回火温度对硬度的影响如图7-7所示。

为了减少回火次数，也可在淬火后立即进行冷处理（-80～-60℃），将残余奥氏体量减少到最低程度，然后再进行一次560℃的回火。

高速工具钢正常淬火、回火后的组织应是极细的回火马氏体、粒状碳化物等，如图7-8所示。

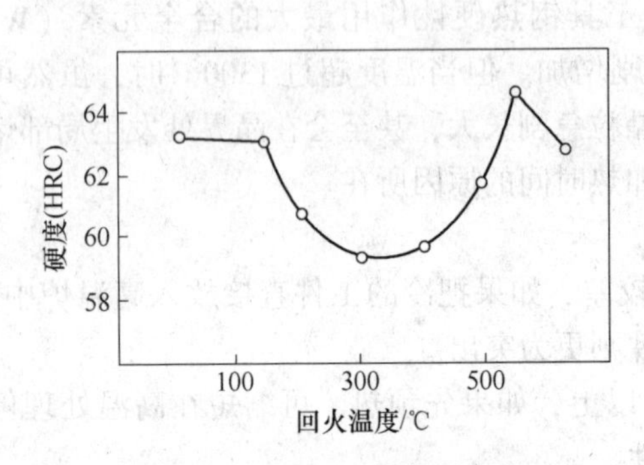

图7-7　W18Cr4V钢的回火温对硬度的影响

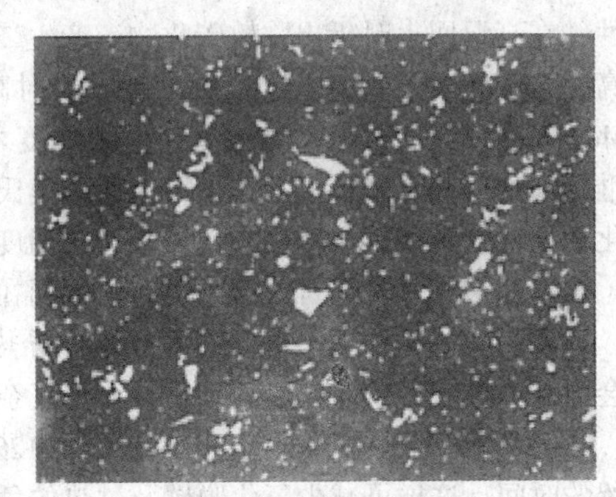

图7-8　W18Cr4V钢三次回火后的组织

7.2.4.5　发挥高速钢性能潜力的途径

（1）增大C的质量分数。增加钢中碳化物的质量分数，以获得最大的二次硬化效应。但碳的质量分数过大会增加碳化物的不均匀性，使钢的塑性、韧性下降，还会导致钢的熔点降低，碳化物聚集长大倾向性增大，这对钢的组织和性能不利。用平衡碳理论来计算高速钢最佳的含碳质量分数。

例如，W18Cr4V钢的$w(C)=0.7\%\sim0.8\%$，按平衡碳理论计算，其C的质量分数应增大至0.9%～1.0%，淬火回火后其硬度（HRC）才可达67～68，625℃回火时其红硬性提高三个HRC读数。

（2）进一步细化碳化物。细化碳化物可提高韧性、防止崩刃，是充分发挥高速钢性能潜力的重要方法。除了在生产中采用锻、轧方法外，还可采用以下措施：一是改进冶炼、浇注工艺，以减少碳化物的偏析，如生产上采用电渣重熔可以显著细化莱氏体共晶组织，改善钢中碳化物的不均匀性。在浇注工艺上宜采用200～300kg的小方锭，使钢液凝固速度加快，以减少钢锭中的宏观液析。二是采用粉末冶金方法，从根本上消除莱氏体共晶组织，以彻底解决高速钢中碳化物的不均匀性。采用这种方法可以得到极为细小的碳化物（小于1μm），而且分布均匀。与普通方法生产的高速钢相比，这种方法可提高钢的韧性与红硬性。但粉末冶金生产高速钢的主要缺点是成本高，质量不稳定。

（3）表面处理工艺的应用。为了进一步提高高速钢的切削能力，在淬火回火后还可进行表面处理。例如，蒸汽处理、低温氰化、软氮化、氧氮共渗或采用氧氮共渗-蒸汽处理的复合工艺等。蒸汽处理是使高速钢刃具在过热蒸汽气氛中加热氧化，表面产生一层均匀、坚实而又多孔的Fe_3O_4薄膜（厚度为0.003~0.004mm）。这种氧化膜组织细密，能牢固地附着在金属表面上，有防锈吸油作用，并可在刃具工作过程中降低摩擦系数、防止切屑粘着与提高耐磨性。通常可使高速钢刃具的使用寿命提高20%左右。蒸汽处理的温度为540~560℃，保温时间一般为1h，故有时也可代替第三次回火。

氧氮共渗是将渗氮与蒸汽处理相复合而发展的一种有效的表面处理方法。共渗层由外部的氧化物层和内部的富氮扩散层所组成。处理后可使高速钢刃具寿命提高1倍左右。如哈尔滨工具厂采用蒸汽处理后可使钻头寿命提高20%左右。

目前高速钢的使用范围已经超出了切削工具范围，已开始在模具方面应用。近年来多辊轧辊以及高温弹簧、高温轴承和以高温强度、耐磨性能为主要要求的零件，实际上都是高速钢可以发挥作用的领域。

7.3 模具钢

7.3.1 冷作模具钢

冷作模具钢用于制造使金属在常温状态下变形的模具，如冲模、冷镦模、拉丝模、冷轧辊等，其工作温度不超过200~300℃，图7-9所示是汽车车门冲模。冷作模具工作时承受很大的压力、弯曲力、冲击载荷和摩擦，主要失效形式是磨损，也常出现崩刃、断裂和变形等失效现象。

图7-9 汽车车门冲模

7.3.1.1 冷作模具钢的性能要求

（1）高的硬度和耐磨性在冷态下冲制螺钉、螺母、硅钢片、面盆等时，被加工的金属在模具中产生很大的塑性变形，模具的工作部分承受很大的压力和强烈的摩擦，故要求冷作模具钢有高的硬度和耐磨性，通常要求硬度（HRC）为58~62，以保证模具的几何尺寸和使用寿命。

（2）较高的强度和韧性冷作模具在工作时承受很大的冲击和载荷，甚至有较大的应力集中，因此要求其工作部分有较高的强度和韧性，以保证尺寸的精度并防止崩刃。

（3）良好的工艺性要求热处理时变形小，淬透性高。

7.3.1.2 冷作模具钢的成分特点和常用钢种

冷作模具钢中碳的质量分数较高，多在1.0%以上，个别甚至可达2.0%，目的是保证高的硬度和耐磨性。加入Cr、Mo、W、V等合金元素，形成难溶碳化物，提高了耐磨性，尤其是Cr的作用更加明显。

对于尺寸小、形状简单、工作载荷不大的模具，可采用碳素工具钢或低合金刃具钢，钢种有T8A、T10A、T12A、Cr2、9Mn2V、9SiCr、CrWMn等。这类钢的优点是价格便宜、可加工性好，能基本上满足模具的工作要求。其缺点是淬透性差、热处理变形大、耐磨性较差、使用寿命较短。

目前，最常用的冷作模具钢属于高碳高铬模具钢，即 Cr12 型冷作模具钢。这类钢碳的质量分数为 1.4%~2.3%，铬的质量分数为 11%~12%。碳含量高是为了保证与铬形成碳化物，在淬火加热时，其中一部分溶于奥氏体中，以保证淬火后钢有足够的硬度，而未溶的碳化物作为第二相，则起到细化晶粒的作用，在使用状态下起到提高耐磨性的作用。铬含量高，其主要作用是提高淬透性和细化晶粒，当截面尺寸为 200~300mm 时，在油中可以淬透，形成铬的碳化物，提高钢的耐磨性，但过高的铬含量会使碳化物分布不均。钼和钒的加入，能进一步提高淬透性，细化晶粒，其中钒可形成 VC，可进一步提高耐磨性和韧性；另外，钼和钒的加入可适当降低钢中碳的质量分数，以减少碳化物的不均匀性。所以，Cr12MoV 钢较 Cr12 钢的碳化物分布均匀，强度和韧性高，淬透性高，用于制作截面大、载荷大的冲模、挤压模、滚丝模、冷剪刀等。

Cr12 型钢的主要牌号有 Cr12、Cr12MoV 等。由于其淬透性好、淬火变形小、耐磨性好，故被广泛用于制造载荷大、尺寸大、形状复杂的模具。

7.3.1.3 Cr12 型冷作模具钢的热处理

Cr12 型钢的预备热处理是球化退火，目的是消除应力、降低硬度，以便于切削加工，退火后硬度（HBW）为 207~255 退火组织为球状珠光体均匀分布的碳化物。

Cr12 型钢的最终热处理有两种方案可选。

A 一次硬化法

在较低温度（950~1050℃）下淬火，然后低温（150~180℃）回火，硬度（HRC）可达 61~64，使钢具有较好的耐磨性和韧性。一次硬化法适用于要求高硬度、高耐磨性、变形小、重载荷、形状复杂的模具，大多数 Cr12 型钢制作的冷作模具均采用此工艺。

B 二次硬化法

在较高温度（1050~1150℃）下淬火，然后于 510~520℃ 多次（一般为三次）回火，产生二次硬化，使硬度（HRC）达到 60~62，热硬性和耐磨性都较高（但韧性较差）。由于大多数冷作模具不要求热硬性，故此工艺应用不多，只适用于工作温度较高（400~500℃）且承受载荷不大或淬火后表面需要氮化的模具。

Cr12 型钢热处理后的组织为回火马氏体、碳化物和残余奥氏体。

常用冷作模具钢的化学成分、热处理工艺和用途见表 7-7。

表 7-7 常用冷作模具钢的化学成分、热处理工艺和用途

牌号		9Mn2V	9CrWMn	Cr12	Cr12MoV	Cr6WV
化学成分（质量分数）/%	C	0.85~0.95	0.85~0.95	2.00~2.30	1.45~1.70	1.00~1.15
	Si	≤0.40	≤0.40	≤0.40	≤0.40	≤0.40
	Mn	1.70~2.00	0.90~1.20	≤0.40	≤0.40	≤0.40
	Cr	—	0.50~0.80	11.50~13.50	11.00~12.50	5.50~6.00
	Mo	—	—	—	0.40~0.60	—
	W	—	0.50~0.80	—	—	1.10~1.50
	V	0.10~0.25	—	—	0.15~0.30	0.50~0.70

续表 7-7

牌号		9Mn2V	9CrWMn	Cr12	Cr12MoV		Cr6WV
退火	温度/℃	750~770	760~790	870~900	850~870		830~850
	硬度(HBW)	≤229	190~230	207~255	207~255		≤229
淬火	温度/℃	780~820	790~820	950~1000	950~1050	1050~1150	950~970
	淬火冷却介质	油	油	油	油	油	油
回火	温度/℃	150~200	150~260	180~250	150~180	510~520，(回火3次)	150~210
	硬度(HRC)	60~62	57~62	58~64	61~63	60~62	58~62
用途举例		滚丝模、冲模、冷压模、塑料模	冲模、塑料模	冲模、拉延模、压印模、滚丝模	截面较大、形状复杂的冲模、压印模、冷镦模、冷挤压模		工作温度较高且受力不大或淬火后需要表面氮化的模具

7.3.2 热作模具钢

热作模具钢用来制造使加热的固态金属或液态金属在压力下成型的模具，前者称为热锻模（包括热挤压模），后者称为压铸模。

7.3.2.1 热作模具钢的性能要求

热作模具工作时受到比较高的冲击载荷，同时型腔表面要与炽热金属接触并产生摩擦，局部温度可达500℃以上，并且还要反复受热与冷却，常因热疲劳而使型腔表面龟裂。故要求热作模具钢在高温下具有较高的综合力学性能，如高的热硬性和高温耐磨性、高的抗氧化性能、高的热强性和足够的韧性。由于热作模具一般较大，所以还要求热作模具钢有高的淬透性和导热性。图 7-10 所示为连杆锻模。

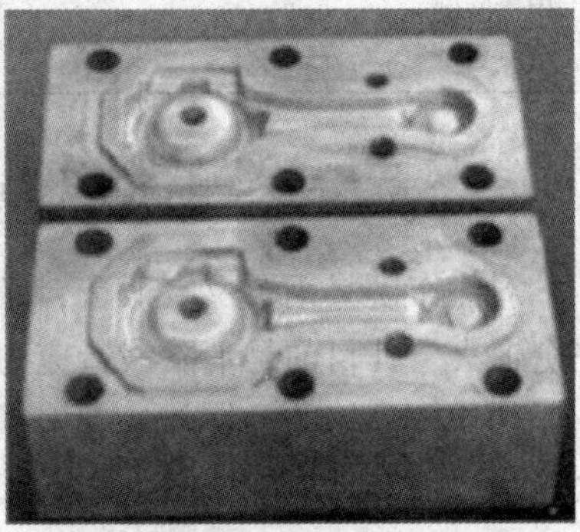

图 7-10 连杆锻模

7.3.2.2 热作模具钢的成分特点和常用钢种

热作模具钢中碳的质量分数一般为0.3%~0.6%，为中碳钢，以保证高强度、高韧性、较高的硬度（35~52HRC）和较高的热疲劳抗力，获得综合力学性能。

热作模具钢中的合金元素 Cr、Mn、Ni、Mo、W、Si、V 等，其中 Cr、Mn、Ni 的主要作用是提高淬透性，使模具表里的硬度趋于一致。Mo、W、V 等元素能产生二次硬化，提高高温强度和耐回火性。Mo 还能防止第二类回火脆性，Cr、W、Mo、Si 通过提高共析温度使模具在反复加热和冷却过程中不发生相变，提高钢的耐热疲劳性。

5Cr08MnMo 和 5Cr06NiMo 是最常用的热锻模具钢，其中 5Cr08MnMo 常用来制造中小型热锻模，5Cr06NiMo 常用于制造大中型热锻模。对于受静压力作用的模具（如压铸模、挤压模等），应选用 3Cr2W8V 或 4Cr5W2VSi 钢。

常用热作模具钢的牌号、化学成分、热处理及用途列于表 7-8 中。

表 7-8　常用热作模具钢的牌号、化学成分、热处理及用途

牌号		5Cr08MnMo	5Cr06NiMo	3Cr2W8V	4CrMoVSi	3Cr3Mo3W2V
化学成分（质量分数）/%	C	0.50~0.60	0.50~0.60	0.30~0.40	0.32~0.42	0.25~0.42
	Si	0.25~0.60	≤0.40	≤0.40	0.80~1.20	0.60~0.90
	Mn	1.20~1.60	0.50~0.80	≤0.40	≤0.40	≤0.65
	Cr	0.60~0.90	0.50~0.80	2.20~2.70	4.50~5.50	2.80~3.30
	Mo	0.15~0.30	0.15~0.30	—	1.00~1.50	2.50~3.30
	W	—	—	7.50~9.00	—	1.20~1.80
	V	—	—	0.20~0.50	0.30~0.50	0.80~1.20
	Ni	—	1.40~1.80	—	—	—
退火	温度/℃	780~800	780~800	830~850	840~900	845~900
	硬度(HBW)	197~241	197~241	207~255	109~229	—
淬火	温度/℃	830~850	840~860	1050~1150	1000~1025	1010~1040
	淬火冷却介质	油	油	油	油	空气
回火	温度/℃	490~640	490~660	600~620	540~650	550~600
	硬度（HRC）	30~47	30~47	50~54	40~54	40~54
用途举例		中型锻模（模高 275~400mm）	大型锻模（模高大于 400mm）	压铸模、精锻或高速锻模、热挤压模	热镦模、压铸模、热挤压模、精锻模	热镦模

7.3.2.3　热作模具钢的热处理

对热作模具钢要反复锻造，其目的是使碳化物均匀分布。锻造后的预备热处理一般是完全退火，其目的是消除锻造应力、降低硬度（197~241HBW），以便于切削加工。

热作模具钢的最终热处理根据其用途而有所不同。热锻模的热处理和调质钢相似，淬火后高温（550℃左右）回火，以获得回火索氏体或回火托氏体组织；热挤压模、压铸模的热处理与高速工具钢类似，淬火后在略高于二次硬化的峰值温度（600℃左右）下回火，组织为回火马氏体、粒状碳化物和少量残余奥氏体。

H13 是一种通用的热作模具钢（即我国的 4Cr5MoSiV1 钢），国外还用于制作热固性塑料模具。经预硬处理后，硬度（HRC）为 45~50。塑料模具钢共同的缺点是预硬状态不易切削加工。国内一些工厂为减少切削加工的困难，在使用这些钢材时常将预硬硬度(HRC) 降至28左右，但较低的硬度又对模具的耐磨性和抛光性能不利。

7.3.3 表面硬化技术在模具钢中的应用

随着工业生产的发展，对产品质量的要求日益严格，因而对模具的要求越来越高，相应地对模具也提出了高精度、高硬度、高耐磨性和高耐蚀性的要求。一般的模具经淬火、回火处理后便可满足要求，但对上述要求的模具应在淬火、回火处理基础上采用表面硬化处理，其方法如下：

(1) 氮化处理（气体氮化、软氮化、离子氮化等）；渗金属（渗 Cr、Al、Si、B、V 等）及气相沉积等方法，皆可提高模具的寿命。

(2) 水蒸气处理。在水蒸气中对金属进行加热，在金属表面上将生成 Fe_3O_4，处理温度在550℃左右。通过水蒸气处理之后，金属表面的摩擦系数将大为降低。这种技术主要用于淬火、回火的高合金模具钢的表面处理中。

(3) 电火花表面强化。电火花表面强化是提高模具寿命的一种有效方法。它是利用电火花放电时释放的能量，将一种导电材料熔渗到工件表面，构成合金化表面强化层，从而起到改善表面的物理、化学性能的目的。

该工艺有如下特点：电火花强化层是电极与工件材料的合金层；强化层与基体结合牢固、耐冲击、不剥落；强化处理时，工件处于冷态且放电点极小、时间短、不退火、不变形等。模具经电火花强化后，将大大提高模具表面的耐热性、耐蚀性、坚硬性和耐磨性，可获得较好的经济效果。

模具一定要在淬火、回火处理后再进行强化处理；操作要细心，电极沿被强化表面的移动速度要均匀、要控制好时间；模具经电火花强化处理后，表面产生残余拉应力，因此要补加一道低于回火温度30~50℃的去应力处理。例如，某厂冲不锈钢板落料模，原来一次刃磨寿命高15000次，经电火花强化后，冲90000次未发现磨损，寿命提高5倍。因此被广泛应用于模具、刃具及量具等工具。

(4) 离子电镀的应用。离子电镀是1963年提出的，直到20世纪70年代才在工程上实现，并应用于工具和模具的表面硬化中。离子电镀具有如下特征：离子电镀时可以在500℃以下温度进行，如果选择好处理方法和条件，可以在100℃以下的温度进行；离子电镀与材料无关，可得到 HV=2000 以上的硬化层；能得到各种金属和化合物的保护膜，且膜致密；无公害、无爆炸等危害。

7.4 量 具 钢

7.4.1 量具的工作条件及量具用钢的性能要求

量具是用来度量工件尺寸的工具，如卡尺、块规、塞规及千分尺等。由于量具在使用过程中经常受到工件的摩擦与碰撞，而量具本身又必须具备非常高的尺寸精确性和恒定性，因此，要求具有以下性能：

(1) 高硬度和高耐磨性，以此保证在长期使用中不致被很快磨损，而失去其精度。

（2）高的尺寸稳定性，以保证量具在使用和存放过程中保持其形状和尺寸的恒定。

（3）足够的韧性，以保证量具在使用时不致因偶然因素碰撞而损坏。

（4）在特殊环境下具有抗腐蚀性。

7.4.2 常用量具用钢

根据量具的种类及精度要求，量具可选用不同的钢种。

7.4.2.1 形状简单、精度要求不高的量具

可选用碳素工具钢，如 T10A、T11A、T12A。由于碳素工具钢的淬透性低，尺寸大的量具采用水淬会引起较大的变形。因此，这类钢只能制造尺寸小、形状简单、精度要求较低的卡尺、样板、量规等量具。

7.4.2.2 精度要求较高的量具（如块规、塞规等）

通常选用高碳低合金工具钢。如 Cr2、CrMn、CrWMn 及轴承钢 GCr15 等。由于这类钢是在高碳钢中加入 Cr、Mn、W 等合金元素，故可以提高淬透性、减少淬火变形、提高钢的耐磨性和尺寸稳定性。

7.4.2.3 对于形状简单、精度不高、使用中易受冲击的量具

如简单平样板、卡规、直尺及大型量具，可采用渗碳钢 15 钢、20 钢、15Cr、20Cr 等。但量具须经渗碳、淬火及低温回火后使用。经上述处理后，表面具有高硬度、高耐磨性、心部保持足够的韧性。也可采用中碳钢 50 钢、55 钢、60 钢、65 钢制造量具，但须经调质处理，再经高频淬火回火后使用，亦可保证量具的精度。

7.4.2.4 在腐蚀条件下工作的量具

可选用不锈钢 4Cr13、9Cr18 制造，经淬火、回火处理后可使其硬度（HRC）达 56~58，同时可保证量具具有良好的耐腐蚀性和足够的耐磨性。

7.4.2.5 量具要求特别高的耐磨性和尺寸稳定性

可选渗氮钢 38CrMoAl 或冷作模具钢 Cr12MoV。38CrMoAl 钢经调质处理后精加工成型，然后再氮化处理，最后需进行研磨。Cr12MoV 钢经调质或淬火、回火后再进行表面渗氮或碳氮共渗。两种钢经上述热处理后，可使量具具有高耐磨性、高抗蚀性和高尺寸稳定性。

7.4.3 量具钢的热处理

量具钢热处理的主要特点是在保持高硬度与高耐磨性的前提下，尽量采取各种措施使量具在长期使用中保持尺寸的稳定。

量具在使用过程中随时间延长而发生尺寸变化的现象称为量具的时效效应。这是因为：

（1）用于制造量具的过共析钢淬火后含有一定数量的残余奥氏体，残余奥氏体变为

马氏体引起体积膨胀。

（2）马氏体在使用中继续分解，正方度降低引起体积收缩。

（3）残余内应力的存在和重新分布，使弹性变形部分地转变为塑性变形引起尺寸变化。因此，在量具的热处理中，应针对上述原因采用如下热处理措施：

（1）调质处理。其目的是获得回火索氏体组织，以减少淬火变形和提高机械加工的光洁度。

（2）淬火和低温回火。量具钢为过共析钢，通常采用不完全淬火+低温回火处理。在保证硬度的前提下，尽量降低淬火温度并进行预热，以减少加热和冷却过程中的温差及淬火应力。量具的淬火方式为油冷（20～30℃），不宜采用分级淬火和等温淬火，只有在特殊情况下才予以考虑。一般采用低温回火，回火温度为150～160℃，回火时间不应小于4～5h。

（3）冷处理。高精度量具在淬火后必须进行冷处理，以减少残余奥氏体量，从而增加尺寸稳定性。冷处理温度一般为-80～-70℃，并在淬火冷却到室温后立即进行，以免残余奥氏体发生陈化稳定。

（4）时效处理。为了进一步提高尺寸稳定性，淬火、回火后，再在120～150℃进行24～36h的时效处理，这样可消除残余内应力，大大增加尺寸稳定性而不降低其硬度。

总之，量具钢的热处理为：除了要进行一般过共析钢的正常热处理（不完全淬火+低温回火）之外，还需要有三个附加的热处理工序，即淬火之前进行调质处理、正常淬火处理之间的冷处理、正常热处理之后的时效处理。

习　题

7-1 简述刃具钢的性能要求；并对比碳素工具钢、低合金工具钢、高速工具钢的性能，它们各适合制造什么样的刃具？

7-5 W18Cr4V钢的成分和热处理工艺比较复杂，试回答下列问题：

（1）高速钢中W、Mo、V合金元素的主要作用是什么？

（2）高速钢W6Mo5Cr4V2的Ac_1在800℃左右，但淬火加热温度在1200～1240℃，淬火加热温度为什么这样高？

（3）常用560℃三次回火，为什么？

（4）简述高速钢的二次硬化现象。

7-3 请以碳素工具钢、低合金工具钢、高速钢和热作模具钢为例，分别介绍其预备热处理和最终热处理工艺，并说出它的成分和组织特征。

7-4 合作模具钢（Cr2MoV）的一次硬化法和二次硬化法是什么？它们的工艺以及性能有什么区别？

8 不 锈 钢

不锈钢是不锈钢和耐酸钢的总称。在冶金学和材料科学领域中，依据钢的主要性能特征，将含铬量大于10.5%，且以耐蚀性和不锈性为主要使用性能的一系列铁基合金称为不锈钢。狭义的不锈钢是指在大气中不容易生锈的钢，广义的不锈钢指在特定条件下在酸、碱、盐中耐蚀的钢。

不锈钢具有良好耐腐蚀性能的原因在于它们在氧化环境中表面形成一层非常薄且看不见的富铬氧化膜（钝化膜），它保护不锈钢免受腐蚀环境侵害。钢中加入铬时，钝化层的形成使腐蚀速率降低。当铬含量≥10.5%时，钢的耐蚀性发生突变，即从易生锈到不易生锈，从不耐蚀到耐腐蚀，所以通常称不锈钢是铬含量为10.5%以上的铁基合金。随着铬含量逐渐增加到17%，相应钝化能力也随之显著增加。这也是为什么许多不锈钢的铬含量达17%~18%的原因。铬含量对腐蚀率的影响如图8-1所示。

不锈钢不仅要耐蚀，还要具有较好的力学性能、良好的切削加工性能和焊接性能。

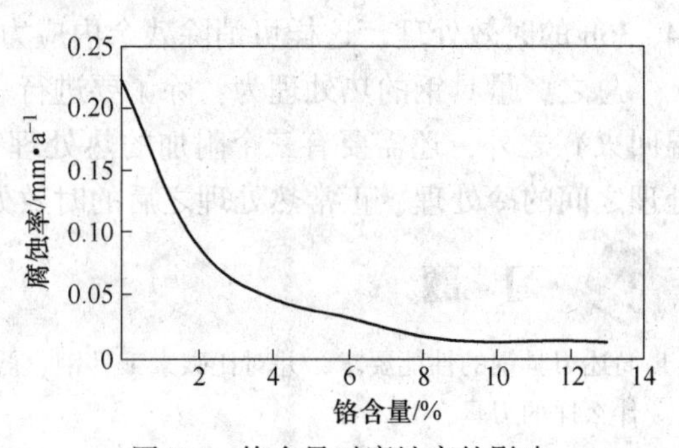

图8-1　铬含量对腐蚀率的影响

由于不锈钢材具有优异的耐蚀性、成型性、相容性以及在很宽温度范围内的强韧性等一系列特点，所以在石油化工、原子能、轻工、纺织、食品、家用器械等方面得到广泛的应用。通常对在大气、水蒸气和淡水等腐蚀性较弱的介质中具有不锈性和耐腐蚀性的钢种称为不锈钢，对在酸、碱、盐等腐蚀性强烈环境中具有耐蚀性的钢种称耐酸钢。两个钢类因成分上的差异而导致了它们具有不同的耐蚀性，前者合金化程度低，一般不耐酸，后者合金化程度高，既具有耐酸性能又具有不锈的特性。

到目前为止，不锈钢已发展到了近200个钢种，性能不同，生产工艺各异。全世界年产不锈钢在2400万吨左右。每年不锈钢的需求量还以8%的比率增长，而中国需求量在以每年12%以上的速度增长，高于世界平均增长率。

8.1　金属腐蚀机理

8.1.1　金属腐蚀的概念

金属腐蚀的形式有两种，一种是化学腐蚀，一种是电化学腐蚀。化学腐蚀是金属直接与周围介质发生化学反应而产生的腐蚀。如铁在高温下发生氧化反应形成氧化皮。电化学腐蚀是金属在酸、碱、盐等电解质溶液中由于原电池作用产生电流而引起的腐蚀现象。

电化学腐蚀是金属腐蚀更重要更普遍的形式。钢在电介质中由于本身各部分电极电位的差异，在不同区域产生电位差，构成原电池而产生电化学腐蚀。金属腐蚀过程原电池作用示意图如图 5-4 所示，电介质溶液在钢的这两个区域发生不同的反应。在阳极区，Fe 的电极电位较低，容易失去电子变成 Fe^{2+}，溶入电解质溶液。而在阴极区介质中的 H^+ 接受阳极流来的电子发生还原反应生成 H_2。显然，电位较低的阳极区不断被腐蚀，而电位较高的阴极区受到保护不被腐蚀。钢中的阳极区是组织中化学性较活泼的区域，例如晶界、塑性变形区、温度较高的区域等；而晶内、未塑性变形区、温度较低的区域等则为阴极区。显然，钢的电化学腐蚀是由于不同的金属或金属的不同相之间的电极电势不同而构成原电池所产生的。这种原电池腐蚀是在显微组织之间产生的故又称之为微电池腐蚀。电化学腐蚀的特点是有电介质存在，不同金属之间、金属微区之间或相之间有电势差异连通或接触，同时有腐蚀电流产生。

化学腐蚀在腐蚀过程中形成某种腐蚀产物。这种腐蚀产物一般都覆盖在金属表面上形成一层膜，使金属与介质隔离开来。如果这层化学生成物是稳定、致密、完整并同金属表层牢固结合的，则将大大减轻甚至可以防止腐蚀的进一步发展，对金属起保护作用。形成保护膜的过程称为钝化。

可见，氧化膜的产生及氧化膜的结构和性质是化学腐蚀的重要特征。因此，提高金属耐化学腐蚀的能力，主要是通过合金化或其他方法，在金属表面形成一层稳定的、完整致密的并与基体结合牢固的氧化膜。

8.1.2 腐蚀类型

金属材料在工业生产中的腐蚀失效形式是多种多样的。不同材料在不同负荷及不同介质环境的作用下，其腐蚀形式主要有以下几类：

(1) 均匀腐蚀。又称一般腐蚀，金属裸露表面发生大面积的较为均匀的腐蚀，虽降低构件受力有效面积及其使用寿命，但比局部腐蚀的危害性小。

(2) 晶间腐蚀。指沿晶界进行的腐蚀，使晶粒的连接遭到破坏。这种腐蚀的危害性最大，它可以使合金变脆或丧失强度，敲击时失去金属声响，易造成突然事故。晶间腐蚀为奥氏体不锈钢的主要腐蚀形式，这是由于晶界区域与晶内成分或应力有差别，引起晶界区域电极电势显著降低而造成的电极电势的差别所致。

(3) 应力腐蚀。金属在腐蚀介质及拉应力（外加应力或内应力）的共同作用下产生破裂现象。断裂方式主要是沿晶的，也有穿晶的，这是一种危险的低应力脆性断裂。在氯化物、碱性氮氧化物或其他水溶性介质中常发生应力腐蚀，在许多设备的事故中占相当大的比例。

(4) 点腐蚀。点腐蚀又称孔蚀，是发生在金属表面局部区域的一种腐蚀破坏形式。点腐蚀形成后能迅速地向深处发展，最后穿透金属。点腐蚀危害性很大，尤其是对各种容器是极为不利的。出现点腐蚀后应及时磨光或涂漆，以避免腐蚀加深。点腐蚀产生的原因是在介质的作用下，金属表面钝化膜受到局部损坏而造成的。或者在含有氯离子的介质中，材料表面缺陷、疏松及非金属夹杂物等都可引起点腐蚀。

(5) 腐蚀疲劳。金属在腐蚀介质及交变应力作用下发生的破坏。其特点是产生腐蚀坑和大量裂纹，显著降低钢的疲劳强度，导致过早断裂。腐蚀疲劳不同于机械疲劳，它没有一定的疲劳极限，随着循环次数的增加，疲劳强度一直是下降的。

（6）磨损腐蚀。磨损腐蚀是金属在电化学腐蚀和机械磨损的共同作用下造成的腐蚀。空穴腐蚀是一种重要的磨损腐蚀。在高速流动的液体中因流动的不规则性产生了所谓的空穴，由于压力和流动条件的高速变化，空穴会周期性地产生或消失。在空穴消失时，产生了很大的压力差，对金属表面产生冲击，破坏保护膜，从而使腐蚀继续深入。如泵的叶轮所产生的失效破坏主要是空穴腐蚀。

除了上述各种腐蚀形式以外，还有由于宏观电池作用而产生的腐蚀。例如，金属构件中铆钉与铆接材料不同、异种金属的焊接、船体与螺旋桨材料不同等因电极电势差别而造成的腐蚀。

从上述腐蚀机理可见，防止腐蚀的着眼点应放在：尽可能减少原电池数量，使钢的表面形成一层稳定的、完整的、与钢的基体结合牢固的钝化膜；在形成原电池的情况下，尽可能减少两极间的电极电位差。

8.1.3　不锈钢的合金化原理

提高钢耐蚀性的方法很多，如表面镀一层耐蚀金属、涂敷非金属层、电化学保护和改变腐蚀环境介质等。但是利用合金化方法，提高材料本身的耐蚀性是最有效防止腐蚀破坏的措施之一，其方法如下；

（1）加入合金元素，提高钢基体的电极电位，减少微电池数目，可有效地提高钢的耐蚀性。加入 Cr、Ni、Si 等元素均能提高其电极电位。由于 Ni 资源较缺，Si 的大量加入会使钢变脆，Cr 是显著提高钢基体电极电位常用的元素。

Cr 是决定不锈钢耐蚀性的主要元素。当 Cr 加入铁中形成固溶体时，铁固溶体的电极电位能得到显著提高，如图 8-2 所示。电极电位随 Cr 含量变化规律为 Cr 含量达 12.5%原子比（即 1/8）时，电位有一个跳跃式的升高；当 Cr 含量提高到 25%原子比（即 2/8）时，电位又一次跳跃式的升高。这一规律称为 *n*/8 规律。当 Cr 使铁的电极电位第一次跃升之后，铁的电位由-0.56V 提高到+0.2V，此时便可以耐大气、水蒸气和稀硝酸等弱腐蚀介质的腐蚀。若要在更强烈的腐蚀介质中具有耐蚀性，则需要继续提高 Cr 含量。

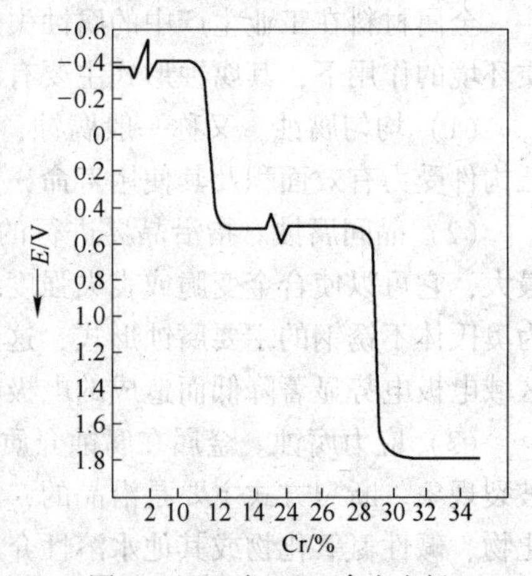

图 8-2　Cr 对 Fe-Cr 合金电极电位的影响

由以上分析可知，不锈钢的最低含 Cr 量应为 12.5%原子比，换成质量分数为 11.7%，应注意的是，这个含 Cr 量是指钢中固溶体内的 Cr 含量。

由于钢中总是存在一定量的 C 元素，C 能与 Cr 形成各种碳化物，因此会降低固溶体中的 Cr 含量，所以实际应用的不锈钢中总的铬含量要超过上述数值，一般不低于 13%。

（2）加入合金元素使钢的表面形成一层稳定的、完整的与钢的基体结合牢固的钝化膜。从而提高钢的耐化学腐蚀能力。如在钢中加入 Cr、Si、Al 等合金元素，使钢的表层形成致密的Cr_2O_3、SiO_2、Al_2O_3等氧化膜，就可提高钢的耐蚀性。

（3）加入合金元素使钢在常温时能以单相状态存在，减少微电池数目从而提高钢的耐蚀性。如加入足够数量的 Cr 或 Cr-Ni，使钢在室温下获得单相铁素体或单相奥氏体。

（4）加入 Mo、Cu 等元素，提高钢抗非氧化性酸腐蚀的能力。

（5）加入 Ti、Nb 等元素，消除 Cr 的晶间偏析，从而减轻了晶间腐蚀倾向。

（6）加入 Mn、N 等元素，代替部分 Ni 获得单相奥氏体组织，同时能大大提高铬不锈钢在有机酸中的耐蚀性。

8.1.4 合金元素对不锈钢基体的影响

不锈钢的基体组织是获得所需力学性能、工艺性能和良好的耐蚀性的保证。不锈钢中的 C、Ni、Mn、Cu 等都是扩大 γ 区的元素。当 Ni 含量超过一定数量时，Fe-Ni 合金中不再出现 α 相，从高温至室温都是单相奥氏体区，从而获得单相奥氏体组织，形成奥氏体不锈钢；如果奥氏体稳定化元素的作用不足以使钢的马氏体转变点（M_s）降至室温以下，则从高温冷却下来的奥氏体将转变为马氏体，这样钢的基体组织就是马氏体，形成马氏体不锈钢。而 Cr、Mo、Si、Ti、Nb 等是铁素体形成元素，其中 Cr 是很强的铁素体形成元素，当钢中铬含量达到 12.7%时，能封闭奥氏体区，形成单相铁素体组织，获得铁素体不锈钢。另外，通过两类元素的作用，还可以使钢的基体出现铁素体+奥氏体和奥氏体+马氏体双相组织，获得双相不锈钢。因此，合金元素对不锈钢基体组织的影响主要取决于合金元素是奥氏体稳定化元素还是铁素体稳定化元素。当这两类作用不同的元素同时加入到钢中时，不锈钢的组织取决于它们综合作用的结果。

为简单处理，把铁素体形成元素的作用折算成铬的作用，称为铬当量［Cr］，而把奥氏体形成元素的作用折算成镍的作用，称为镍当量［Ni］。钢的实际成分和所得到的组织状态可根据 Schaeffler 早期研究焊缝区组织所建立的不锈钢组织图来分析，如图 8-3 所示。图中计算了 Mn、C 的镍当量［Ni］和 Mo、Si、Nb 的铬当量［Cr］，对于更多元素，由下列公式计算确定：

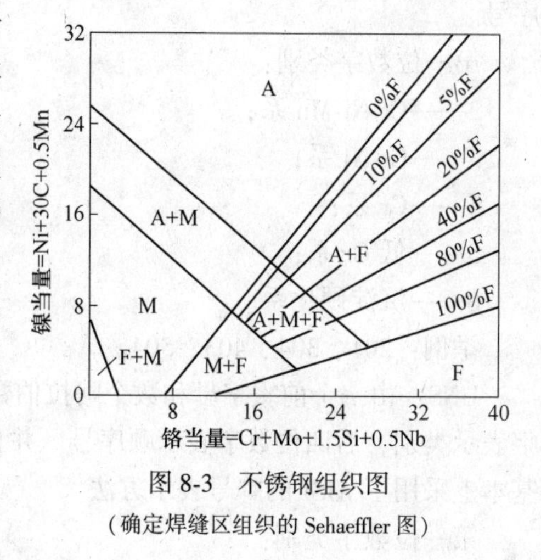

图 8-3 不锈钢组织图

（确定焊缝区组织的 Sehaeffler 图）

铬当量［Cr］＝Cr+1.5Mo+2.0Si+1.5Ti+1.75Nb + 5.5Al + 5V + 0.75W

镍当量［Ni］＝Ni+Co+0.5Mn+30C+25N+0.3Cu

式中，合金元素符号表示质量分数，可根据钢的实际化学成分换算成铬当量和镍当量来估算钢的组织。

8.2 不锈钢的标准和分类

8.2.1 不锈钢标准

8.2.1.1 中国（GB）

根据《钢铁产品牌号表示方法》（GB/T 221—2008）的规定，采用汉语拼音字母、化学元素符号及阿拉伯数字组合的方式表示。

碳含量：一般在牌号的头部用一位阿拉伯数字表示平均碳含量（以千分之几计）；平均碳含量小于千分之一的用“0”表示，碳含量不大于0.03%的用“00”表示。

合金元素含量：合金元素含量小于1.50%时，牌号中仅标明元素，一般不标明含量；平均合金元素含量为1.50%~2.49%、2.50%~3.49%、22.50%~23.49%时，相应地标明2、3、23。专门用途的不锈钢，在牌号头部加上代表该钢用途的代号。

举例：0Cr18Ni9、Y1Cr17（易切钢）。

8.2.1.2 美国（ASTM）

美国钢铁牌号表示方法较多，不锈钢普遍采用AISI牌号表示方法。目前，ASTM不锈钢标准主要采用UNS（Unified Numbering System for Metals and Alloys，金属与合金统一编号系统）和AISI两种牌号表示方法，在标准中对照列出，今后将逐步过渡为UNS牌号表示系列。

AISI：采用三位阿拉伯数字表示。第一位数字表示类别，第二、三位数字表示顺序号。

第一位数字类别：

2——Cr-Ni-Mn系；

3——Cr-Ni系；

4——Cr系；

5——低Cr系；

6——沉淀硬化系。

举例：201、304、403、504。

UNS：由一个前缀字母和数个阿拉伯数字组合表示。不锈钢前缀字母为S，第一位数字表示类别，后四位数字表示顺序号。并且除表示类别的数字式1以外，前三位数字代号基本上采用了AISI的牌号表示方法。

第一位数字类别：

1——沉淀硬化系；

2——Cr-Ni-Mn系；

3——Cr-Ni系；

4——Cr系；

5——低 Cr 系。

后两位数字一般为“00”、“03”表示超低碳，其他数字则用来表示主要化学成分相同而个别成分稍有差异，或含有其他特殊合金元素。

举例：S20100、S30400、S30403、S30451。

8.2.1.3 日本（JIS）

日本 JIS 不锈钢材标准的牌号表示方法为 SUS+数字编号。其中，S：钢；U：用途；S：不锈；数字编号基本采用美国 AISI 的牌号表示方法。

根据 AISI 的牌号表示方法，即：

2——Cr-Ni-Mn 系；

3——Cr-Ni 系；

4——Cr 系；

6——沉淀硬化系。

日本独特的牌号，采用相类似的 AISI 牌号在其后加 J1、J2 来表示。

举例：SUS201、S304、S304J1。

按照钢材的形状、用途和制造方法等，当需要用代号表示时，在牌号后面加上相应的代号，如下：B 为棒材；CB 为冷加工棒材；HP 为热轧钢板；CP 为冷轧钢板；HS 为热轧钢带；CS 为冷轧钢带；CSP 为弹簧用钢带；WR 为线材；Y 为焊接用线材；W 为钢丝；WP 为弹簧用钢丝；WS 为冷镦用钢丝；HA 为热轧角钢；CA 为冷轧角钢；TB 为锅炉及热交换器用钢管；TPY 为配管用电焊大口径钢管；TP 为配管用钢管；TPD 为一般配管用钢管。

举例：SUS304-B、SUS304-WR、SUS304-HP。

8.2.1.4 德国（DIN）

德国 DIN 标准不锈钢牌号表示方法有两种：

（1）字母符号表示方法：

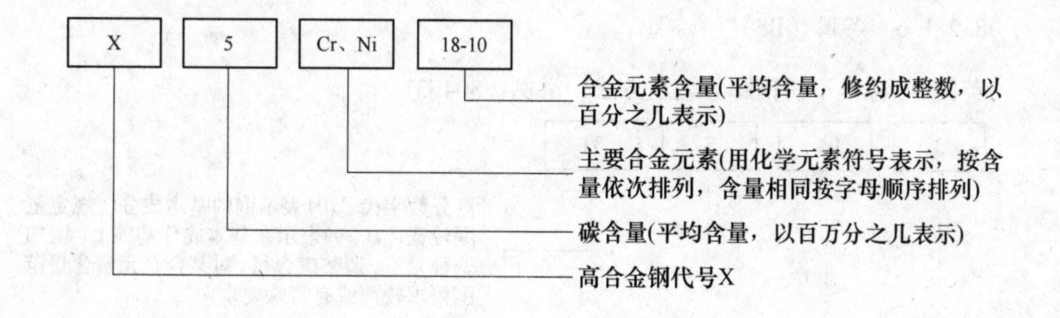

（2）数字表示方法：

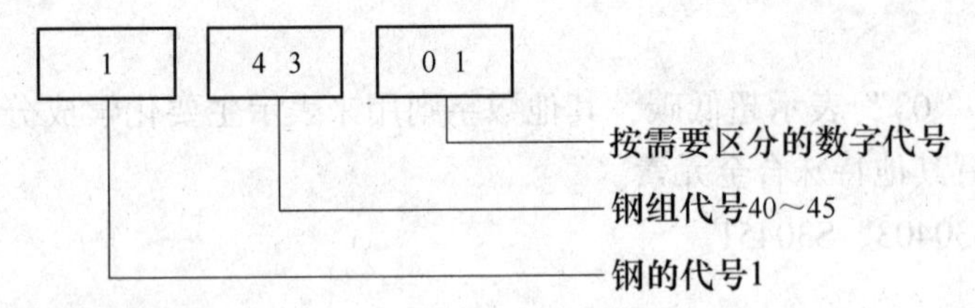

钢组代号：

40——Ni<2.5%，无 Mo、Nb 和 Ti；

41——Ni<2.5%，含 Mo、无 Nb 和 Ti；

43——Ni≥2.5%，无 Mo、Nb 和 Ti；

44——Ni≥2.5%，含 Mo 无 Nb 和 Ti；

45—含特殊添加元素。

举例：X5CrNi18-10，1.4301，X6Cr13，1.4000。

8.2.1.5　法国（NF）

法国 NF 标准不锈钢牌号表示方法：

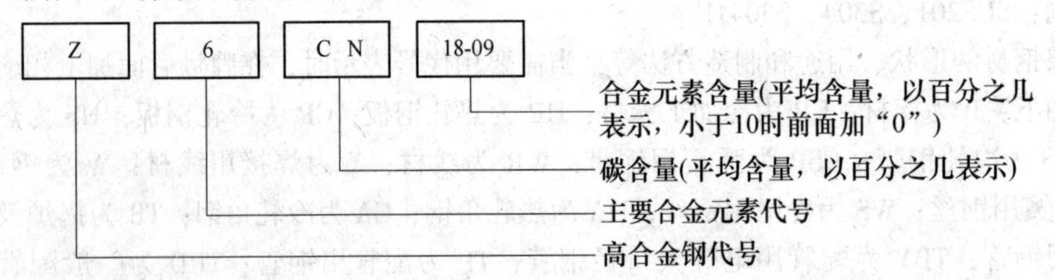

合金元素代号如表 8-1 所示。

表 8-1　合金元素代号

元素	Cr	Co	Mn	Ni	Si	Al	Cu	Mo	P	W	V	Ti	Nb
代号	C	K	M	N	S	A	U	D	P	W	V	T	Nb

举例：Z6CN18-09。

8.2.1.6　英国（BS）

英国 BS 标准不锈钢牌号表示方法，举例：304S31。

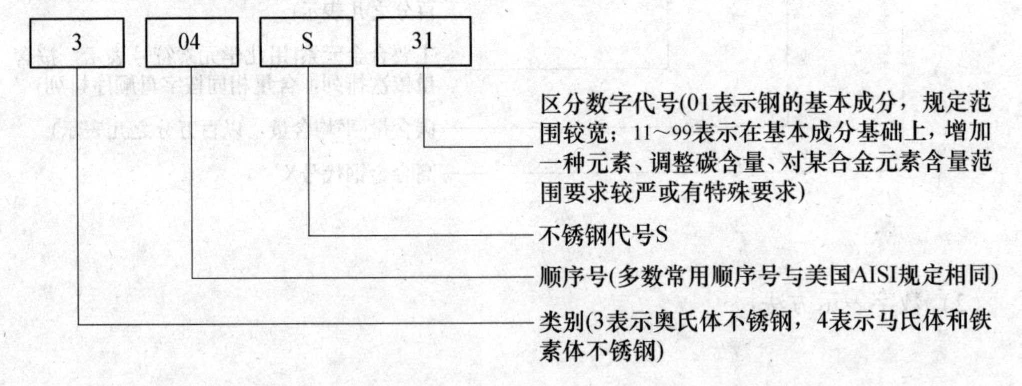

8.2.1.7 国际标准（ISO）

国际标准化组织 ISO 标准还未对不锈钢牌号表示方法作出统一的规定，现行标准中的牌号没有特定的含意。

8.2.1.8 欧洲标准（EN）

欧洲标准 EN 10027-1 和 EN 10027-2（有关国家用双编号，如 DIN EN 10027-1 和 DIN EN 10027-2）规定了钢的命名系统，其中不锈钢的牌号表示方法与德国 DIN 标准相同。

8.2.2 不锈钢的种类和特点

不锈钢有两种分类法：一种是按合金元素的特点，划分为铬不锈钢和铬镍不锈钢；另一类按金相组织分类，通常都是按照在 900~1100℃高温加热并在空气中冷却后的基体组织类型分类的，这是目前较常用的一种分类方法。根据不锈钢基体组织，可分为马氏体不锈钢、铁素体不锈钢、奥氏体不锈钢、铁素体+奥氏体双相不锈钢和沉淀硬化型不锈钢等，如图 8-4 所示。

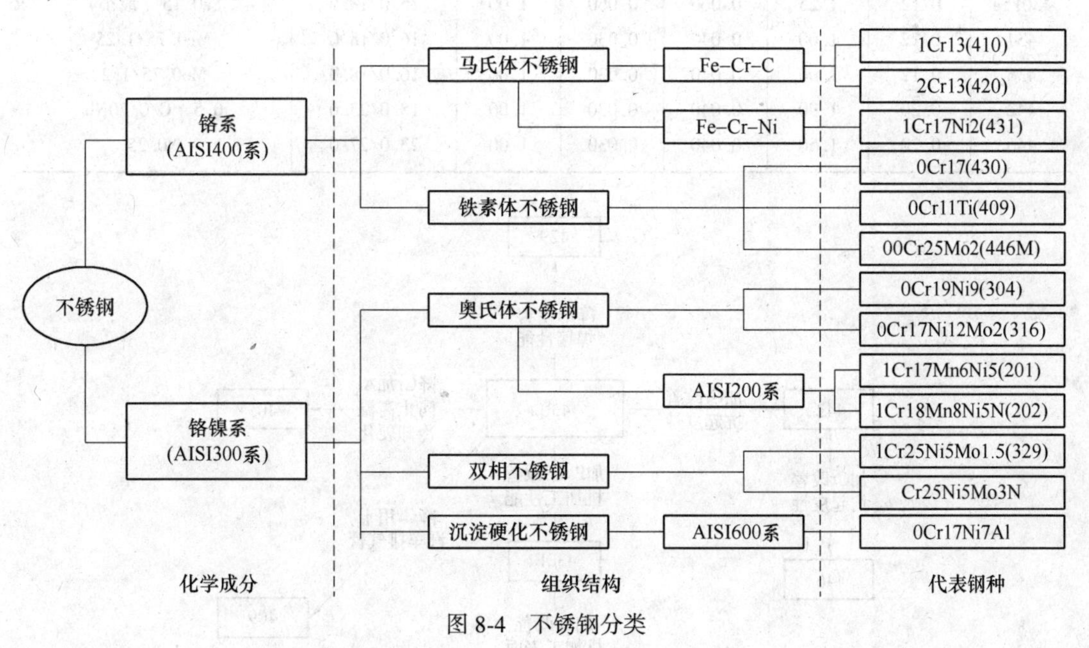

图 8-4 不锈钢分类

8.2.2.1 铁素体不锈钢及其特点

铁素体不锈钢的含 Cr 量一般为 10.5%~30%，碳含量低于 0.25%（表 8-2）。有时还加入其他合金元素。金相组织主要是铁素体，加热及冷却过程中没有 α⇌γ 转变，不能用热处理进行强化，只是经冷加工后有一些硬化。抗氧化性强，加入合金元素可在有机酸及含 Cl^- 的介质中有较强的抗蚀。同时，它还具有良好的热加工性及一定的冷加工性。

铁素体不锈钢有磁性，易于成型，耐锈蚀、耐点蚀。根据钢中的碳、氮含量可将铁素体不锈钢分成高纯（碳、氮含量不大于 0.015%）和普通铁素体不锈钢两大类。由于铁素体不锈钢有较好的不生锈特性以及不含镍的低价格，具有省资源的优势，因此在选择普通用途不锈钢时，首选铁素体不锈钢系列。

铁素体不锈钢主要用来制作要求有较高的耐蚀性而强度要求较低的构件，广泛用于制造生产硝酸、氮肥等设备和化工使用的管道等。

铁素体不锈钢工业牌号主要为碳含量小于 0.15%，铬含量 13%左右的 410 系列铁铬合金不锈钢和碳含量小于 0.08%，铬含量 17%左右的 430 系列铁铬合金不锈钢，并以 1Cr17（430）和 1Cr13（410）为基础，开发出了多种各具特色的钢种，铁素体不锈钢的钢种演变如图 8-5 所示。铁素体不锈钢的化学成分见表 8-2。

表 8-2　铁素体不锈钢的化学成分　（%）

钢种	C	Mn	P	S	Si	Cr	其 他
409	0.08	1.00	0.045	0.045	1.00	10.5/11.75	Ti6 * /C0.75
405	0.08	1.00	0.040	0.030	1.00	11.5/14.5	Al0.10/0.30
429	0.12	1.00	0.040	0.030	1.00	14.0/16.0	
430	0.12	1.00	0.040	0.030	1.00	16.0/18.0	
430F	0.12	1.25	0.060	0.15	1.00	16.0/18.0	Mo0.6
430FSe	0.12	1.25	0.060	0.060	1.00	16.0/18.0	Se0.15（最小）
434	0.12	1.00	0.040	0.030	1.00	16.0/18.0	Mo0.75/1.25
436	0.12	1.00	0.040	0.030	1.00	16.0/18.0	Mo0.75/1.2
442	0.20	1.00	0.040	0.030	1.00	18.0/23.0	0.5 * C/0.70Nb
446	0.20	1.50	0.040	0.030	1.00	23.0/27.0	N0.25

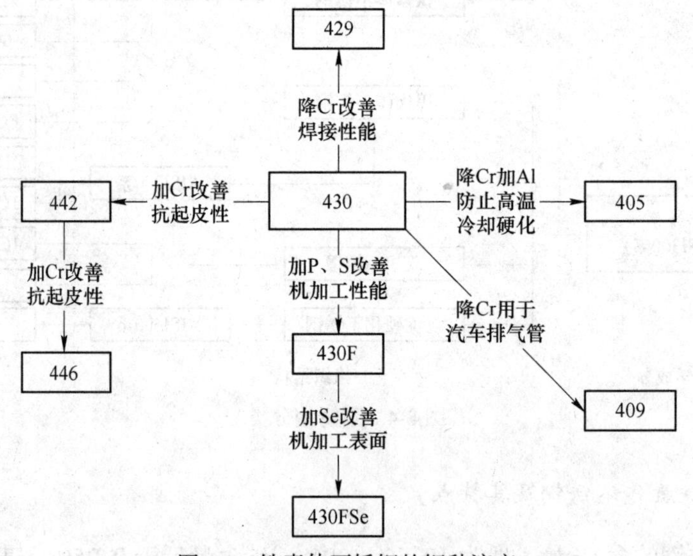

图 8-5　铁素体不锈钢的钢种演变

8.2.2.2　马氏体不锈钢及其特点

马氏体不锈钢可进行热处理，热处理后可以硬化。

马氏体不锈钢淬火后可以得到马氏体组织，具有高强度和高硬度，通过热处理可以调整钢的力学性能，有磁性；在温和的环境下抗腐蚀，具有相当好的弹性。

马氏体不锈钢含有多于 10.5%的铬，在高温下具有奥氏体组织，在合适的冷却速度下，冷却到室温可以转变成马氏体。马氏体不锈钢的钢种演变如图 8-6 所示。

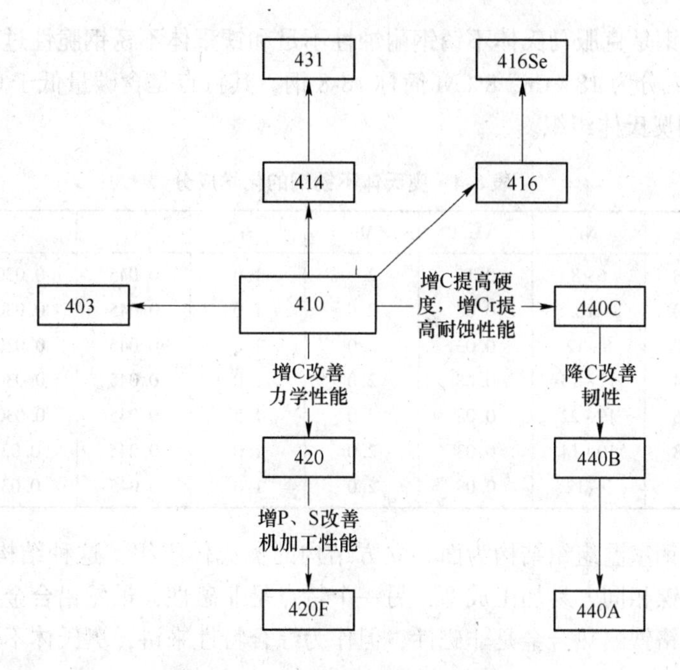

图 8-6 马氏体不锈钢的钢种演变

典型的马氏体不锈钢钢号有 410、420（1Cr13~4Cr13）和 440（9Cr18）等。

410 钢加工工艺性能良好，可不经预热进行深冲、弯曲、卷边及焊接；420 冷变形前不要求预热，但焊接前需预热；410、420J1 主要用来制作耐蚀结构件如汽轮机叶片等，而 420J2 主要用来制作医疗器械外科手术刀及耐磨零件；440 可做耐蚀轴承及刀具。马氏体不锈钢化学成分见表 8-3。

表 8-3 马氏体不锈钢的化学成分 （%）

钢种	Cr	C	Mn	Si	P	S	其 他
403	11.5~13	0.15	1.0	0.5	0.040	0.030	
410	11.5~13.5	0.15	1.0	1.0	0.040	0.030	Ni 1.25~2.50
414	11.5~13.5	0.15	1.0	1.0	0.040	0.030	Mo 0.60（选择）
416	12~14	0.15	1.25	1.0	0.060	0.15（最小）	
416Se	12~14	0.15	1.25	1.0	0.060	0.060	Se 0.15（最小）
420	12~14	0.15（最小）	1.0	1.0	0.040	0.030	Mo 0.60（选择）
420F	12~14	0.38	1.25	1.0	0.060	0.15（选择）	Ni 0.5~1.0,
422	11~13	0.20~0.25	1.0	0.75	0.025	0.025	Ni 1.25~2.50
431	15~17	0.20	1.0	1.0	0.040	0.030	Mo 0.75
440A	16~18	0.60~0.75	1.0	1.0	0.040	0.030	Mo 0.75
440B	16~18	0.75~0.95	1.0	1.0	0.040	0.030	
440F	17	1.0	0.4	0.4	0.040	S 0.08 或 Se 0.18	

8.2.2.3　奥氏体不锈钢及其特点

奥氏体不锈钢是克服马氏体不锈钢耐蚀性不足和铁素体不锈钢脆性过大而发展起来的（表 8-4）。基本成分为 18%Cr、8%Ni 简称 18-8 钢。其特点是含碳量低于 0.1%，利用 Cr、Ni 配合获得单相奥氏体组织。

表 8-4　奥氏体不锈钢的化学成分　（%）

钢种	Cr	Ni	C	Mn	Si	P	S	其 他
301	16~18	6~8	0.15	2.0	1.0	0.045	0.030	
304	18~20	8~10.5	0.08	2.0	1.0	0.045	0.030	
304L	18~20	8~12	0.03	2.0	1.0	0.045	0.030	
309S	22~24	12~15	0.08	2.0	1.0	0.045	0.030	
310S	24~26	19~22	0.08	2.0	1.5	0.045	0.030	
316L	16~18	10~14	0.03	2.0	1.0	0.045	0.03	Mo 2.0~3.0
321	17~19	9~12	0.08	2.0	1.0	0.045	0.03	Ti 5 * C

奥氏体不锈钢室温组织结构为面心立方结构的奥氏体组织，这种结构和铝、铜、铅、金、银、白金、镍相同，易加工成型，另一个特点是非磁性，虽然铅合金、铜合金、钛合金或镍合金等镍铬铁耐热合金是非磁性，但作为综合特性来讲，奥氏体不锈钢是最好的非磁性材料。

奥氏体不锈钢工业牌号可分为铁-铬-镍（300 系列）和铁、铬、镍、锰-氮（200 系列）两大类型。在正常热处理条件下，钢的基体组织为奥氏体，在不恰当热处理或不同受热状态下，在奥氏体基体中有可能存在少量的碳化物、δ 相和 α 相等第二相，此类钢不能通过热处理方法改变它的力学性能，只能采用冷变形的方式进行强化，可采用加入铝、铜、硅等合金化方法派生出适用于各类腐蚀环境的不同钢种。此外，无磁性、良好的低温性能、易成型性和可焊性是此类钢的重要特性。需要指出的是，只有奥氏体不锈钢是唯一不具磁性的，其他种类钢种都具有磁性。

奥氏体不锈钢以 1Cr18Ni9（近似于 304）为基础，开发出了多种各具特色的钢种，奥氏体不锈钢家族的发展过程如图 8-7 所示。

奥氏体不锈钢一般用于制造生产硝酸、硫酸等化工设备构件、冷冻工业低温设备构件及经形变强化后可用作不锈钢弹簧和钟表发条等。

8.2.3　各种不锈钢的特性和用途

8.2.3.1　不锈钢的耐腐蚀性能

301 不锈钢在形变时呈现出明显的加工硬化现象，被用于要求较高强度的各种场合。

302 不锈钢实质上就是含碳量更高的 304 不锈钢的变种，通过冷轧可使其获得较高的强度。

302B 是一种含硅量较高的不锈钢，它具有较高的抗高温氧化性能。

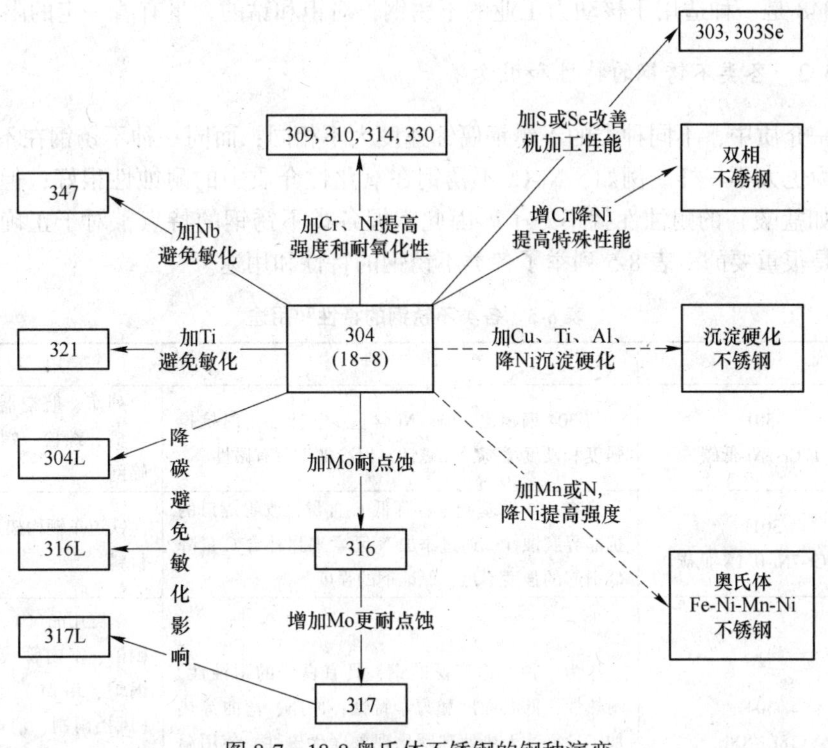

图 8-7 18-8 奥氏体不锈钢的钢种演变

303 和 303Se 是分别含有硫和硒的易切削不锈钢，主要用于要求易切削和表而光洁度高的场合。303Se 不锈钢也用于制作需要热镦的机件，因为在这类条件下，这种不锈钢具有良好的可热加工性。

304 是一种通用性的不锈钢，它广泛地用于制作要求良好综合性能（耐腐蚀和成型性）的设备和机件。

304L 是碳含量较低的 304 不锈钢的变种，用于需要焊接的场合。较低的碳含量使得在靠近焊缝的热影响区中所析出的碳化物减至最少，而碳化物的析出可能导致不锈钢在某些环境中产生晶间腐蚀（焊接侵蚀）。

304N 是一种含氮的不锈钢，加氮是为了提高钢的强度。

305 和 384 不锈钢含有较高的镍，其加工硬化率低，适用于对冷成型性要求高的各种场合。

308 不锈钢用于制作焊条。

309、310、314 及 330 不锈钢的镍、铬含量都比较高，为的是提高钢在高温下的抗氧化性能和蠕变强度。而 305S 和 310S 乃是 309 和 310 不锈钢的变种，所不同者只是碳含量较低，为的是使焊缝附近所析出的碳化物减至最少。330 不锈钢有着特别高的抗渗碳能力和抗热震性 .

316 和 317 型不锈钢含有铝，因而在海洋和化学工业环境中的抗点腐蚀能力大大地优于 304 不锈钢。其中，316 型不锈钢变种包括低碳不锈钢 316L、含氮的高强度不锈钢 316N 以及含硫量较高的易切削不锈钢 316F。

321、347 及 348 分别是以钛、铌加钽、铌稳定化的不锈钢，适宜作高温下使用的焊接构件。348 是一种适用于核动力工业的不锈钢，对钽和钴的含量有着一定的限制。

8.2.3.2　各类不锈钢的特性和用途

在同一介质中，不同种类的不锈钢腐蚀速度大不相同；而同一种不锈钢在不同的介质中腐蚀行为也大不一样。例如，Ni-Cr 不锈钢在氧化性介质中的耐蚀性很好，但在非氧化介质中（如盐酸）的耐蚀性就不好了。因此掌握各类不锈钢的特点，对于正确选择和使用不锈钢是很重要的。表 8-5 列举了各类不锈钢的特性和用途。

表 8-5　各类不锈钢的特性和用途

钢号		特性	用途
奥氏体钢	301 17Cr-7Ni-低碳	与 304 钢相比，Cr、Ni 含量少，冷加工时抗拉强度和硬度增高，无磁性，但冷加工后有磁性	列车、航空器、传送带、车辆、螺栓、螺母、弹簧、筛网
	301L 17Cr-7Ni-0.1N-低碳	是在 301 钢基础上，降低 C 含量，改善焊口的抗晶界腐蚀性；通过添加 N 元素来弥补含 C 量降低引起的强度不足，保证钢的强度	铁道车辆构架及外部装饰材料
	304 18Cr-8Ni	作为一种用途广泛的钢，具有良好的耐蚀性、耐热性，低温强度和力学特性；冲压、弯曲等热加工性好，无热处理硬化现象（无磁性，使用温度-196~800℃）	家庭用品（1、2 类餐具、橱柜、室内管线、热水器、锅炉、浴缸），汽车配件（风挡雨刷、消声器、模制品），医疗器具，建材，化学，食品工业，农业，船舶部件
	304L 18Cr-8Ni-低碳	作为低 C 的 304 钢，在一般状态下，其耐蚀性与 304 钢相似，但在焊接后或者消除应力后，其抗晶界腐蚀能力优秀；在未进行热处理的情况下，亦能保持良好的耐蚀性，使用温度-196~800℃	应用于抗晶界腐蚀性要求高的化学、煤炭、石油产业的野外露天机器，建材耐热零件及热处理有困难的零件
	304Cu 13Cr-7.7Ni-2Cu	因添加 Cu，其成型性特别是拔丝性和抗时效裂纹性好，故可进行复杂形状的产品成型；其耐腐蚀性与 304 相同	保温瓶、厨房洗涤槽、锅、壶、保温饭盒、门把手、纺织加工机器
	304N1 18Cr-8Ni-N	在 304 钢的基础上，减少了 S、Mn 含量，添加 N 元素，防止塑性降低，提高强度，减少钢材厚度	构件、路灯、贮水罐、水管
	304N2 18Cr-8Ni-N	与 304 相比，添加了 N、Nb，为结构件用的高强度钢	构件、路灯、贮水罐
	316 18Cr-12Ni-2.5Mo	因添加 Mo，故其耐蚀性、耐大气腐蚀性和高温强度特别好，可在苛酷的条件下使用；加工硬化性优秀（无磁性）	海水里用设备、化学、染料、造纸、草酸、肥料等生产设备；照相、食品工业、沿海地区设施、绳索、CD 杆、螺栓、螺母
	316L 18Cr-12Ni-2.5Mo-低碳	作为 316 钢种的低 C 系列，除与 316 钢有相同的特性外，其抗晶界腐蚀性优秀	316 钢的用途中，对抗晶界腐蚀性有特别要求的产品
	321 18Cr-9Ni-Ti	在 304 钢中添加 Ti 元素来防止晶界腐蚀；适合于在 430~900℃温度下使用	航空器、排气管、锅炉汽包

续表 8-5

	钢　号	特　性	用　途
铁素体钢	409L 11.3Cr-0.17Ti-低 C、N	因添加了 Ti 元素，故其高温耐蚀性及高温强度较好	汽车排气管、热交换机、集装箱等在焊接后不热处理的产品
	410L 13Cr-低 C	在 410 钢的基础上，降低了含 C 量，其加工性、抗焊接变形、耐高温氧化性优秀	机械构造用件，发动机排气管，锅炉燃烧室，燃烧器
	430 16Cr	作为铁素体钢的代表钢种，热膨胀率低，成型性及耐氧化性优秀	耐热器具、燃烧器、家电产品、2 类餐具、厨房洗涤槽、外部装饰材料、螺栓、螺母、CD 杆、筛网
	430J1L 18-Cr0.5Cu-Nb-低 C、N	在 430 钢中，添加了 Cu、Nb 等元素；其耐蚀性、成型性、焊接性及耐高温氧化性良好	建筑外部装饰材料、汽车零件、冷热水供给设备
	436L 18Cr-1Mo-Ti、Nb、Zr-低 C、N	耐热性、耐磨蚀性良好，因含有 Nb、Zr 元素，故其加工性、焊接性优秀	洗衣机、汽车排气管、电子产品、3 层底的锅
马氏体钢	410 13Cr-低碳	作为马氏体钢的代表钢，虽然强度高，但不适合于苛酷的腐蚀环境下使用；其加工性好，依靠热处理面硬化（有磁性）	刀刃、机械零件、石油精炼装置、螺栓、螺母、泵杆、1 类餐具（刀叉）
	420J1 13Cr-0.2C	淬火后硬度高，耐蚀性好（有磁性）	餐具（刀）、涡轮机叶片
	420J2 13Cr-0.3C	淬火后，比 420J1 钢硬度升高（有磁性）	刀刃、管嘴、阀门、板尺、餐具（剪刀、刀）

8.3　不锈钢金相组织及热处理

8.3.1　铁素体不锈钢

铁素体不锈钢是含 Cr 量为 13%~30%的高铬钢，由于 Cr 含量达到 13%以上时，铁素体合金无 γ 相变，从高温到低温一直保持 α 铁素体组织。这类钢的耐蚀性和抗氧化性均较好，特别是抗应力腐蚀性能高，但力学性能及工艺性能较差，多用于受力不大的耐酸结构和作为抗氧化钢使用。

8.3.1.1　常用铁素体不锈钢类型及成分特点

铁素体不锈钢有三种类型：

（1）Cr13 型，如 06Cr13Al、022Cr12 等，常用做耐热钢如汽车排气阀等；

（2）Cr17 型，如 10Cr17、022Cr18Ti、10Cr17Mo 等，可耐大气、淡水、稀硝酸等介质腐蚀，常用于建筑内装饰、汽车外包装材料等；

（3）Cr25~30 型，如 008Cr30Mo2、008Cr27Mo 等是耐强腐蚀介质的耐酸钢。

铁素体不锈钢成分特点为碳含量小于 0.25%，一般在 0.1%左右；含 Cr 量较高，一般 $w(\mathrm{Cr})>15\%$，随着 Cr 含量的增多，基体电极电位升高，钢的耐蚀性提高；为了提高某些性能，可加入 Mo、Ti、Al、Cu 等元素。如加 Ti 可提高钢的抗晶界腐蚀能力；加 Mo、Cu 可提高钢在非氧化性介质及有机酸中的耐蚀性；加 Al 可细化组织；加 S 可改善切削加工性等。常见铁素体不锈钢的牌号及化学成分如表 8-6 所示。

铁素体不锈钢在硝酸、氨水等介质中有较好的耐蚀性和抗氧化性，特别是抗应力腐蚀性能比较好。常用于生产硝酸、维尼龙等化工设备或储藏氯盐溶液及硝酸的容器。

铁素体不锈钢的力学性能和工艺性能比较差，脆性大，韧脆转变温度 T_k 在室温左右。所以多用于受力不大的有耐酸和抗氧化要求的结构部件。铁素体不锈钢在加热和冷却过程中基本上无同素异构转变，多在退火状态下使用。

表 8-6　常见铁素体不锈钢的牌号和化学成分（GB/T 1220—1992）

钢　号	化学成分/%								
	C	Si	Mn	P	S	Cr	Mo	N	其他
06Cr13Al	≤0.08	≤1.00	≤1.00	≤0.035	≤0.030	11.50~14.50	—	—	Al 0.10~0.30
022Cr12	≤0.030	≤1.00	≤1.00	≤0.035	≤0.030	11.00~13.00	—		
10Cr17	≤0.12	≤0.75	≤1.00	≤0.035	≤0.030	16.00~18.00	—	—	—
022Cr18Ti	≤0.030	≤0.75	≤1.00	≤0.040	≤0.030	16.00~19.00			Ti 或 Ni 0.10~1.00
008Cr30Mo2	≤0.01	≤0.40	≤0.40	≤0.030	≤0.020	25.00~27.50	0.75~1.50	≤0.015	
008Cr27Mo	≤0.01	≤0.10	≤0.40	≤0.030	≤0.020	28.50~32.00	1.50~2.50	≤0.015	

8.3.1.2　铁素体不锈钢的组织与性能

铁素体不锈钢的平衡组织为铁素体+铬的碳化物。在加热和冷却过程中主要发生碳化物的溶解和析出过程，很少发生或不发生铁素体与奥氏体间的转变。

铁素体不锈钢比奥氏体不锈钢的屈服强度高，但铁素体不锈钢的冲击韧度低而韧脆转化温度高。要改善铁素体不锈钢的力学性能，必须控制钢的晶粒尺寸、马氏体量、间隙原子含量及第二相。

高铬铁素体不锈钢的缺点是韧性低、脆性大，引起脆性的原因主要有几个方面：

（1）晶粒粗大。铁素体不锈钢在加热和冷却时不发生相变，铁素体原子扩散快，有低的晶粒粗化温度和高的晶粒粗化速率。粗大的铸态组织只能通过压力加工碎化，而不能通过热处理改变。在 600℃以上，铁素体不锈钢的晶粒就开始长大，若高温加热、焊接或压力加工不当，例如温度超过 850~900℃，晶粒即显著粗化。粗化的晶粒导致钢的冷脆倾向增大，室温冲击韧度很低。生产中需将终轧温度或终锻温度控制在 750℃或更低温度，以及向钢中加入少量的合金元素 Ti 等办法来控制和降低粗化倾向。

（2）475℃脆性。铁素体不锈钢存在 475℃脆性。当钢中 Cr 含量高于 15%时，随 Cr 含量增高，其脆化倾向增加。在 400~525℃范围内长时间加热后或在此温度范围内缓慢冷却时，会导致室温脆化，强度升高，塑性、韧性接近于零，同时耐热性能降低。这个现象以 475℃加热时最甚，所以把这种现象称为 475℃脆性。一般认为，产生 475℃脆性的原因为：在脆化温度范围内长期停留时，铁素体中的铬原子趋于有序化，形成许多富铬的点阵结构为体心立方的 α 相，它与母体保持共格关系，引起了大的晶格畸变和内应力。其结果使钢的强度提高，而使冲击韧度大为降低。

(3) σ相脆性。当钢中Cr含量高于15%时，铁素体不锈钢在520~820℃长时间加热时，从δ铁素体中析出金属间化合物FeCr，叫做σ相。由于σ相的析出使铁素体不锈钢变脆的现象叫σ相脆性。σ相具有高的硬度，形成时还伴有大的体积效应，并且又常常沿晶界分布，所以使钢产生了很大的脆性，并可能促进了晶间腐蚀，降低抗氧化性能。已经产生σ相脆性的钢重新加热820℃以上，使σ相溶入δ铁素体，随后快速冷速，从而消除σ相脆性，也避免产生475℃脆性。

σ相不仅在铁素体不锈钢中产生，在奥氏体不锈钢、奥氏体+铁素体不锈钢中也可以形成。

8.3.1.3 铁素体不锈钢的热处理

铁素体不锈钢在加热和冷却过程中有碳化物的溶解和析出。在热轧退火状态，其组织为富铬的铁素体和碳化物。为了获得成分均匀的铁素体组织和减少碳化物量，消除晶界腐蚀倾向，消除热加工应力，最大限度地提高耐蚀性，铁素体不锈钢在热轧后常采用退火和淬火两种热处理工艺。需要注意的是，为了避免σ相析出和出现475℃脆性，淬火和退火加热保温时间不宜过长（一般保温1h），另外退火至600℃左右应快冷。对于已经出现475℃脆性和σ相的钢，可以通过热处理予以消除。常用铁素体不锈钢的热处理、力学性能及常见用途见表8-7。

表8-7 常用铁素体不锈钢的热处理工艺、力学性能及常见用途

钢号	热处理/℃	力学性能（不小于）				用途
		R_m/MPa	R_{eL}/MPa	A/%	Z/%	
06Cr13Al	780~830（空冷）	410	177	20	60	耐水蒸气、碳酸氢铵母液腐蚀的部件如汽轮机材料、淬火用部件等
022Cr12	700~820（空冷）	265	196	22	60	作汽车排气处理装置、锅炉燃烧室、喷嘴
10Cr17	780~850（空冷）	450	205	22	50	耐蚀性良好的通用钢种，用于建筑装饰、家庭用具等
10Cr17Mo	780~850（空冷）	450	205	22	60	作为汽车外装材料使用
008Cr30Mo2	900~1050（快冷）	450	295	20	45	用于在含氯化物水溶液中工作的设备或部件
008Cr27Mo	900~1050（快冷）	410	245	20	45	用于在含氯化物水溶液中工作的设备或部件

8.3.2 马氏体不锈钢

马氏体不锈钢也属于铬不锈钢，这类钢含有12%~18%的Cr，还含有一定的C和Ni等奥氏体形成元素，所以在加热时有比较多的或完全的γ相。由于马氏体相变临界温度M_s仍在室温以下，所以淬火冷却能产生马氏体。因此，根据组织分类方法，这类钢称为马氏体不锈钢。

8.3.2.1 马氏体不锈钢的分类、成分和组织特点

表8-8列出了我国常用马氏体不锈钢的牌号及化学成分。

表 8-8　马氏体不锈钢的牌号和化学成分（GB/T 1220—1992）

牌　号	化学成分/%								
	C	Si	Mn	P	S	Cr	Ni	Mo	V
12Cr13	≤0.15	≤1.00	≤1.00	≤0.035	≤0.030	11.50~13.50			
20Cr13	0.16~0.25	≤1.00	≤1.00	≤0.035	≤0.030	12.00~14.00			
30Cr13	0.26~0.35	≤1.00	≤1.00	≤0.035	≤0.030	12.00~14.00			
40Cr13	0.36~0.45	≤1.00	≤1.00	≤0.035	≤0.030	12.00~14.00			
32Cr13Mo	0.28~0.35	≤0.80	≤1.00	≤0.035	≤0.030	12.00~14.00		0.50~1.00	
95Cr18	0.90~1.00	≤0.80	≤0.80	≤0.035	≤0.030	17.00~19.00			
90Cr18MoV	0.85~0.95	≤0.80	≤0.80	≤0.035	≤0.030	17.00~19.00		1.00~1.30	0.07~0.12
14Cr17Ni2	0.11~0.17	≤0.80	≤0.80	≤0.35	≤0.030	16.00~18.00	1.50~2.50		

马氏体不锈钢可分为三类：

（1）低碳或中碳的 Cr13 型钢，如 12Cr13、20Cr13、30Cr13、40Cr13 等钢号；

（2）高碳高铬钢，如 95Cr18、90Cr18MoV 等；

（3）低碳 17%Cr-2%Ni 钢，如 14Cr17Ni2。

Cr13 型钢中，主要区别是 C 含量。12Cr13 组织是马氏体+铁素体；20Cr13 和 30Cr13 是马氏体组织；因为 C 等合金元素使钢的共析成分 *S* 点大为左移，40Cr13 钢已属于过共析钢，所以 40Cr13 钢组织为马氏体+碳化物。

马氏体不锈钢中的含铬量 $w(\mathrm{Cr})>12\%$，使钢的电极电位明显升高，因而腐蚀性也有明显提高。但这类钢含有较高的 C，含 C 量增加，钢的硬度、强度、耐磨性及切削性能显著提高，而耐蚀性能下降。马氏体不锈钢具有高的强度和耐磨性。含 C 较低的 12Cr13、20Cr13、14Cr17Ni2 对应类似于结构钢中的调质钢，具有较高的塑性、冲击韧性和良好的综合力学性能，可以制造机械零件，如汽轮机叶片、水压机阀等要求不锈的结构件；含 C 量较高的 30Cr13、40Cr13、95Cr18 等钢对应地类似于工具钢，用来制造要求有一定耐腐蚀性的工具，如医用手术工具、测量工具、轴承、弹簧、日常生活用的刀具等。可见，马氏体不锈钢多用于制造力学性能要求较高、耐蚀性要求较低的零件。

14Cr17Ni2 钢是在 Cr13 型基础上提高 Cr 含量到 17%并加入 2%Ni，这样的合金化设计可保持奥氏体相变（避免用增加碳含量获得奥氏体，而影响耐蚀性），使钢仍然能通过淬火获得马氏体组织而强化。在马氏体不锈钢中，14Cr17Ni2 的耐蚀性是最好的，强度也是最高的。14Cr17Ni2 钢特别具有较高的电化学腐蚀性能，在海水和硝酸中有较好的耐蚀性。该钢在船舶尾轴、压缩机转子等制造中有广泛的应用。该钢的缺点是有 475℃脆性、回火脆性，以及大锻件容易发生氢脆，工艺控制比较困难。

8.3.2.2　马氏体不锈钢的组织及热处理特点

马氏体不锈钢的室温平衡组织是铁素体加铬的碳化物。这类钢在加热和冷却时即发生碳化物的溶解、析出过程，也要发生铁素体与奥氏体之间的转变，因此可通过热处理来控制组织和性能。

为了保证马氏体不锈钢的高强度、高耐磨性、高耐蚀性，这类钢都要经过热处理后使用，常用的热处理工艺有软化处理、调质处理和淬火+低温回火等。

A 软化处理

马氏体不锈钢锻轧后空冷即可得到马氏体组织。为了降低硬度，改善切削加工性，也为了消除内应力，防止开裂，应进行软化处理。软化处理有两种方法：一是高温回火，将锻轧件加热至700~800℃，保温2~6h后空冷，使马氏体转变为回火索氏体；二是完全退火，将锻轧件加热至800~900℃保温2~4h后炉冷至600℃后再空冷。经过软化处理后，12Cr13、20Cr13钢的硬度（HBS）在170以下，30Cr13、40Cr13硬度（HBS）可降到217以下。

B 调质处理

对于要求综合力学性能好的零件，如12Cr13、20Cr13钢常用于结构件，常用调质处理以获得综合力学性能良好的回火索氏体组织。12Cr13难于得到完全的奥氏体，但是在950~1100℃温度范围内加热可以使铁素体量减到最少，淬火后的组织为低碳马氏体+少量铁素体，20Cr13钢在高温加热时可获得全奥氏体，所以淬火后可获得板条状马氏体组织和少量的残余奥氏体。

因为铬的抗回火性和 Ac_1 的升高，所以调质处理的回火温度也相应较高。通常，12Cr13、20Cr13的同火温度为640~700℃，以获得回火索氏体组织。另外，采用更高的回火温度，可使碳化物聚集长大，弥散度减小，合金元素扩散较充分，使碳化物周围的贫Cr区获得平衡的Cr浓度，从而保证钢有较高的耐蚀性。该钢有回火脆性的倾向，因此回火后应采用较快的冷却速度，通常采用油冷。由于合金化程度高，所以高温回火时不会完全重结晶，回火组织是保留马氏体位向的回火索氏体。

C 淬火+低温回火

对于要求高硬度和高耐磨性的零件，一般采用淬火+低温回火。如30Cr13、40Cr13、95Cr18等多采用这种热处理工艺，这类钢含碳量较高，淬火加热温度应高些，一般为1000~1050℃，可保证碳化物充分溶解而得到高的硬度、强度和耐蚀性。马氏体不锈钢淬透性较高，对形状复杂、尺寸较小的零件可采用空冷或吹风冷却；尺寸较大的零件则采用油冷或水冷，一般均采用油冷。由于淬火温度较高，回火时碳化物析出较多，容易使基体贫Cr，降低耐蚀性，所以通常采用200~300℃低温回火，保温2~4h，可得到回火马氏体+碳化物组织，可使钢在保持较高硬度的同时具有较高的耐蚀性。硬度（HRC）可达48~55，故这些材料主要用于医疗器械、特殊轴承部件上。

常用马氏体不锈钢的热处理工艺、性能及用途见表8-9。

表8-9 马氏体不锈钢的热处理工艺、力学性能及常见用途

牌号	热处理/℃		力学性能（不小于）					应用举例
	淬火	回火	R_m/MPa	R_{eL}/MPa	A/%	Z/%	硬度(HRC)	
12Cr13	950~1000（油）	700~750（快冷）	540	345	25	55		用于韧度要求较高且具有抗弱腐蚀介质的零件，如叶片、阀门、叶轮、轴套等受力较大的零部件
20Cr13	920~980（油）	600~750（快冷）	635	440	20	50		

续表 8-9

牌　号	热处理/℃		力学性能（不小于）					应用举例
	淬火	回火	R_m/MPa	R_{eL}/MPa	A/%	Z/%	硬度(HRC)	
30Cr13	1000~1050（油）	200~300（空冷）					48	制造强度、硬度要求较高的结构件和耐磨件，如轴、轴承、活塞杆、耐蚀刀具等
40Cr13	1050~1100（油）	200~300（空冷）					50	
32Cr13Mo	1025~1075（油）	200~300（空冷）					50	用作较高硬度及高耐磨性的热油泵轴，阀片、阀门轴承、医疗器械、弹簧等零件
95Cr18	1000~1050（油）	200~300（空冷）					55	用于耐蚀的轴承、外科手术刀具、优质刀剪和耐磨蚀部件。90Cr18MoV 具有较高的硬度和耐磨性
90Cr18MoV	1050~1075（油）	100~200（空冷）					55	
14Cr17Ni2	950~1050（油）	275~350（空冷）			10			具有较高强度的耐硝酸及有机酸腐蚀的零件、容器和设备

8.3.3　奥氏体不锈钢

奥氏体不锈钢是指使用状态组织为奥氏体的不锈钢。奥氏体不锈钢含有较多的 Cr、Ni、Mn、N 等元素。奥氏体不锈钢除了有很高的耐腐蚀性外，还有许多优点。它具有高的塑性，容易加工变形成各种形状的钢材，如薄板、管材、丝材等；加热时没有同素异构转变，焊接性好；韧度和低温韧度好，一般情况下没有冷脆倾向；因为奥氏体不锈钢是面心立方结构，所以不具有磁性。由于奥氏体比铁素体的再结晶温度高，所以奥氏体不锈钢还可用于 550℃以上工作的热强钢。奥氏体不锈钢是工业上应用最广泛的耐酸钢，约占不锈钢总产量的 2/3。

8.3.3.1　奥氏体不锈钢的成分特点

表 8-10 为我国常用奥氏体不锈钢的牌号、化学成分特点。

从表中可知，奥氏体不锈钢的主要成分是 Cr 和 Ni，其中 Cr 含量≥18%，Ni 含量≥8%。这类钢的特点是利用 Cr、Ni 的配合来获得奥氏体，俗称 18-8 型奥氏体钢。为了节约 Ni，某些钢中采用了 Cr、N 代 Ni。此外在钢中加入 Ti、Nb 等元素，用来稳定碳化物，提高抗晶间腐蚀能力；加入 Mo 可增加不锈钢的钝化作用，防止点腐蚀倾向，提高钢在盐酸、硫酸、尿素中的耐蚀性；Cu 可以提高钢在硫酸中的耐蚀性；Si 使钢的抗应力腐蚀断裂能力提高。奥氏体不锈钢的另一成分特点是含碳量低，w(C)一般低于 0.1%~0.2%。

表 8-10 常用奥氏体不锈钢的牌号、化学成分（GB/T 1220—2007）

牌号	化学成分/%									
	C	Si	Mn	P	S	Ni	Cr	Mo	N	其他
12Cr17Mn6Ni5N	≤0.15	≤1.00	5.50~7.50	≤0.060	≤0.030	3.50~5.50	16.00~18.00	—	≤0.25	
12Cr18Mn8Ni5N	≤0.15	≤1.00	7.50~10.00	≤0.060	≤0.030	4.00~6.00	17.00~19.00	—	≤0.25	—
12Cr17Ni7	≤0.15	≤1.00	≤2.00	≤0.035	≤0.030	6.00~8.00	16.00~18.00			—
12Cr18Ni9	≤0.15	≤1.00	≤2.00	≤0.035	≤0.030	8.00~10.00	17.00~19.00			
06Cr19Ni10	≤0.07	≤1.00	≤2.00	≤0.035	≤0.30	8.00~11.00	17.00~19.00			
06Cr19Ni9N	≤0.08	≤1.00	≤2.00	≤0.035	≤0.030	7.00~10.50	18.00~20.00	—	0.10~0.25	
10Cr18Ni12	≤0.12	≤1.00	≤2.00	≤0.035	≤0.030	10.50~13.00	17.00~19.00			
06Cr23Ni13	≤0.08	≤1.00	≤2.00	≤0.035	≤0.030	12.00~15.00	22.00~24.00			
006Cr18Ni12Mo2Cu2	≤0.08	≤1.00	≤2.00	≤0.035	≤0.030	10.00~14.50	17.00~19.00	1.20~2.75	—	Cu 1.00~2.50
07Cr18Ni10Ti	≤0.12	≤1.00	≤2.00	≤0.035	≤0.030	8.00~11.00	17.00~19.00	—	—	—

8.3.3.2 奥氏体不锈钢的组织与性能

图 8-8 为 Fe-Cr-Ni-C 相图在 8%Ni-18%Cr 处的垂直截面，由图可以看出，18-8 型奥氏体钢平衡态时的组织是奥氏体+铁素体+碳化物的复相组织，实际的单相奥氏体组织是通过固溶处理获得的。

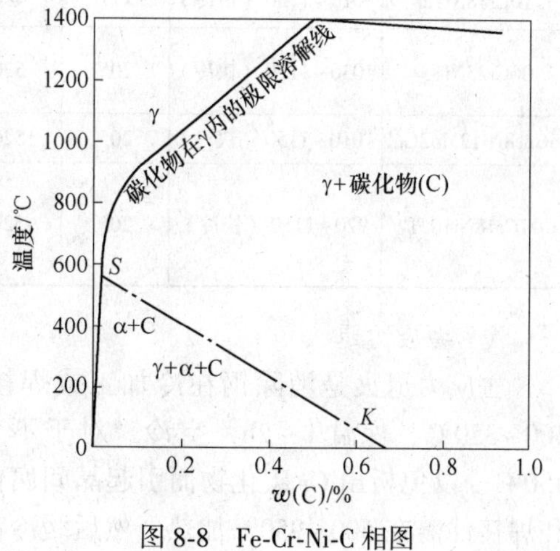

图 8-8 Fe-Cr-Ni-C 相图

18-8 型奥氏体钢在 400~850℃保温或缓冷时会发生严重的晶间腐蚀破坏。原因是在晶界上析出富 Cr 的碳化物（Cr，Fe）$_{23}$C$_6$，使其周围基体形成贫 Cr 区（低于 1/8 定律的临界值）所致。钢中含 C 量越多，晶间腐蚀倾向越大。防止晶间腐蚀的主要办法有：

（1）降低钢中的含碳量。当钢中含碳量降至 400~850℃的碳饱和溶解度线附近时，可避免 Cr 的碳化物析出或析出甚微，因而不会影响奥氏体基体在 8%Ni-18%Cr 处的垂直截面中的铬含量。

(2) 加入强碳化物形成元素 Ti、Nb 等。这些元素在钢中能与碳化物优先形成稳定的碳化物 TiC、NbC，从而不会形成 Cr 的碳化物，可保证奥氏体中的含 Cr 量不会降低。

(3) 固溶处理。对钢进行加热到 1050~1100℃，然后快冷获得单相奥氏体组织的方法称为固溶处理，其目的是使全部碳化物溶解，保证固溶体中的 Cr 含量。

(4) 退火处理。对非稳定性奥氏体不锈钢可进行退火处理，使钢的奥氏体成分均匀化，消除贫 Cr 区，对稳定性钢，通过适当的热处理形成 Ti、Nb 的特殊碳化物，以稳定固溶体中的 Cr 含量，保证耐蚀所需要的含 Cr 量。

8.3.3.3 奥氏体不锈钢的热处理

为使奥氏体不锈钢得到最好的耐蚀性能以及消除加工硬化，必须进行热处理。常用的热处理工艺主要有去应力退火、固溶处理和稳定化处理三种。表 8-11 列出了常用奥氏体不锈钢的热处理工艺、力学性能及常见用途。

表 8-11 常用奥氏体不锈钢的热处理工艺、力学性能及常见用途

牌 号	热处理/℃	力学性能				应 用
		R_{eL}/MPa	R_m/MPa	A/%	Z/%	
12Cr17Mn6Ni5N	1010~1120（快冷）	275	520	40	45	铁道车辆用节镍钢种代替牌号 1Cr17Ni7，冷加工后具有磁性
12Cr18Mn8Ni5N	1010~1120（快冷）	275	520	40	45	建筑装修部件
12Cr17Ni7	1010~1150（快冷）	205	520	40	60	铁道车辆、传送带螺栓螺母
12Cr18Ni9	1010~1150（快冷）	305	520	40	60	建筑装修部件
06Cr19Ni10	1010~1150（快冷）	177	480	40	60	用于焊接后不进行热处理部件类
06Cr19Ni9N	1010~1150（快冷）	275	550	35	50	作为结构用强度部件
10Cr18Ni12	1010~1150（快冷）	177	480	40	60	旋压加工、特殊拉拔、冷镦用钢
06Cr23Ni13	1030~1150（快冷）	205	520	40	60	用于要求耐腐蚀性、耐热性比 0Cr19Ni9 更高的场合
06Cr18Ni12Mo2Cu2	1010~1150（快冷）	205	520	40	60	用于耐硫酸材料
07Cr18Ni10Ti	920~1150（快冷）	205	520	40	50	作焊芯、抗磁仪表、医疗器械、耐酸容器及设备衬里输送管道等设备和零件

A 去应力退火

去应力退火是消除钢在冷加工或焊接后的残余内应力的热处理工艺。一般加热至 300~350℃，保温 1~2h，空冷。对于不含稳定化元素 Ti、Nb 的钢，加热温度不超过 450℃，以免析出 Cr 碳化物而引起晶间腐蚀。对于超低碳和含 Ti、Nb 不锈钢的冷加工件和焊接件需在 500~950℃加热，然后缓冷消除应力，可以减轻晶间腐蚀倾向并提高钢的应力腐蚀抗力。

B 固溶处理

固溶处理是将 w(C) < 0.25% 的 18-8 型钢加热至 1000~1150℃，使碳化物全部溶解到奥氏体中，然后快速冷却获得单相奥氏体组织的热处理工艺。含碳量偏高取上限温度，

含碳量偏低时取下限温度。一般情况下，多采用水冷。因为在室温下为单一奥氏体组织，钢的强度和硬度是最低的，所以固溶处理是奥氏体不锈钢最大程度的软化处理。这时的奥氏体具有最大的合金度，所以也具有最好的耐蚀性能。

C　稳定化处理

稳定化处理是将含 Ti、Nb 的奥氏体不锈钢经固溶处理后，再经过 850~900℃保温 1~4h 后空冷的一种热处理方法。目的是使大部分 Cr 碳化物 $Cr_{23}C_6$ 溶解，而使碳化物（NbC、TiC）部分保留，不会在晶间沉淀析出 $Cr_{23}C_6$。从而达到防止晶间腐蚀的最大的稳定效果。

8.4　新型不锈钢

8.4.1　Cr-Mn 及 Cr-Mn-Ni 型不锈钢

奥氏体不锈钢应用日益广泛，但 Ni 是比较紧缺的元素，为节约 Ni 元素，发展了以 Mn、N 代替部分 Ni 的奥氏体不锈钢。目前大体有三种类型：第一种是以 Mn 代替全 Ni 的 Cr-Mn 系不锈钢；第二种是以 Mn、N 共同作用代替镍的 Cr-Mn-N 系不锈钢；第三种是在 18-8 的基础上以 Mn、N 代替部分镍的 Cr-Mn-Ni、Cr-Mn-Ni-N 不锈钢。

8.4.1.1　Cr-Mn 系奥氏体不锈钢

Mn 和 Ni 都是奥氏体形成元素，都可以和铁形成无限固溶体。以 Mn 代 Ni 获得奥氏体。Mn 有比 Ni 更大的固溶强化效应，使锰钢的力学性能改善，但 Mn 不能像 Ni 那样促进钢的钝化，Mn 稳定奥氏体的能力只为 Ni 的 1/2；Mn 还比较容易促进铬钢形成 σ 相，易导致钢的脆性。图 8-9 为含 w(C)= 0.1%的 Fe-Cr-Mn 三元相图在 650℃的等温截面。由图可知，当含 C 量为 0.1%时，由于 C 稳定奥氏体的作用，获得单相奥氏体的 Cr 含量可提高到 15%，但是 Cr 含量大于 15%后，Mn 含量再增加，也不能得到单相奥氏体，而且钢中已出现了 σ 相。所以 Cr-Mn 系奥氏体不锈钢不能用作耐强烈腐蚀的部件。

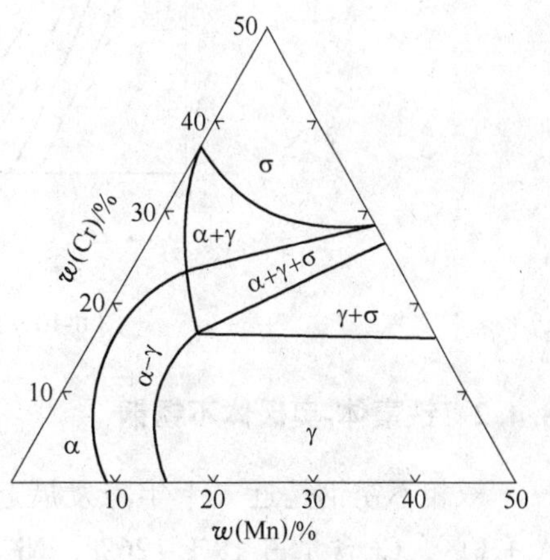

图 8-9　含 w(C) = 0.1%的 Fe-Cr-Mn 三元相图在 650℃的等温截面

8.4.1.2　Cr-Mn-N 系奥氏体不锈钢

利用 N 稳定奥氏体的作用，向 Cr-Mn 钢中加 N 元素，可进一步稳定奥氏体，起到 Mn、Ni 的作用，扩大了奥氏体中极限含铬量；氮对 σ 相有抑制作用，能提高不锈钢的室温及高温强度而不降低室温韧性，且对耐蚀性无影响。但含氮量受溶解度限制，一般 Cr-Mn钢中含 N 在 0.3%~0.5%以下，如果 N 含量再高时，钢中容易产生 N 的析出而形成气孔。

此外，N 和 Ti 的亲和力大，钢中又容易形成 TiN 夹杂物。Cr-Mn-N 系奥氏体不锈钢中加 Cu 可以进一步改善钢在硝酸中的耐蚀性；加 Mo 可以降低晶间腐蚀敏感性。06Cr17Mn13Mo2N 是我国自行研制的 Cr-Mn-N 型不锈钢，具有奥氏体、铁素体双相组织，晶间腐蚀、应力腐蚀倾向要比奥氏体不锈钢小，力学性能、焊接性能也较好。只是由于 δ 铁素体相的存在，钢的冷、热加工性能较差，易生成 σ 相。

8.4.1.3　Cr-Mn-Ni 系奥氏体不锈钢

由上述可知，用 Mn、N 完全代 Ni 的 Cr-Mn-N 系钢，不易得到单一的奥氏体组织，如果在这种钢中加入少量的 Ni，在铬含量高于 15%时，仍能得到单一的奥氏体组织。Ni 的作用如图 8-10 所示。由图可知，Ni 可强烈扩大 Cr-Mn 钢的奥氏体区，所以开发了 Cr-Mn-Ni-N 系奥氏体不锈钢，这种钢系发展较快，成熟钢种较多。如 12Cr18Mn8Ni5N 钢，耐蚀性、力学性能和焊接性能均与 18-8 型钢相当，主要用于硝酸及化肥工业设备。

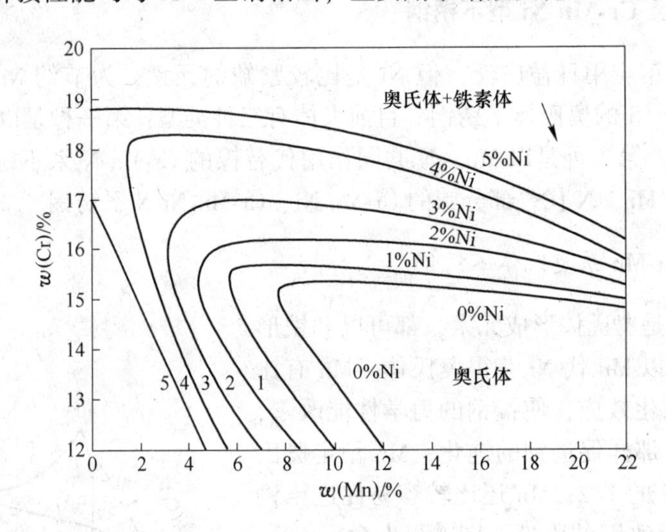

图 8-10　Ni 对 Cr-Mn-N 钢组织的影响

8.4.2　铁素体-奥氏体不锈钢

双相不锈钢是近二十年来发展起来的新型不锈钢，它的成分在 Cr、Ni 当量相图的 A + F区，Cr 含量占 18% ~ 26%，Ni 含量占 4% ~ 7%，根据不同用途分别加入 Cu、Mn、Mo、Ti、N 等元素。由于它兼有铁素体不锈钢和奥氏体不锈钢的特性，发展很快。

8.4.2.1　铁素体-奥氏体不锈钢的种类和化学成分

这种钢是在 18-8 型奥氏体不锈钢的基础上，添加更多的 Cr、Mo 和 Si 等有利于形成铁素体的元素，或同时降低含碳量而获得的。表 8-12 列出了几种典型铁素体-奥氏体双相不锈钢的牌号及化学成分。

8.4.2.2　铁素体-奥氏体不锈钢的组织和性能

由于铁素体-奥氏体不锈钢的室温组织为铁素体+奥氏体，由于奥氏体不锈钢抗应力

表 8-12　典型铁素体-奥氏体双相不锈钢的牌号及化学成分（GB/T 1220—2007）

牌　　号	化学成分/%								
	C	Si	Mn	P	S	Ni	Cr	Mo	其他
14Cr18Ni11Si4AlTi	0.10~0.18	3.40~4.00	≤0.80	≤0.035	≤0.030	10.00~12.00	17.50~19.50	—	Al 0.10~0.30 Ti 0.40~0.70
022Cr19Ni5Mo3Si2	≤0.30	1.30~2.00	1.00~2.00	≤0.035	≤0.030	4.50~5.50	18.00~19.50	2.50~3.00	
12Cr21Ni5Ti	0.19~0.14	≤0.80	≤0.80	≤0.35	≤0.030	4.80~5.80	20.00~22.00	—	Ti 0.05（C~0.02）~0.80
022Cr22Ni5Mo3N	≤0.030	≤1.00	≤2.00	≤0.030	≤0.020	4.50~6.50	21.00~23.00	2.50~3.50	
022Cr25Ni6Mo2N	≤0.030	≤1.00	≤2.00	≤0.030	≤0.030	5.50~6.50	24.00~26.00	1.20~2.50	

腐蚀比较低，而铁素体不锈钢的抗应力腐蚀性能较高，如果同时具有铁素体和奥氏体两相组织，则双相钢的抗应力腐蚀能力将明显提高。而且双相钢中奥氏体的存在，可降低钢的脆性，提高了钢的冷热加工性和可焊性；而铁素体的存在提高了钢的屈服强度和抗应力腐蚀敏感性；两相存在降低了晶粒长大的倾向，还能降低钢的晶间腐蚀倾向。

8.4.2.3　铁素体-奥氏体不锈钢的热处理

铁素体-奥氏体不锈钢一般采用 950~1100℃ 的淬火韧化热处理，可获得 60%左右铁素体和 40%左右的奥氏体组织。铁素体和奥氏体组织的比例可以通过淬火温度来调整。有需要时，可根据工作条件进行稳定化处理。

8.4.3　沉淀硬化不锈钢

沉淀硬化不锈钢是指能通过时效处理析出第二相进行沉淀强化的一类不锈钢。这类钢除了耐蚀性以外，主要具有突出的力学性能，具有高硬度、高强度，其抗拉强度至少要达到 1100 MPa，故又称为超高强度不锈钢。沉淀硬化型不锈钢在大气、水及一些介质中均具有耐蚀性，但由于价格昂贵，目前主要用于制作火箭和导弹的蒙皮材料。

沉淀硬化型不锈钢包括两种：一种是以 06Cr19Ni10 型钢发展起来的奥氏体-马氏体型沉淀硬化不锈钢；另一种是以 Cr13 型马氏体不锈钢发展起来的低碳马氏体沉淀硬化不锈钢。两类沉淀硬化型不锈钢的成分特点相近，其区别主要在于通过成分设计控制钢的 M_s 点。若 M_s 点略低于室温，则形成奥氏体-马氏体型沉淀硬化型不锈钢；反之，M_s 点高于室温，便为马氏体沉淀硬化型不锈钢。

8.4.3.1　奥氏体-马氏体沉淀硬化不锈钢

A　奥氏体-马氏体沉淀硬化不锈钢工艺性能特点

奥氏体-马氏体沉淀硬化不锈钢在室温下主要是奥氏体组织，具有较好的塑性、压力加工性和焊接性，可直接加工成型后，通过低温处理将奥氏体转变为马氏体，而又不使复杂零件变形，然后通过较低温度的沉淀硬化处理，使马氏体进一步强化，这类钢在淬火后有不稳定的奥氏体组织，它能在冷处理或塑性变形过程中产生马氏体转变。组织中奥氏体、马氏体量之比决定钢的性能，因此可以通过调整合金元素含量和热处理来调节钢的性能。

B 奥氏体-马氏体沉淀硬化不锈钢成分及工艺特点

奥氏体-马氏体沉淀硬化不锈钢在成分设计上，Cr 含量在 13%以上，保证了钢的耐蚀性；Ni 含量使钢在高温固溶处理后具有亚稳定的奥氏体组织。通过 Cr、Ni、Mo、Al 和 N 等元素的综合作用，可将马氏体相变点 M_s 调整在室温到 -78℃之间，以便通过冷处理或塑性变形产生马氏体相变。Cu、Al、Ti、Nb 等是析出金属间化合物等产生沉淀强化的元素。它们能形成和马氏体共格的 Ni（Al、Ti）或 NiTi 等沉淀硬化相，从而导致沉淀硬化效应。为了保证有良好的耐蚀性、焊接性和加工性，碳含量较低，一般为 0.04%～0.13%。典型奥氏体-马氏体沉淀硬化不锈钢的牌号及成分特点见表 8-13。

表 8-13 典型奥氏体-马氏体双相不锈钢的牌号、成分特点及热处理（GB/T 1220—2007）

类 型	化学成分/%								状态
	C	Si	Mn	Ni	Cr	Mn	Al	其他	
07Cr17Ni7Al（17-7PH）	≤0.09	≤1.00	≤1.00	6.50～7.75	16.00～18.00		0.75～1.50		TH-1050
07Cr15Ni7Mo2Al（PH15-7Mo）	≤0.09	≤1.00	≤1.00	6.50～7.75	14.00～16.00	2.00～3.00	0.75～1.50		RH-950
PH14-8Mo	0.02～0.05	≤1.00	≤1.00	7.50～9.50	13.50～15.50	3.25～3.50			SRH-950
AM350	0.08～0.12	≤0.50	0.50～1.25	4.00～5.00	16.00～17.00	2.50～3.25		N 0.07～0.13	SCT-850
AM355	0.10～0.17	≤0.50	0.50～1.25	4.00～5.00	15.00～16.00	3.25～3.50		N 0.07～0.13	SCT-850

注：TH-1050 为固溶+760℃催化+566℃时效 1h；RH-950 为固溶+（-38℃）冷处理+510℃时效 1h；SRH-950 为重新固溶+（-38℃）冷处理+950℃时效 1h；SCT-850 为重新固溶+（-38℃）冷处理+850℃时效 1～2h。

从工艺性角度考虑，奥氏体-马氏体型沉淀硬化不锈钢也具有较大的优点。固溶后为奥氏体组织，易于加工成型，经强化处理后又具有马氏体的优点，并且热处理温度不高，没有变形氧化等缺点。这种材料是制造飞机蒙皮、化工压力容器等较理想的材料。但使用温度较高时，沉淀强化相会继续析出而使材料变脆，所以使用温度应在 315℃以下。

C 奥氏体-马氏体沉淀硬化不锈钢的热处理

对于这类钢材在时效前先要考虑奥氏体向马氏体转变。这类钢的热处理有三种方法。

a 两次时效

经 1050℃固溶处理后，再经 750℃保温 1.5h 空冷，进行第一次时效，调整 M_s 点，获得马氏体组织；再经 510～560℃时效 30min，使马氏体通过时效沉淀析出金属化合物，完成强化。

b 冷处理时效

经 1050℃固溶处理后，再经 950℃保温 1.5h 调质处理，调整 M_s 点，获得部分马氏体组织；再冷至−73℃进行冷处理，停留 8h 得到马氏体组织；最后在 500~525℃时效 1h，进行沉淀强化。

c 冷变形+时效

经 1050℃固溶处理后，在室温下进行塑性变形（变形量达到 60%以上），获得马氏体，之后在 475~500℃时效 1h。

8.4.3.2 马氏体沉淀硬化不锈钢

马氏体沉淀硬化不锈钢的强度是通过马氏体相变和沉淀硬化处理来实现的。它的室温组织以马氏体为主，硬度偏高，不利于加工，常通过软化处理予以改善。软化一般采用 650℃高温回火处理，也称作高温时效处理。

表 8-14 列出了常见马氏体沉淀硬化不锈钢的典型钢种及成分特点。由表可以看出，马氏体沉淀硬化不锈钢低碳、高铬且含铜，故其耐蚀性较 Cr13 型及 95Cr18、14Cr17Ni2 等马氏体钢要好，但较难进行深度的冷成型。多用作既要求有不锈性及耐弱酸、碱、盐腐蚀又要求有较高强度的部件。

表 8-14 典型马氏体沉淀硬化不锈钢的成分特点质量分数 （%）

钢种	钢号	C	Cr	Ni	Co	Mo	Al	Ti	Si	Mn	其他
奥氏体-马氏体沉淀硬化不锈钢	0Cr17Ni7Al （与 17-7PH 相当）	≤0.09	16.0/ 18.0	6.5/ 7.75			0.75/ 1.50		≤1.0	≤1.0	P≤0.035 S≤0.03
	0Cr15Ni7Mo2Al （与 PH15-7Mo 相当）	≤0.09	14.0/ 16.0	6.5/ 7.50		2.0/ 3.0	0.75/ 1.50		≤1.0	≤1.0	P≤0.035 S≤0.03
	PH14-8Mo	0.02/ 0.05	13.5/ 15.5	7.5/ 9.5		2.0/ 3.0	0.75/ 1.50		≤1.0	≤1.0	P≤0.015 S≤0.01
	AM355	0.10/ 0.17	15.0/ 16.0	4.0/ 5.0		2.5/ 3.25			≤0.5	0.5/ 1.25	N 0.07/0.13
	FV-520	0.07	14.0/ 18.0	4.0/ 7.0		1.0/ 3.0		≤0.5	≤1.0	≤2.0	Cu 1.0/3.0
马氏体沉淀硬化不锈钢	0Cr17Ni4Cu 4Nb （与 17-4PH 相当）	≤0.07	15.50/ 17.50	3.00/ 5.00					≤1.0	≤1.0	P≤0.035 Cu 3.0/5.0 S≤0.03 Nb 0.15/0.45
	AFC-77	0.15	14.5	0.2	13.5	5		V 0.5	0.15	0.20	
	NAS MA164	0.025	12.5	4.5	12.5	5			0.15	0.10	
	Pyrometx-15	0.03	15	0.2	20	2.9			0.1	0.1	S 0.01
	AM367	0.03	14	3.5	15.5	2.0		0.5		<0.10	P<0.01 S<0.01

马氏体沉淀硬化不锈钢的强度是通过马氏体相变和沉淀硬化处理来实现的。马氏体沉淀硬化不锈钢采用固溶处理+时效处理。如 17-4PH 钢的热处理为：先经 1020~1060℃固溶处理，再经 650℃高温回火（或时效）处理改善工艺性能，最后于 480℃时效 1h 进行沉淀强化。

8.5 不锈钢性能检验

8.5.1 力学性能

不锈钢带热处理后，国标、美标、日标规定的力学性能检验项目基本相同；除马氏体不锈钢之外，欧洲标准对带钢不做硬度试验，而是做冲击试验；见表8-14。国标和日标力学性能数值均采用公制单位，并且相同钢种的力学性能数值一致，硬度试验有三种（布氏、洛氏B和维氏）硬度可供选择使用。美标采用英制和公制两种单位，在同钢种的力学性能数值上与国标和日标存在着差异，并且钢板的硬度试验只有两种（布氏、洛氏B）硬度可供选择。

8.5.2 耐腐蚀性能

耐腐蚀性能检验主要是检查钢材的耐晶间腐蚀能力。对奥氏体超低碳钢、含钛不锈钢试样要先经敏化处理，再进行检验。

GB 4237 定义了6种腐蚀性能检验方法（a~f），JIS G4304 定义了4种腐蚀性能检验方法（a、b、c、d）。a为10%草酸浸蚀试验；b为硫酸、硫酸铁试验；c为65%硝酸试验；d为硫酸-硫酸铜试验；e为5%硫酸腐蚀试验；f为盐雾腐蚀试验。

GB 4237 和 JIS G4304 标准晶间腐蚀试验钢种均为（300系列）奥氏体不锈钢，对铁素体不锈钢牌号未要求做腐蚀试验。ASTM A480 和 EN 10088-2 标准要求对低碳耐蚀用途的铁素体不锈钢牌号做腐蚀检验，见表8-15。

表8-15 力学性能和耐腐蚀性能检查项目

试验项目	ASTM A240、A480				JIS G4304				EN 10088-2					GB 4237				
	铁素体	马氏体	奥氏体	双相钢	铁素体	马氏体	奥氏体	沉淀硬化	铁素体	马氏体	奥氏体	沉淀硬化	双相钢	铁素体	马氏体	奥氏体	沉淀硬化	双相钢
抗拉	√	√	√	√	√	√	√	√	√	√	√	√	√	√	√	√	√	√
屈服	√	√	√	√	√	√	√	√	√	√	√	√	√	√	√	√	√	√
延伸率	√	√	√	√	√	√	√	√	√	√	√	√	√	√	√	√	√	√
硬度	√	√	√	√	√	√	√	√		*				√	√	√	√	√
弯曲	*	*			√	*								√	*			
腐蚀	*		√	√			√		*		√		√			√		√
冲击											√		√					

注：* 部分钢种牌号做该项试验。

8.5.3 表面质量

对于钢带的表面质量，国标、美标、日标的描述均不相同。日标文字简单明了，仅规定"钢带不得有使用上有害的缺陷。但由于钢带一般没有清除缺陷的机会，所以可以带有少许不正常部分。"美标与日标不同的是"钢板可以经过研磨去掉表面缺陷，但这样的研磨深度不得超过产品厚度和宽度允许偏差"。研磨时应采用无铁砂轮。国标 GB 4237 标准在表面质量条款中文字表述较为复杂，对含钛不锈钢的钢板表面质量需要供需双方协商规定。

EN 10088-2 对不同工艺路线的热轧、热轧+热处理、热轧+热处理+机械除鳞、热轧+热处理+酸洗除鳞的带钢表面精度，分别定义为 1U、1C、1E、1D；并允许表面存在轻微缺陷，当以钢卷形式交货时，由于无清除机会，缺陷的程度允许严重一些。

8.5.4　取样数量

从取样数量和取样部位来看，美标对钢带性能的均匀性较为重视，在钢带的头尾均取硬度试验，当两个硬度试验值（HRB）相差大于 5 时，必须在卷的两端取样进行拉力试验。国标对腐蚀试验规定取 2 个试样，主要是为了保证腐蚀检验的准确性，防止由于钢材以外的原因影响腐蚀性能检验的准确性。欧洲标准只对马氏体不锈钢做硬度试验，对奥氏体和双相不锈钢不做硬度试验，而是做冲击试验。具体试验取样数量见表 8-16。

随着不锈钢钢带进口数量的不断增加，国际钢带标准也越来越广泛地在国内使用。日标与国标的基本内容结构相当，对国内不锈钢钢带的需求有一定的针对性。日标采用公制单位，钢种的力学性能基本与国标一致；在钢带偏差方面比国标灵活，适用于不同层次的民间、工业和高档装饰用途的不锈钢钢带。

表 8-16　国标、美标、日标和欧洲标准钢带取样数量

检验项目	ASTM A240	JIS G4304	GB 4237	EN 10088-2
拉 力	1 个以上（屈服、抗拉）	1 个	1 个	1 个
硬 度	2 个以上（在卷的每一端各做 1 次）	1 个	1 个	1 个
弯 曲	1 个以上	1 个	1 个	1 个
腐 蚀	1 个	1 个	2 个	1 个
冲击				3 个

美标内容在中国大陆的知晓程度低于日标，但其内容全面详细，并且易懂。美标采用英制单位，但也有公制单位数值对比。钢种方面美标 ASTM A240 钢种数量较多，划分较细，在不锈钢钢种细分上可供参考。

欧洲标准国内接触较少，ISO 不锈带钢标准专业性强，内容单一，引用标准之间的关系较为复杂。欧洲标准在带钢的试验项目上与国标有不一致之处。

按照标准内容和体系上的相近，以及普及程度，ASTM A240 和 JIS G4303 不锈钢带标准比较适合我国国情，可作为不锈钢带生产的主要参考标准。随着欧洲与中国贸易量的不断增加，欧洲不锈钢标准应用的机会将不断增多。

习　题

8-1 不锈钢为什么不锈？不锈钢的固溶处理目的是什么？

8-2 请举例说明 3 种工程上常见的腐蚀类型及腐蚀过程。

8-3 请简述铬、碳、镍、锰、钛、铌与不锈钢耐蚀性的关系。合金元素提高钢的耐蚀性途径有哪些？

8-4 什么是不锈钢中的 $n/8$ 定律？与不锈钢的晶间腐蚀有什么关系？

8-5 请简述常见的不锈钢类型和性能特点

9 典型钢材热处理工艺

9.1 结构钢轧锻材的热处理

9.1.1 结构钢轧锻材组织特点

根据金相组织不同，结构钢可分为珠光体型、马氏体型和珠光体-马氏体型。经轧、锻热加工后空冷可得到不同的组织。

珠光体型结构钢热加工后的空冷组织为片状珠光体和铁素体组成的混合物。其中铁素体沿加工方向具有条纹状。并且以网状形式分布在珠光体晶粒周围。图 9-1 是 20Cr 热轧后的空冷组织。由于含碳量不高，热加工后空冷钢的硬度不高，布氏硬度（HBS）为 255~207。

马氏体类结构钢，热加工后的空冷组织为马氏体。图 9-2 就是 18CrNiWA 热轧后的空冷组织。由于其含碳量、含合金元素稍高些，又具有马氏体组织，这类钢在热加工后的硬度较高，其布氏硬度在 477~363。

对珠光体-马氏体过渡类结构钢，热加工后的空冷组织是索氏体-屈氏体或屈氏体-马氏体。图 9-3、图 9-4 就是 20Cr2Ni4A 和 40CrNiM0A 热轧后的空冷组织。由于这类钢介于珠

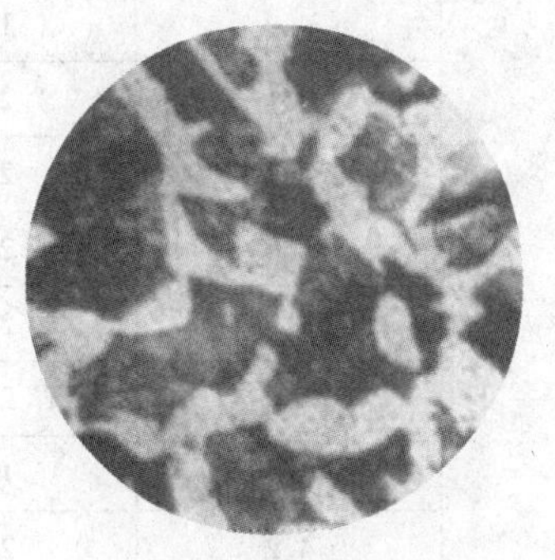

图 9-1　20Cr 热轧组织（×500）

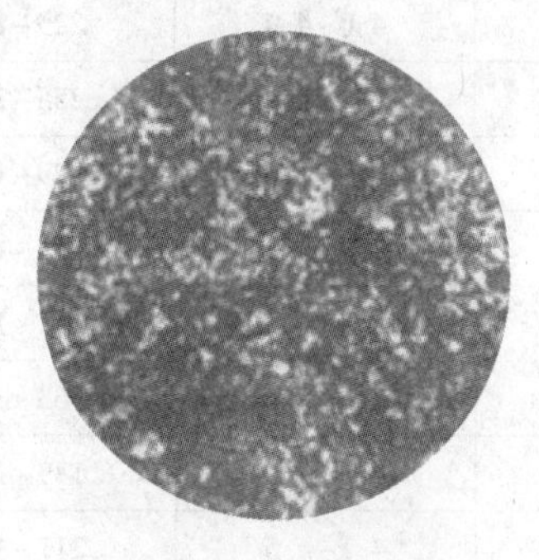

图 9-2　18CrNiWA 热轧组织（×500）

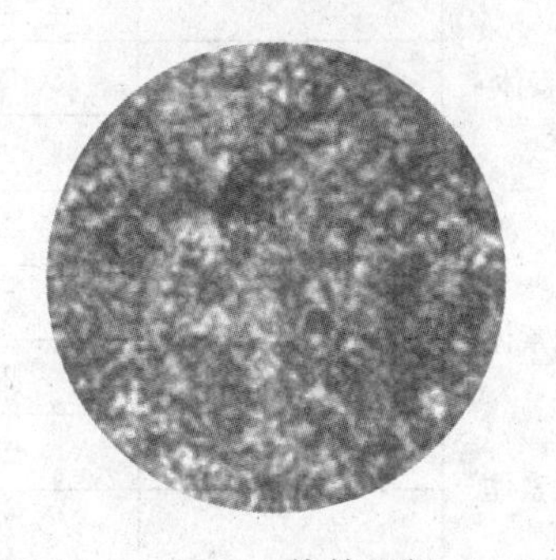

图 9-3　20Cr2Ni4A 热轧组织（×500）

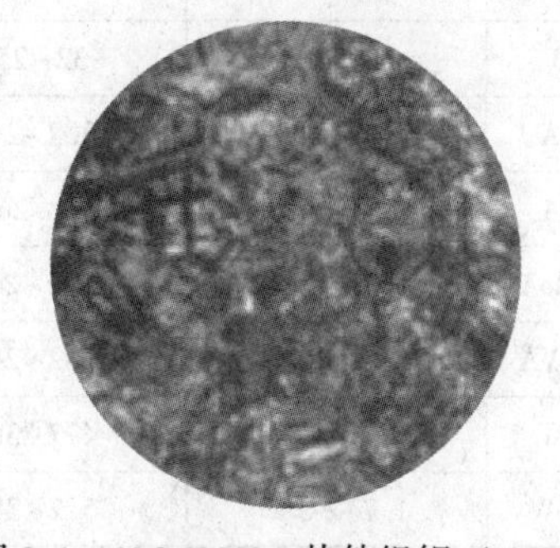

图 9-4　40CrNiM0A 热轧组织（×500）

光体类结构钢和马氏体类结构钢之间，所以，其热加工后的空冷硬度也介于两者之间。表9-1列出优质碳素结构钢和合金结构钢在直径或厚度为25mm时热加工后的空冷硬度和组织。

表9-1　结构钢空冷后的硬度和组织以及标准规定的硬度表

钢号	空冷硬度		空冷后组织	标准要求的硬度	
	压痕直径/mm	布氏硬度（HB）		压痕直径（不小于）/mm	布氏硬度（HB，不大于）
08F	5.0~5.4	143~121	片状珠光体+铁素体		
10	4.8~5.2	156~131			
20	4.5~4.9	179~149			
40	4.0~4.4	229~187		4.4	187
45	3.9~4.3	241~197		4.3	197
60	3.7~4.1	269~217		4.0	229
70	3.5~3.9	302~241		4.0	229
15Mn	4.2~4.6	207~170			
20Mn	4.1~4.5	217~179			
40Mn	3.8~4.2	255~207		4.2	207
60Mn	3.5~3.9	302~241		4.0	229
65Mn	3.4~3.8	321~255		4.0	229
20CrMn	4.0~4.4	229~187		4.4	187
20CrMnTi	3.8~4.2	255~207		4.1	217
30CrMo	4.0~4.4	229~187		4.1	217
35CrMo	3.9~4.3	241~197		4.0	229
35CrMoV	3.8~4.2	241~197		3.9	241
38CrMoAl	3.6~3.8	363~285		4.0	229
20Cr	4.5~4.9	179~149		4.5	179
40Cr	4.1~4.5	217~179		4.2	207
20CrNi3	3.8~4.2	255~207	索氏体+铁素体+马氏体	3.9	241
30CrNi3	3.4~3.8	32~255		3.9	241
12CrNi4A	3.5~3.9	302~241		3.7	269
20CrNi4A	3.3~3.7	34~269		3.7	269
40C+rNiMoA	3.3~3.9	302~241	索氏体+铁素体	3.7	269
45CrNiMoVA	3.5~3.9	302~241		3.7	269
18CrNi4W	2.8~3.2	477~363	马氏体+铁素体	3.7	269
25Cr2Ni4W	1.7 ~ 3.2	512~387		3.7	269

从表 9-1 中可以看出：珠光体型结构钢的硬度接近可切削加工的布氏硬度（HB）为 321，这类结构钢可以不进行任何热处理便能进行切削加工。而对优质碳素结构钢和合金结构钢要求进行某种热处理，改善组织的均匀性，达到良好的力学性能。

建筑用普通结构钢，可不进行热处理直接利用。在冷却条件较好的轧钢车间可利用轧钢后余热进行淬火或正火（轧后水冷、轧后空冷），挖掘钢材潜力，改善钢材利用效果，可以提高钢材强度 30%以上。

马氏体结构钢，冷却后组织为马氏体和过剩的铁素体，铁素体按晶体解理面分布，类似于魏氏体组织的构造。此类结构钢经热加工冷却后，硬度较高，内应力较大，必须进行热处理消除内应力，降低硬度，满足切削加工的要求。

对于过渡珠光体-马氏体类结构钢冷却后，其组织在很大程度上取决于冷却速度，与钢号、钢材规格大小也有关系。包括索氏体-屈氏体；屈氏体-马氏体。这些组织布氏硬度（HB）波动在 207~363 之间。高于可切加工硬度，必须经过一定的热处理降低其硬度，才利于切削加工。

钢厂对于制造不重要零件的碳素结构钢和少量的合金结构钢的轧材、锻材，不经过热处理供应。但对要求严格的优质钢，必须进行热处理，热处理后达到相应标准要求的硬度值。对有特殊要求的钢材，要求热处理后达到一定的力学性能指标和相应的组织。

为了达到上述要求，结构钢轧材、锻材的热处理形式主要有高温回火、退火、正火三种。

9.1.2 结构钢轧锻材热处理

9.1.2.1 高温回火

高温回火主要用于马氏体类结构 18Cr2Ni4W、25Cr2Ni4W 和半马氏体结构钢（40CrNiMoA、45CrNiMoVA、20Cr2Ni4A、12Cr2Ni4）。因为这些钢不能进行退火，从高于 Ac_1温度 680℃冷却下来，就完全淬火或部分完全淬火，硬度较高。一般选用加热温度低于 Ac_1的热处理工艺，即高温回火（低温退火），能较好地降低硬度。这些钢高温回火的加热温度为 680℃左右，保温时间主要根据热处理炉类型、装炉量及烧炉情况等决定的，一般在罩式炉热处理时，当装炉量超过 20t 以上时，则保温时间为 $1.5Q_h$ 左右（Q 为装炉量，单位为 t）。但是，为了寻找合理的保温时间，在热处理规程中多半规定允许两次回火。

另外，对珠光体类结构钢，由于经热机械加工后直接空冷，其硬度就在标准要求范围内，或者用加热温度仅稍低于 Ac_1（723℃左右）的 720℃进行低温退火。

9.1.2.2 退火

结构钢退火主要采用不完全退火。其特点是经济，工艺可靠，可完全达到改善钢的组织，降低硬度要求。

结构钢热加工后空冷硬度一般在标准要求的合格上限或稍高。在高温下停留一段时间，就会使硬度降低，但温度过高会造成加工性能变坏，脱碳等缺陷。加热温度在 Ac_1（720~730℃）~Ac_3（800℃）之间。

结构钢的完全退火多半用于改善组织。例如用于改善结构钢的带状，消除结构钢的魏氏组织。完全退火将结构钢加热高于 Ac_3，钢从珠光体+铁素体组织转变为奥氏体组织，缓慢冷却完成钢的重结晶，使带状得到改善，魏氏组织得以消除。由于结构钢的 Ac_3 大约在 800℃大或稍高些温度，所以，结构钢的完全退火的加热温度一般 820~870℃左右。

对于低碳结构钢的带状通常比较严重，为了消除带状，又能改善组织常选用完全退火工艺。

9.1.2.3　正火

正火主要是应用于要求热处理后具有一定的力学性能，或以后不再进行热处理的结构钢。对于一些低合金结构钢，正火后有时获得屈氏体，从而使硬度增加，也使综合的力学性能大大地提高。

正火工艺就是将钢加热高于 Ac_3 20~50℃，保温一定时间后空冷。结构钢的正火加热温度根据钢的 Ac_3 决定，保温时间以透烧为准。

由于优质碳素结构钢和合金结构钢的轧材、锻材是按《优质碳素结构钢技术条件》（GB/T 699—2015）和《合金结构钢技术条件》（GB/T 3077—2015）规定，在供应冷切削加工、冷顶锻、冷拔用的钢材或供应退火和高温回火状态的钢材，达到相应交货的硬度值，因此，就限制了钢厂采用正火工艺，正火仅在为了细化晶粒，改善切削性能采用。但经大量试验和生产实际说明了退火或高温回火工艺只解决钢材相应技术条件规定的硬度值，未能充分挖掘钢材潜力。

在生产中发现 25 钢、45 钢、60 钢正火后直接测其力学性能都高于该钢采用回火、退火工艺后测得的力学性能，为证实它，进行如下两个小试验。在对 40Cr 钢材采用了不同温度下进行空冷试验，获得的力学性能如表 9-2 所示。从表 9-2 试验数据说明，正火工艺处理 40Cr 钢材力学性能优异。除伸长率稍许降低（约 3%左右）外，屈服强度 R_{eL}、抗张强度 R_m、断面收缩率 A、冲击韧性 KU_2 和布氏硬度 HB 均不同程度的提高，尤其强度指标上升最快。

表 9-2　40Cr 不同热处理后的力学性能

实际热处理工艺	工艺类型	力学性能					布氏硬度压痕直径/mm	技术条件规定布氏硬度压痕直径/mm
		R_{eL}/MPa	R_m/MPa	A/%	Z/%	KU_2/J		
870℃，1.5h，空冷	正火	522	750	63.25	21.5	152	4.1	≥4.2
850℃，1.5h，空冷	正火	478	757	62.00	21.5	129	4.125	
830℃，1.5h，空冷	正火	497	760	63.00	21.5	132	4.15	
810℃，1.5h，空冷	正火	485	745	63.00	22.23	128	4.25	
790℃，1.5h，空冷	退火	377	679	60.25	21.0	135	4.3	
770℃，1.5h，空冷	退火	345	666	61.50	23.75	119	4.4	
750℃，1.5h，空冷	回火	333	647	56.75	24.0	100	4.45	
730℃，1.5h，空冷	回火	353	674	62.00	23.0	122	4.4	
710℃，1.5h，空冷	回火	497	647	56.00	25.2	86	4.425	

图 9-5~图 9-8 分别为 45 钢热轧后空冷组织、高温回火组织、退火组织、正火组织。高温回火加热温度在 Ac_1 以下，高温回火组织与轧后空冷组织变化不大，仅能消除内应力，使珠光体发生些集聚，改善钢的切削性能。不完全退火把钢加热至 Ac_1 与 Ac_3 之间，珠光体发生了重结晶，可减少内应力，使组织较均匀，改善切削性能，消除内应力。正火将钢加热至 Ac_3 以上并随后空冷。由于冷却速度较大，故析出铁素体少，获得比退火更薄片的珠光体，晶粒细化。正火后能获得均匀的组织和良好的力学性能。

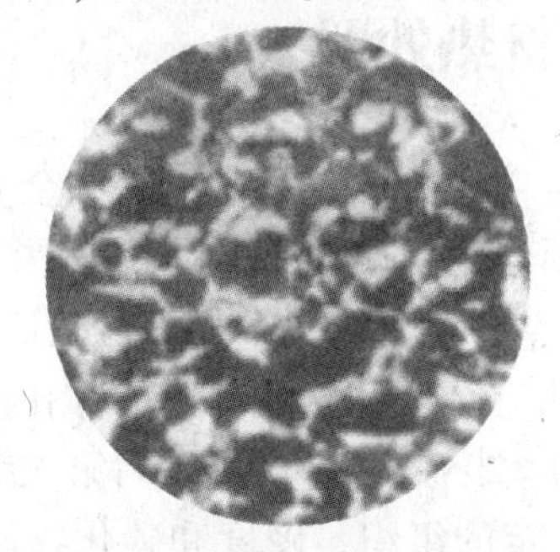

图 9-5 45 钢热轧组织（×250）

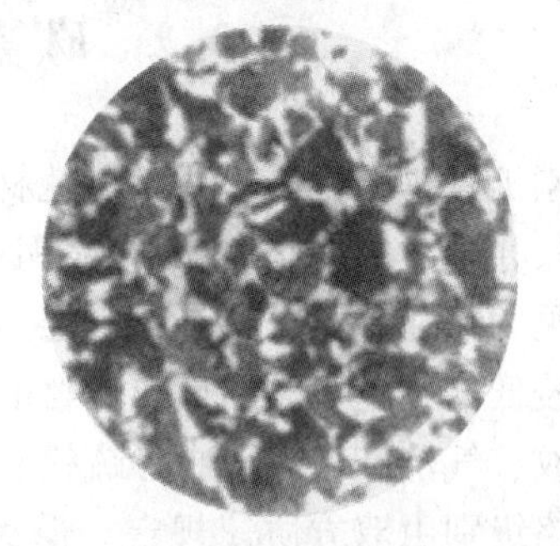

图 9-6 45 钢高温回火组织（×250）

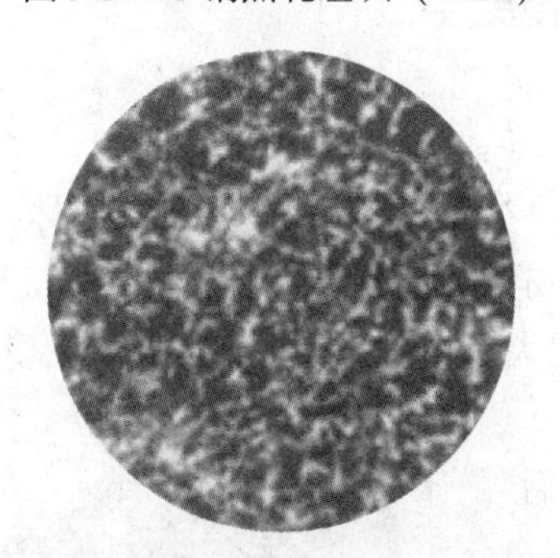

图 9-7 45 钢退火组织（×250）

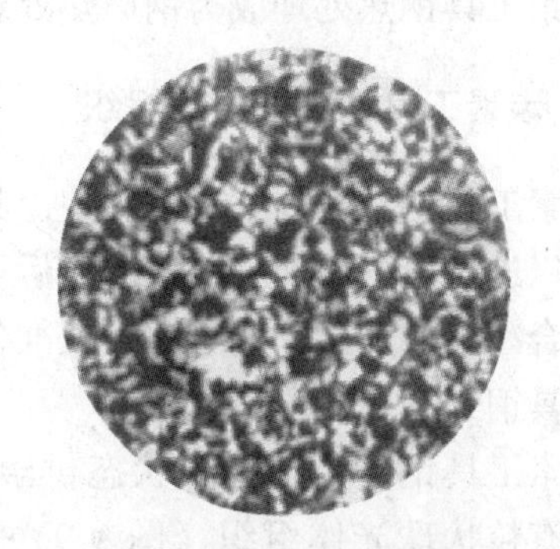

图 9-8 45 钢正火组织

生产实践和试验研究证明：珠光体类结构钢合理软化工艺应为正火，它不但对于以后不进行热处理的 10 钢、20 钢、30 钢等提高了力学性能，而且对一般珠光体结构钢采用正火热处理，它既能保证钢材符合相应技术条件规定的硬度值，而且也能挖掘钢材潜力，提高了以后再热处理钢的力学性能，改善钢的切削加工性能，大大提高生产力（比退火和高温提高生产率 30%以上）。这主要是由于晶粒细小，组织又均匀化，切削时极容易断屑，便于切削。由于正火将热处理温度提高，炉子热容量大，加速透烧速度，缩短加热时间，又去掉了冷却工艺时间，所以必然大大提高炉子利用系数。

对于碳素结构钢和低碳合金结构钢正火工艺加热温度应高于 Ac_3+（20~50)℃，对中碳合金结构钢正火工艺加热温度应高于 Ac_3+20℃左右，对于半马氏体类结构钢也可以采用加热至 Ac_3，缓慢冷却也可保证得到良好的细晶粒组织。

由于各钢号热处理的加热温度是极其复杂的，在大生产中很难做到单一产品生产，而且，在同一炉里要热处理几个钢号，即使同一钢号，还有不同规格。钢厂在保证钢材热处理质量前提下，尽量提高生产率。钢厂除大宗产品或要求组织、硬度、严格脱碳，而且又较难热处理的钢号，按上述热处理工艺热处理外，通常将轧材、锻材正火加热温度划为 890℃、870℃、850℃、830℃四个温度范围。退火的加热温度划为 880℃、850℃、820℃、

790℃四个温度范围。高温回火和消除应力退火的加热温度划为7200℃、700℃、670℃三个温度范围。

将各钢号加热温度接近列入在同组进行热处理。在装炉上，将要求加热温度高的装在上面，加热温度要求低些的装在下面。同一钢号，将规格大的装在上面，规格小的装在下面，充分利用热处理炉子温差，简化热处理工艺，便于记忆和操作。

9.2　碳素工具钢轧锻材热处理

碳素工具钢在钢厂主要以热轧材、锻材、退火材、冷拔材状态供应。在冶金质量上要求截面尺寸不大于100mm的退火钢材应检验断口，断口组织应均匀，晶粒细致，不得有肉眼可见的缩孔残余、夹杂、分层、裂纹、气泡、白点和石墨碳。钢材可检验低倍组织，检验酸浸低倍则不检验断口。钢材的横向酸浸低倍试片上不得有肉眼可见的缩孔残余、夹杂、裂纹、气泡和白点。中心疏松和锭型偏析按GB/T 1298—2008标准所附第三级别图评定，合格级别由双方协议规定。退火材还要求具有一定的组织、硬度和碳化物网状。因此，碳素工具钢热处理成为钢厂热处理中难于解决问题之一。

9.2.1　碳素工具钢轧锻材的组织

碳素工具钢经热加工后进行空冷其组织为珠光体+少量铁素体或过剩渗碳体。硬度较高，难以进行冷机械加工；经退火后可获得均匀、一定尺寸的球状珠光体组织，其硬度较低，适合冷机械加工，同时为淬火准备良好组织，大大减少了淬火时变形和开裂的倾向，碳素工具钢必须进行退火。

碳素工具钢多半以退火状态供给工具厂，退火后要求具有粒状珠光体组织（图9-9），按GB/T 1298—2008第一级别图评定。其中T7、T8、T8Mn、T9退火组织为1~5级合格，T10、T11、T12、T13退火组织为2~4级合格。对于大于60mm钢材，则不要求。另外，还有退火硬度、脱碳层深度、碳化物网状要求。退火硬度、碳化物网状具体要求见表9-3、表9-4。脱碳层深度为小于或等于（0.25±1.5%D）mm（D为钢材截面公称尺寸）。

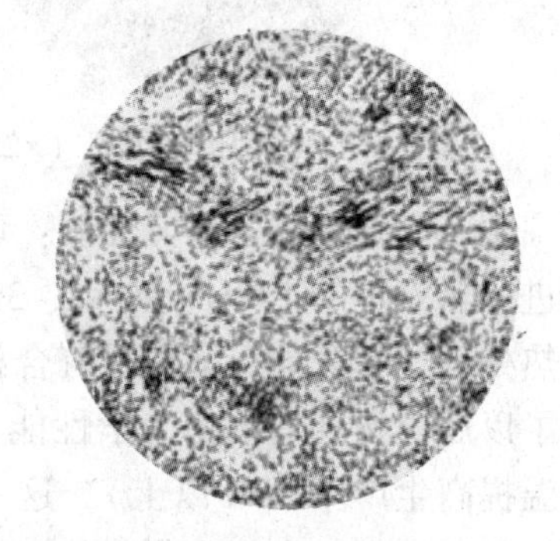

图9-9　碳素结构钢球化组织（×500）

碳素工具钢是轧锻材最难热处理的钢种之一，许多钢厂为了获得合乎GB/T 1298—2008技术条件中退火材要求，根据不同设备条件，采用了各种工艺制度。从现场试验证明，热处理炉状况、装炉方法、烧炉情况是彻底解决生产工艺必须考虑的因素，只要它们相互配合得好，可以获得合乎质量要求的退火材。表9-3、表9-4是钢材退火后的硬度值和退火后钢材碳化物网状的要求。

9.2.2　碳素工具钢的热处理

将钢加热到线Ac_1~Ac_{cm}之间，此时钢的组织为奥氏体和少量未能溶解的渗碳体，其中成为奥氏体部分其含碳量也不均匀。未溶入奥氏体的渗碳体就成为奥氏体向珠光体转变的核心，由于奥氏体含碳也不均匀，也有先析出的渗碳体，也成为奥氏体向珠光体转变的核心。在 Ac_1 以下温度停留一段时间，奥氏体将转变为粒状珠光体。

表 9-3 退火和淬火后钢材硬度值

钢号	退火		淬火	
	硬度值（HB，不大于）	压痕直径（不小于）/mm	淬火温度/℃	硬度值（HRC，不小于）
T7	187	4.40	800~820（水）	62
T8	187	4.40	780~800（水）	62
T8Mn	187	4.40	780~800（水）	62
T9	192	4.35	760~780（水）	62
T10	197	4.30	760~780（水）	62
T11	207	4.20	760~780（水）	62
T12	207	4.20	760~780（水）	62
T13	217	4.10	760~780（水）	62

表 9-4 退火后钢材碳化物网状要求

钢材截面尺寸/mm	≤60	>60~100	>100
合格级别（不大于）	2	3	双方协议

T8~T9 的相变点 Ac_1~Ac_3 之间的范围相当窄，T7 为 40℃，T8 为 20℃，T9 更小，粒状珠光体退火加热温度应在 Ac_1~Ac_3 之间。如果加热温度接近于 Ac_1 将使大量过剩的渗碳体溶入奥氏体中。加热温度再高，超过 Ac_3，不但过剩的渗碳体溶入奥氏体中，而且奥氏体也均匀化了，缓慢冷却后，奥氏体分解为片状珠光体。

如果退火加热温度太低，接近于 Ac_1 时，则有部分珠光体未转变为奥氏体，冷却后仍然有部分保留原片状珠光体。尤其在大生产过程中，设备存在一定的温差，这个温差必须保证在 Ac_1 与 Ac_3 之间，才能保证碳素工具钢热处理后达到具有粒状珠光体组织。

碳素工具钢的球状化处理（简称球化）有下列几种形式：

(1) 在临界温度 Ac_1 稍上加热保温后，缓冷到 Ac_1 稍下，作一定时间的停留（图 9-10）。这种球状化处理，适用于原始组织基本上为片状珠光体的钢材。

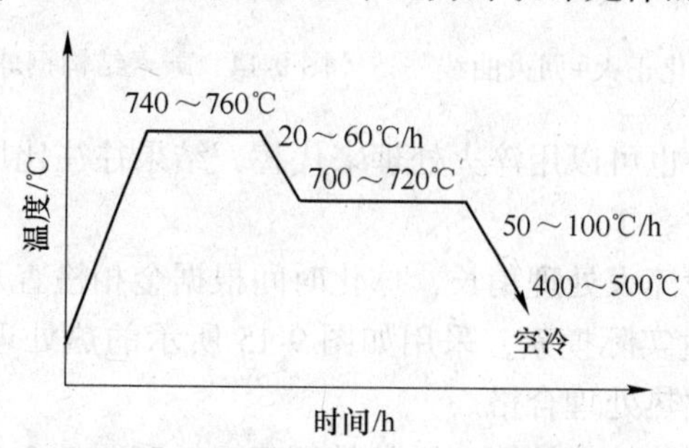

图 9-10 碳素结构钢球化热处理工艺曲线

(2) 加热在 800℃左右保温后，快冷至 450℃再升温至 700℃左右，作一定时间的停留（图 9-11）。这种球状化处理，适用于原始组织里含有部分网状碳化物的钢材。所以用比较高的温度来加热，是为了能够多溶去一些碳化物；快冷至 450℃，含有正火处理的作用，快冷的方法，可以用启开炉门，或取出空冷。

(3) 循环退火的球状化处理（图 9-12）。循环退火是第一种球状化形式的几次重复，来加速球状珠光体的形成。在这样重复循环中，前一次循环所形成的球状珠光体在下一循环中成为增加的结晶核心，因此珠光体的球状化就更容易了。

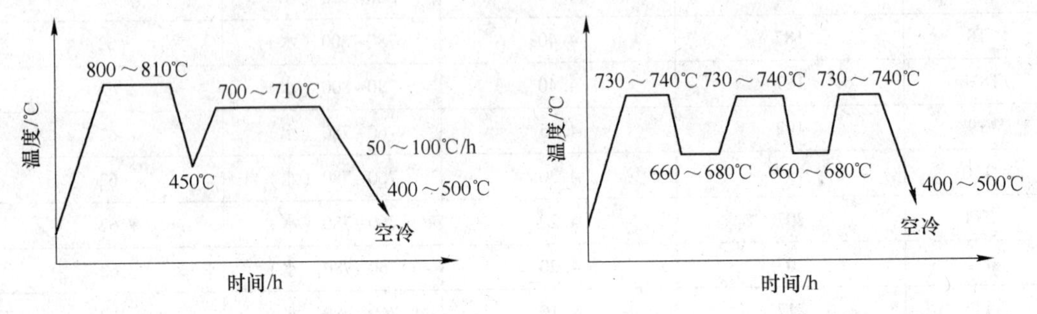

图 9-11　碳素工具钢球化热处理工艺曲线　　图 9-12　碳素工具钢球化循环退火工艺曲线

(4) 正火加高温回火的球状化处理（图 9-13）。过共析钢中，过剩的碳化物呈网状存在，循环退火不足以消除掉碳化物网状，必须先消除碳化物网状，再球化处理，如淬火后仍保有残余破碎碳化物网状，就必须先作正火处理，溶解碳化物网状；然后在空气中快冷，以压制碳化物不再析出；最后再用高温长期的回火进行球化，炉冷至 400~500℃，取出空冷。

(5) 淬火加高温回火的球状化处理（图 9-14）。

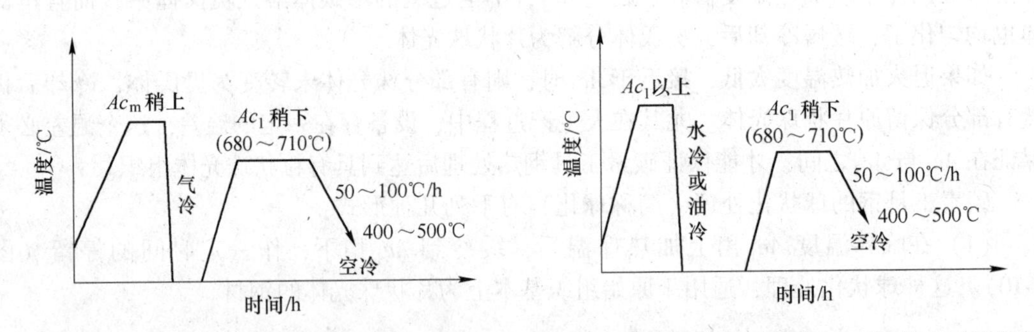

图 9-13　碳素结构钢球化正火+回火曲线　　图 9-14　碳素结构钢球化淬火+高温回火工艺曲线

前法中的正火处理，也可以用淬火处理来代替，结果往往比用正火好。这是由于从马氏体基体进行球化的缘故。

淬火加热时间比一般淬火处理稍长，球化时间根据金相检查来确定。在罩式炉热处理 T7~T9 轧、锻材时，经过实际摸索，采用如图 9-15 所示的热处理工艺曲线，在没有意外因素影响下，可保证一次热处理合格。

其加热保温时间，按装炉量计算，通常是每吨钢材需要 1.0~1.1h。

冷却速度，第一段冷却速度为不大于 30℃/h，经过 710℃等温停留后，由于相变基本完成，可以快些冷却，通常用 50℃/h 冷却速度冷至 650℃出炉。

对于 T10~T13 碳素工具钢，不但 Ac_1 与 Ac_3 之间温度差增加了，而且 T10~T13 轧后原始组织通常比 T7~T9 轧后组织要细些。这主要是由于高碳钢在冷却时，首先沿奥氏体晶界析出了碳化物，起到阻止奥氏体长大，所以 T10~T13 容易热处理。一般选用 760~770℃为等温退火加热温度，其热处理工艺曲线如图 9-16 所示。

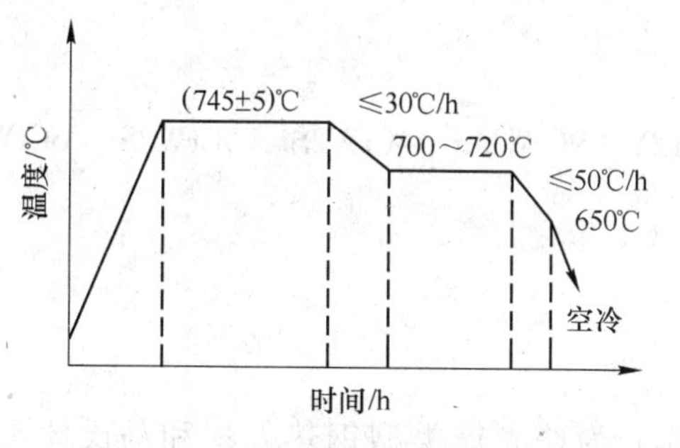

图 9-15 T7~T9 等温退火工艺曲线

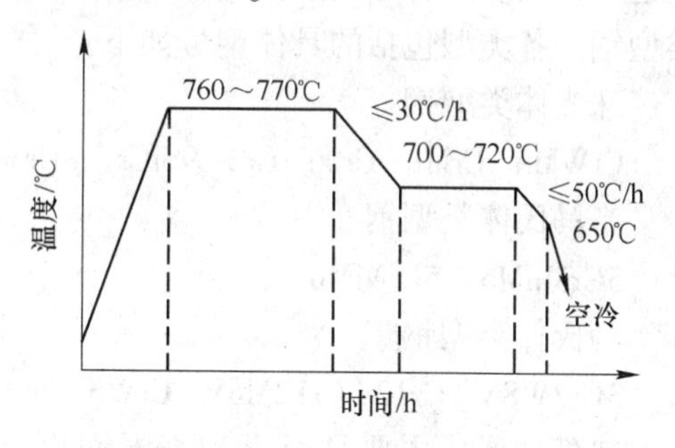

图 9-16 T10~T13 等温退火工艺曲线

T10~T13 等温退火加热温度再高些，如采用 790℃作为等温退火加热温度，则有一部分奥氏体趋于均匀化了，冷却后会部分出现片状珠光体。在对 T12A 采用 800℃热处理时，由于奥氏体向珠光体转变的渗碳体核心少了，缓冷后，造成未溶解渗碳体周围作有向性扩散，引起粒状珠光体组织中的渗碳体颗粒大小不一致，同时也出现一些片状珠光体。

保温时间及冷却速度同 T7~T9 热处理工艺一样。碳素工具钢退火后达到了粒状珠光体组织，合乎 GB/T 1298—2008 第一级别图的要求，其退火硬度也必然达到了 GB/T 1298—2008 的要求。

对于碳素工具钢碳化物网状来说，对于具有严重碳化物网状的轧锻材，采用正火—退火或退火工艺，有效地减少碳化物网状级别。但必须指出，碳化物网状应该在热机械加工中严格控制加工终了温度和冷却速度。必要时，才选用热处理方法解决。

脱碳是碳素工具钢主要质量问题之一，尤其高碳工具钢。因此，考虑在保证获得粒状珠光体情况下，选用最低退火加热温度进行热处理。由于碳素工具钢脱碳层按线性要求，即小于或等于（0.25±1.5%D）mm（D 为钢材截面公称尺寸）。小规格要求严格。另外，又考虑到在轧制不同规格所获得组织状态不一致，轧制小规格钢材、其组织分散度大些。因此，完全可以采用较低加热温度或较短的保温时间进行热处理。由于减少保温时间对减少脱碳效果不大，而降低退火加热温度效果较大。现场生产中进行综合考虑并经生产验证，对小于或等于 30mm 的钢材，采用 760℃作为退火加热温度，从而解决了小规格脱碳不合格现象。

9.3 合金工具钢轧锻材热处理

每种合金工具钢虽然热机械加工和随后的冷却过程都相同，但是由于钢的化学成分不均匀以及断面不同，所获得的组织和硬度也不同。实际生产条件下，热机械加工终了温度变动很大，因每根钢材在空气停留时间及继续冷却方法（堆冷、坑冷、喷雾冷却）也不可能完全相同，这些因素造成轧锻材在热机械加工后具有不同组织和硬度。

钢厂为了消除上述组织和硬度不均匀性，满足用户要求，合金工具钢全部热处理后交货。此外，热处理可改善切削性能，消除内应力，为了后续热处理（淬火、回火）做好组织准备。

合金工具钢中除4CrW2Si是亚共析钢，5CrW2Si、6CrW2Si是共析钢外，几乎全部都是过共析钢。按合金工具钢空冷后组织可分为：珠光体类型钢、半马氏体类型钢、马氏体类型钢。各类型包括的具体钢号如下：

珠光体类型钢

CrWMn　CrMn　Cr06　Cr2　9SiCr　8Cr3　9Cr2V　9CrWMn　4CrW2Si　5CrW2Si　6CrW2Si

半马氏体类型钢

5CrMnMo　5CrNiMo

马氏体类型钢

3Cr2W8V　Cr12　Cr12MoV　CrW5

热处理形式主要是退火和高温回火，将其分为珠光体类型钢热处理和马氏体类型（包括半马氏体类型）钢热处理。

9.3.1　珠光体类型钢热处理

珠光体类型钢的轧锻材热处理主要采用不完全退火。如图9-17、图9-18所示为两种退火工艺区别在于冷却方法不同。

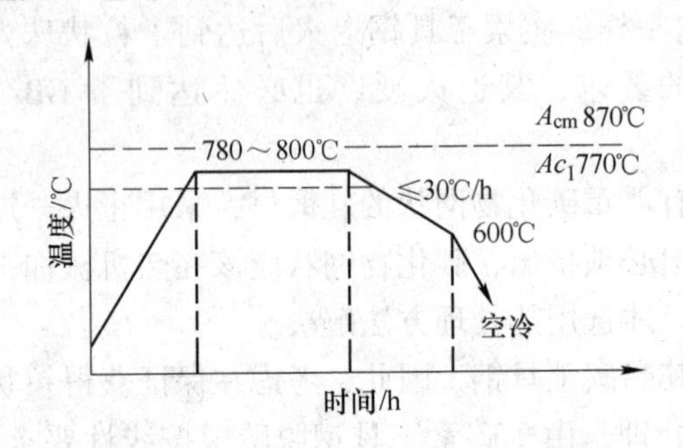

图9-17　9SiCr不完全退火工艺曲线

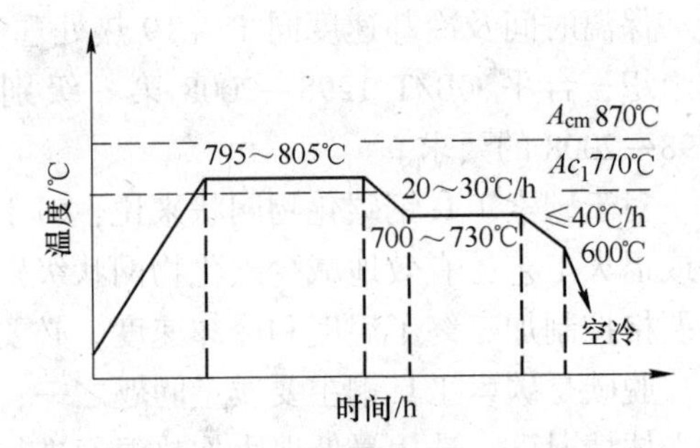

图9-18　9SiCr等温退火工艺曲线

不完全退火工艺参数包括加热速度、加热温度、保温时间和冷却速度。为了获得满意的退火组织，需正确选择加热温度和冷却速度。

9.3.1.1　加热速度

加热速度应该以保证能够逐渐地均匀地加热钢材为条件。如果该钢有很大内应力，则加热速度应该是缓慢的。

在生产条件下退火的加热速度主要依赖退火炉的装炉量和钢材的装炉方法。如果装炉量大，在靠近烧嘴部分的钢材比装在炉中心的钢材要加热快些。并且在钢材的断面和长度上也产生温度梯度，在装炉时，使每个钢材之间保持有足够量的空隙，有利于炉内热交换，又可使钢材加热均匀。

对于合金工具钢轧材、锻材的加热，可以开足炉子的全功率，炉子的加热速度为150~250℃/h，但是，在生产过程中并不采用这样高的加热速度，通常加热速度在100℃/h以下。由于装炉量大，又快速加热，炉内很快达到预定的不完全退火的加热温度，但炉子钢材中心温度还很低，有时为了达到升温均匀，往往采用等温方法。

9.3.1.2　加热温度

合金工具钢退火属于不完全退火，加热温度在 $Ac_1 \sim Ac_{cm}$之间。保证获得粒状珠光体组织和供应状态要求的硬度。各钢号不完全退火的加热温度如表 9-5 所示。

表 9-5　珠光体类型的合金工具钢退火时加热温度及等温冷却温度　（℃）

钢号	加热温度	等温冷却温度	钢号	加热温度	等温冷却温度
9Mn2	760~780	680~700	W	780~800	670~700
9Mn2V	760~780	680~700	SiCr	800~810	700~710
Cr06	760~790	680~700	V	780	—
Cr2	770~ 800	670~720	8Cr3	780~790	—
9SiCr	780 ~810	700~730	40CrW2Si	800~820	—
CrWMn	770~790	700~730	5CrW2Si	800~820	—
9CrWMn	770~790	690~720	6CrW2Si	780~800	—
CrMn	790~810	680~730			

加热温度过低或过高都会对合金工具钢的组织和性能产生影响。

A　加热温度低

不完全退火的加热温度降低 10~15℃时，不完全退火后会保留少量的原始组织，即使采用缓慢冷却获得部分或全部点状珠光体组织，但这种组织也具有比较高的硬度，切削性能也较差，达不到球化退火的目的。

B　加热温度高

Cr2、Cr06 钢退火加热温度高 10~20℃时，在 790~810℃退火，由于加热温度升高，增加了扩散作用，会使未溶解的碳化物质点的团聚作用加强，冷却过程中会形成较粗大的粒状珠光体组织。粗大粒状珠光体组织，硬度较低。且其碳化物分布不均匀，淬火加热时在碳化物贫乏部分容易产生晶粒长大现象，造成淬火状态下和低温回火状态下力学性能较低，特别是塑性较低。同时，碳化物的不均匀会增强淬火钢在某些显微体积内，甚至宏观体积内的残余应力集中。

采用更高加热温度，对于这些钢高于 830~850℃以上，退火后形成片状珠光体，这种组织称为过热组织。

加热温度过高会引起晶粒长大，在冷却过程中，除奥氏体晶粒内部要析出碳化物外，沿奥氏体晶界还会析出网状碳化物，获得粗大片状珠光体组织。随后再将钢加热到 Ac_1 以上，即使采用引起晶粒长大的温度进行淬火，也不能使大部分碳化物再溶入奥氏体中去，网状碳化物将全部保留下来，钢材力学性能严重变坏。

对 9SiCr 采用不同加热温度对其球化组织影响的试验，进一步证实上述对加热温度的分析，其试验结果列入表 9-6 中。

C　保温时间

在退火加热温度下的保温时间不应太长。当钢材达到加热温度，并且在整个断面上烧透了，然后为保证使奥氏体的碳化物浓度和合金元素浓度相对均匀化，要求有 30~60min 的保温时间。但是在现场生产中还要考虑到装炉量和装炉方法。实际上，加热温度下保温时间决定于装炉量，随着装炉量的增加而加长。

通常根据装炉量计算保温时间。在罩式炉上，一般采用（0.7~0.9）Q_h（Q 为装炉量，单位为 t），在抽底式炉相应加长些。

表 9-6　不同加热温度对 9SiCr 球化组织的影响

加热温度/℃	保温时间/h	冷却方法	组　织	硬度（HB）
760	4	缓冷	已有明显的球化和点状碳化物出现，但其中尚有大约 1/3 左右的细片和黑团状珠光体	285
770	4	缓冷	剩余的细片状珠光体，则明显聚成短棒状	249
780	4	缓冷	形成小球状和点状碳化物的组织，细片状珠光体很少了	241
800	4	缓冷	球状碳化物数量增多并开始长大形成球状和点状珠光体组织	241
820	4	缓冷	全部得到球状珠光体组织	239
840	4	缓冷	球状碳化物明显长大，并开始出现片状珠光体组织	239
860	4	缓冷	球状碳化物长大至 4μm 粗片状珠光体已达 20%	239
880	4	缓冷	球状碳化物颗粒大小已达 6μm 粗片状珠光体已达 28.7%	255
900~920	4	缓冷	除残余一些粗大球状碳化物（颗粒大小 8μm）外，基本上均为粗片状珠光体	269

D　冷却速度

钢的冷却速度，对钢的组织有极大的影响，缓慢冷却会增强碳化物聚集作用，使钢形成粗粒状珠光体组织；冷却时加速通过珠光体转变的上区，会阻止碳化物聚集而使钢形成点状珠光体组织，造成硬度升高。在现场生产中，冷却速度的选择是在保证既不产生粗粒状珠光体组织，也不产生点状珠光体组织条件下恰当的制定，通常选用不大于 40℃/h 的冷却速度。

如果钢在珠光体区域冷却过程中，保证奥氏体全部分解成珠光体组织，则在更低温下冷却对退火钢就不会产生影响了。但要考虑到下面两点：

（1）若自 680~650℃就开始加速冷却，会造成轧材、锻材内的温度梯度，产生残余应力。为了防止产生残余应力，使钢再继续缓慢冷却至 550~600℃然后快速冷却。

（2）自 680~650℃就开始加速冷却，会引起钢材硬度的稍许变化。开始加速冷却选择温度高，则钢的硬度偏高。相反地，开始加速冷却选择温度低，则钢的硬度偏低。往往现场就利用出炉温度及其冷却速度来控制合金工具钢达到标准要求硬度值。

为了获得粒状珠光体组织的合金工具钢，绝大部分采用等温退火比较适合，这个退火工艺将使钢比较缓慢地冷却到稍低于 Ac_1 温度，在此温度下保温，使奥氏体全部分解以获得要求的粒状珠光体组织，然后，再将钢稍快冷却至室温。等温退火的优点在于缩短退火时间，提高设备生产率，又能使钢获得较均匀的粒状珠光体组织。这是因为奥氏体转变过程是在事先选定的温度范围里进行的，而不是在钢的冷却过程中所经历比较宽的温度范围内进行的。

在 Ac_1 温度以下时奥氏体的分解速度和在珠光体转变区域奥氏体具有最小稳定性温度范围，都是依钢的化学成分和退火的加热温度和保温时间决定的，位于稍低 Ac_1 的那个温度停留，保证使钢获得比较低的硬度，完全能达到 GB/T 1299—2000 合金工具钢技术条件中规定的供应状态硬度要求。合金工具钢各钢号的等温冷却温度列入表 9-5 中。

奥氏体在指定温度下分解所需要的时间，从 C 曲线来看，在 20~60s 内即可以完成。

在现场大炉生产中，装炉量大，则冷却至等温温度，其冷却速度不仅是缓慢的，而且在炉中各部位钢材冷却速度也是不同的，位于炉子周围，尤其是两端的钢材冷却速度快，很快达到等温冷却温度，位于炉子中心部位钢材冷却速度慢，达到等温冷却温度也是缓慢的，因此，对不同炉型、不同装炉量，需要达到等温冷却温度的时间要经过试验，才能正确地确定等温停留时间。通常装炉量大，等温停留时间要长，一般均在 2~6h 波动。

珠光体类型的合金工具钢除了采用不完全退火外，在不要求退火组织（即没有无片状珠光体或具有粒状珠光体的组织要求）的情况下，往往采用低温退火。譬如 7Cr3、8Cr3 退火后仅有硬度要求，就采用加热至 740℃ 保温一定时间，然后以不大于 35℃/h 冷却速度冷至 650℃ 出炉，完全可以达到标准要求的硬度。

E　脱碳

脱碳是合金工具钢一项重要要求。脱碳在淬火后形成软点，降低工具使用寿命。脱碳是由于加热引起的，它决定于加热温度和保温时间。各钢加热温度超过 Ac_1 以上就开始脱碳，加热温度越高，则脱碳越严重。

以 9SiCr 为例，在制定 9SiCr 退火工艺时，考虑到 9SiCr 退火后要求硬度和无片状珠光体组织时，要求退火加热温度就相应地提高些，但又考虑到 9SiCr 退火后要求脱碳，尤其 9SiCr 又含硅，含硅的钢容易脱碳。所以，要求退火加热温度要相应地降低些。一般规定 9SiCr 退火加热温度为 790~810℃，最低温度不能低于 780℃，最高温度不能超过 810℃。在生产中常采用 800℃ 即使采用保温 800℃ 时间不能过长（大于 16h，过长就出现大量脱碳废品）。

经过大量生产实践，总结出加热温度、保温时间与脱碳关系，如图 9-19 所示。从图中看到：当加热温度为 810℃ 时，保温时间为 5h 就产生严重的脱碳，脱碳层深达 0.21mm 当加热温度为时，800℃ 保温时间为 16h 脱碳层深达 0.25mm。通常在钢厂规定：允许在热处理过程的脱碳层厚度不得超过钢允许的总脱碳层厚度的 1/4，即 ϕ30mm 的钢材允许总脱碳层厚度为 0.55mm，则允许在热处理过程的脱碳层厚度为 0.55mm×1/4＝1.175mm，如果超过在热处理过程允许的脱碳层厚度，再加上钢在热加工过程引起的脱碳，就可能造成脱碳废品。而在加热温度为 790℃ 时，脱碳是很少的。因此说，9SiCr 最佳退火加热温

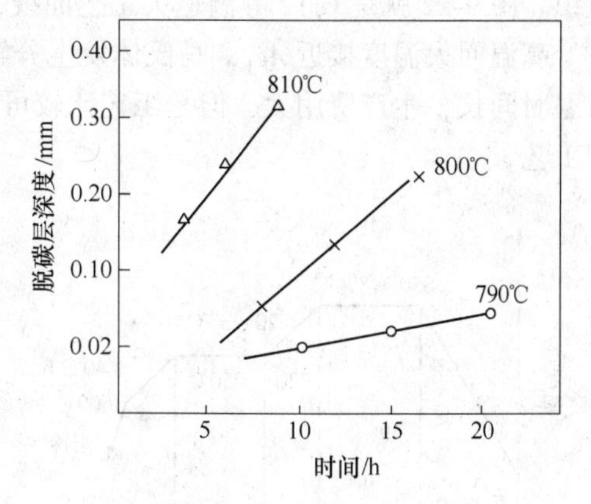

图 9-19　9SiCr 加热温度和保温时脱碳层深度关系

度为 790℃，既防止了脱碳，又保证了硬度和组织。

为了防止钢材的脱碳，除了主要采用在保证退火硬度和组织合格的条件下，尽量压低退火加热温度和相对减少保温时间之外，有时覆盖铸铁屑保护；有时放入保护箱中保护；有时采用保护气体保护；以及有时利用炉气成分和烧炉气压来控制脱碳。这些措施的使用，根据工厂具体设备和条件来选择。

9.3.2　半马氏体、马氏体类型钢热处理

这两类合金工具钢主要是消除内应力，降低硬度便于切削加工。在出厂时，必须达到标准规定的硬度值，因此，它的热处理类型应该是不完全退火和高温回火两种。图 9-20 是 Cr12MoV 不完全退火工艺曲线，图 9-21 是 3Cr2W8V 高温回火工艺曲线。

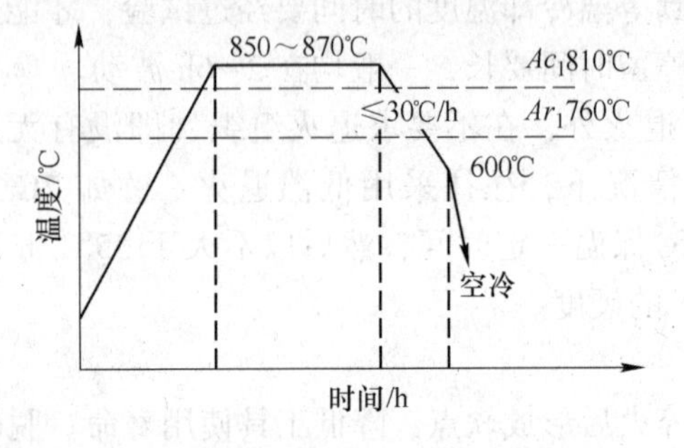

图 9-20　Cr12MoV 不完全退火工艺曲线

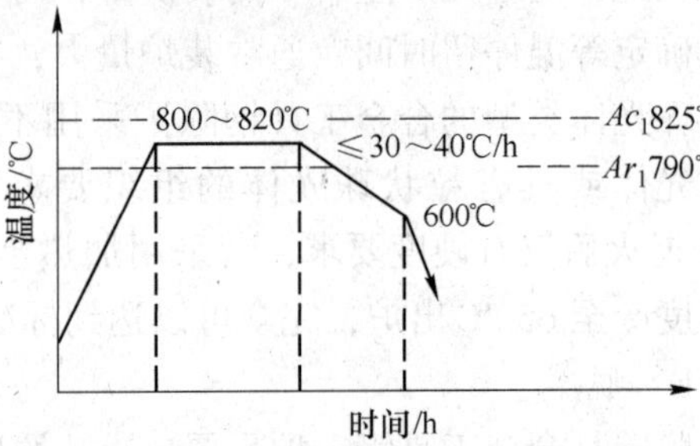

图 9-21　3Cr2W8V 高温回火工艺曲线

Cr12、Cr12MoV、CrW5 为莱氏体型马氏体钢，3Cr2W8V 钢为过共析马氏体钢，5CrMnMo、5CrNiMo 钢为珠光体+马氏体型钢。都具有马氏体组织，具有高硬度，高应力状态。为了消除应力，降低硬度便于切削加工，热处理工艺为不完全退火和高温回火。

9.3.2.1　加热温度

不完全退火的加热温度在 Ac_1 ~ Ac_m之间，部分组织转变成奥氏体，缓冷后得到索氏体组织。图 9-22 就是 Cr12 等温退火工艺曲线，图 9-23 是 Cr12 退火后的金相组织。

高温回火温度接近 Ac_1，马氏体发生分解，碳化物聚集可使硬度降低。高温回火工艺保温时间长，生产费用大，但是工艺比较可靠，半马氏体和马氏体类钢大量采用这种热处理工艺。

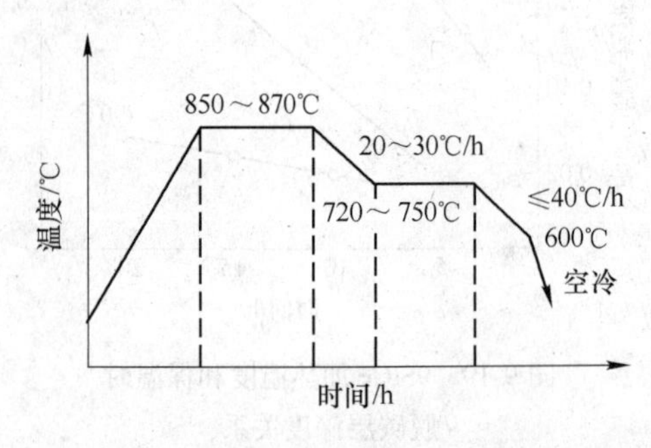

图 9-22　Cr12 等温退火工艺曲线

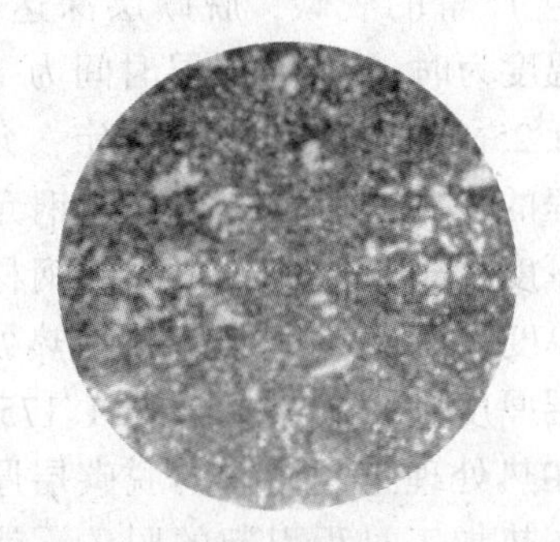

图 9-23　Cr12 退火组织（×500）

钢热送至热处理车间，进行热装炉，也可冷送至热处理车间，加热时，低温时加热速度缓慢，高于600℃时可快速加热。各钢号的不完全退火及高温回火的加热温度列入表9-7中。

表9-7　半马氏体和马氏体型合金工具钢不完全退火及高温回火加热温度表

钢号	临界点/℃			不完全退火加热温度/℃	高温回火加热温度/℃
	Ac_1	Ac_m	Ar_1		
Cr12	800	1200	760	850~870	760~790
Cr12MoV	810	1200	760	850~870	760~790
CrW5	760	—	725	780~800	700~750
3Cr2W8V	820~830	—	790	830~850	800~820或730~760
5CrMnMo	710	770	—	790~800	650~690
5CrNiMo	710	770	—	790~800	650~690
5CrMnMoV	764	780	—	760~780	—

选择不完全退火温度时尽可能低，防止退火过程中脱碳，在高于800℃以上，钢的脱碳速度远远超过钢的氧化速度。在大炉热处理钢材时，为使全炉钢材加热均匀需较长的保温时间，对小规格钢材来说，由于允许脱碳层厚度相对要少，脱碳不容易合格，须采用规格热处理。对小规格的钢材选用加热温度的下限，以防小规格钢材发生脱碳不合格现象。

对于高温回火，温度尽量高些，促使马氏体分解速度和碳化物聚集速度加快，即使少许越过Ac_1温度，局部变为奥氏体，但是，在随后的炉冷时，可获得索氏体组织，对硬度无影响。

9.3.2.2　保温时间

不完全退火的保温时间，通常在现场依装炉量计算。在罩式炉中，保温时间为（0.9~1.1）Q_h（Q为装炉量，单位为t）。

高温回火保温时间比不完全退火保温时间更长些，其保温时间（1.1~1.5）Q_h。

9.3.2.3　冷却速度

除加热温度和保温时间外，为获得到一定的硬度，还要控制冷却速度。例如：Cr12加热至790℃保温后以不大于35℃/h的冷速进行冷却，当冷至700℃、650℃、600℃、550℃时分别取出空冷，硬度结果列入表9-8中。

表9-8　Cr12不同处理温度对硬度的影响

规格/mm	压痕直径/mm			
	出炉温度700℃	出炉温度650℃	出炉温度600℃	出炉温度550℃
ϕ38	3.9	4.0	3.95	4.0
ϕ16	3.9	4.0	4.0	4.0

这类钢不完全退火时，其冷却时往往采用等温冷却，等温温度一般是略高于奥氏体分

解速度最大温度。不同等温温度得到不同组织，若等温温度较高，则组织较粗，硬度偏低。若等温温度较低，则组织较细，硬度偏高。各钢的等温温度列入表 9-9 中。

表 9-9 半马氏体和马氏体型合金工具钢等温退火加热及等温温度

钢 号	退火加热温度/℃	等温温度/℃
Cr12	850～870	720～750
Cr12MoV	850～870	720～750
CrW5	800～820	670～700
5CrMnMo	830～860	680
5CrNiMo	830～860	680

上面叙述各工艺，是在一定条件下不断摸索，总结经验而来的，它随着条件变化而变化。例如热处理炉型不同，选用的工艺也有差异。对罩式炉多半采用不完全退火，由于设备容易操作，温度控制准确。而对烧煤的抽底式炉多半选用高温回火，并且选用的加热温度也稍低些，这样不至于因温度波动而出废品，即使硬度不合，还可以重处理。就是用一种炉子热处理钢材时，也要经过不断地摸索，总结经验。如 3Cr2W8V 高温回火热处理，加热温度为 730～760℃、800～820℃ 均可。在罩式炉生产实践中得知：选用 800～820℃ 高温回火，效果良好。

9.4 冷拔材热处理

冷拔是钢材通过模具产生塑性变形形成所要求的型钢的生产方法。能获得良好的表面光洁度、尺寸精度和力学性能型钢。冷拔材能适应机械制造无切削、少切削和自动切削加工工艺的需要，大大地提高了生产和产品质量。

钢通过塑性变形后，塑性的铁素体或奥氏体晶粒沿某一定晶面和晶向产生滑移，在滑移面上形成了许许多多的碎晶块，晶粒也被拉长，脆性的碳化物则被破碎和移动并随基体沿滑移方向分布。经塑性变形的钢，沿晶粒内滑移面和晶界产生大量的位错，致使晶粒歪曲，并在晶内积有较高的应变能，随着变形量的增加，位错密度激增。沿滑移方向的应力增加，致使钢的变形阻力增加，表现在大大提高了钢的硬度和强度，降低了塑性和韧性变形量（图 9-24），这种现象为变形硬化（加工硬化）。已变形硬化的钢材，若继续变形，不仅消耗过多的动力，而且也消耗大量的冷拔模具，导致钢材表面出现划痕，甚至于使钢材拔裂或拔断。

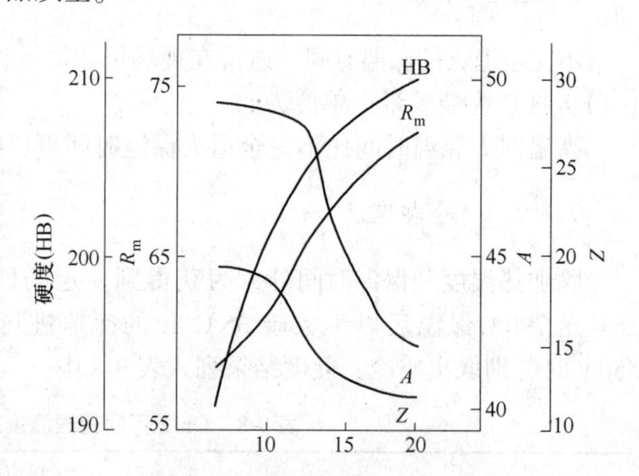

图 9-24 35 钢不同变形量对其力学性能的影响

为了避免上述这些现象的发生，在冷拔后应将钢材进行适当的热处理来消除变形硬化现象，恢复钢的塑性，以便于继续冷拔。在冷拔时，可以采用较大的变形量，从而减少拔制道次，提高产品产量，为消除加工硬化而进行的热处理，在冷拔生产中称为中间退火（再结晶退火）。

除中间退火外，在冷拔生产中还有坯料和成品热处理。对于含碳较高的高碳钢、合金工具钢、不锈耐酸钢，其坯料轧锻后空冷或缓冷，硬度较高，在冷拔第一道前应该进行热处理，目的是使钢具备良好塑性，便于拔制和有可能获得光滑表面，这种热处理称为坯火。

成品热处理是在最后一次拔制后进行的，目的在于消除拔后的变形硬化现象，并使冷拔材得到良好的力学性能，达到相应的技术条件要求。

冷拔材热处理是调整钢的组织和性能，便于冷拔操作和使成品合乎技术条件要求。因此，冷拔材热处理在冷拔生产过程中具有极重要的地位，它将直接影响冷拔材的产量和质量。

9.4.1 冷拔材坯火

坯火就是轧锻后冷却的钢材坯料在冷拔前进行软化热处理。由于轧锻后冷却的钢材硬度高，塑性差，在冷拔时动力消耗大，模具磨损大，冷拔材表面容易产生擦伤或划痕，甚至钢材拔裂或拔断。因此供给冷拔的坯料，其硬度（HB）一般大于 207（压痕直径 4.2mm），对于个别高合金钢硬度（HB）可达到 255（压痕直径 3.8mm），以保证冷拔时冷变形性能。

根据坯火的目的，坯火热处理工艺主要是退火和高温回火，将钢材硬度降低，达到上述冷拔坯料硬度要求。

一般的生产经验是除低碳结构钢和低碳合金结构钢不坯火外，其余全部要求坯火。低碳结构钢和低碳合金结构钢热轧空冷后，其组织为铁素体和珠光体，硬度较低，塑性好，因此没有特殊要求，可以不进行坯火。对于有组织要求，或有切削性能要求的钢号，则采用正火或不完全退火，以消除或减轻带状组织，改善珠光体分布，相应地获得良好切削加工性能。

中碳碳素结构钢和中碳合金结构钢，包括弹簧钢，其热轧空冷后的金相组织是珠光体和不同量的块状和网状铁素体，硬度偏高。若其变形量不大时，虽然可以不进行坯火，直接冷拔至成品。但为了降低其硬度，以利于冷拔和达到技术条件上对成品规定的组织性能的要求，必须进行热处理。

前者仅单纯为了降低硬度，一般采用低温退火或高温回火；后者对组织性能有要求，则进行完全或不完全退火。如需要纠正某些缺陷时，如粗晶、带状偏析等，则进行正火或正火后继续退火或高温回火。

高碳工具钢及合金工具钢，包括高碳铬轴承钢和高速工具钢，其热锻轧状态组织中常含有不同程度的碳化物，使钢变硬变脆，不利于冷拔，所以这类钢必须进行球化退火，甚至正火后再球化退火，消除网状碳化物并获得均匀的粒状珠光体，因为只有这样才能降低硬度，提高塑性，适于冷拔，并为以后切削加工和热处理创造条件。应该指出，对于冷拔后有组织和硬度要求的冷拔材，坯火将成为很重要的热处理工序，必须在坯火时，达到其组织要求和相应硬度要求，例如高碳铬轴承钢要求具有粒状珠光体，级别为 2~4 级，布氏硬度应达到179~207（压痕直径为4.2~4.5mm）。采用等温退火工艺进行坯火，必须使组织合格、硬度也合格了，才进行冷拔，往往想通过中间退火和光亮退火来挽救组织和硬度不合格是极为困难的，即使挽救合格，它的表面质量和脱碳也难于符合标准要求。

高合金奥氏体型、铁素体型不锈耐酸钢在冷拔前一般应用固溶处理，使之成为单一组织，高合金马氏体型钢则采用不完全退火或高温回火使之软化。钢厂常见各钢号坯火热处理工艺见表9-10。

表9-10 冷拔材坯火热处理工艺

钢 号	规格	热处理工艺		
		加热温度/℃	保温时间/h	冷却方式
10~85 15Mn~70Mn 10Mn2~50Mn2 12CrMo~42CrMo 15Cr、20Cr、40CrSi	不限	720	(0.4~0.7)Q	空冷
30Cr~50Cr 12CrMoV 35CrMoV	不限	720	(0.8~1.2)Q	炉冷（3h）
12CrNi2、12CrNi3 20CrNi3 30CrNi3 45CrNiMoV	不限	670	(1.0~1.5)Q	炉冷（3h）
5Si2Mn、60SiMn、60Si2MnV 60Si2CrVA 5Si2MnWA	不限	700	(0.6~0.9)Q	空冷
10、15、20、25、30 35、40、45、50、18CrMnTi 50、60、70、75、80、85 1Cr18Ni9Ti	不限	870 850 830 1050~1100	(0.4~0.6)Q (0.4~0.6)Q (0.4~0.6)Q (0.2~0.4)Q	吹风 吹风 吹风 淬水

9.4.2 冷拔材中间退火

冷拔材在拔制后进行的退火，称为中间退火，也称再结晶退火，其目的是改善继续冷变形性能。

再结晶退火就是把钢材加热至再结晶温度以上，进行一定时间保温的热处理。

再结晶温度取决于钢的化学成分、变形量、加热速度、保温时间等，主要与化学成分和变形量有关，如表9-11所示，变形量大，再结晶温度降低，当变形继续增大，再结晶温度趋于一个恒定温度，即所谓最低再结晶温度，最低再结晶温度与熔点有如下关系：

$$T_{再}（最低）= 0.4T_{熔}（绝对温度）$$

一般再结晶温度比最低再结晶温度高100~200℃，在钢厂大生产中除按理论计算外，还须进行大量生产实践来验证。例如，在高碳铬轴承钢 GCr9 和碳素结构钢 35 钢生产中，采用不同变形量、不同再结晶退火温度综合试验，得出如图 9-25、图 9-26 所示结果。

表 9-11 再结晶温度与钢的化学成分和变形量关系

钢号	化学成分/%					变形量/%	再结晶开始温度/℃	再结晶完成温度/℃
	C	Cr	Mn	Si	W			
T10	1.0	0.1	0.2	0.25	—	8	625	675
						30	550	600
						45	500	550
GCr15	1.0	1.5	0.3	0.25	—	7	600	680
						30	550	680
						36	500	680
						40	450	680
CrWMo	1.0	1.0	0.25		1.4	9	675	700
						2	600	700

可以看出 GCr9 再结晶退火温度应在 670~740℃范围内，35 钢再结晶退火温度应在 600℃左右为最好。最后一次中间退火还有为控制成品性能，为达到冷拔状态技术指标创造条件的作用。

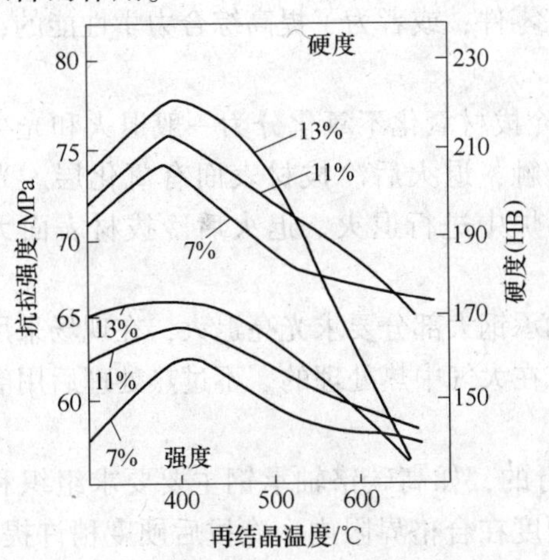

图 9-25 35 钢不同变形量不同再结晶温度与性能关系图

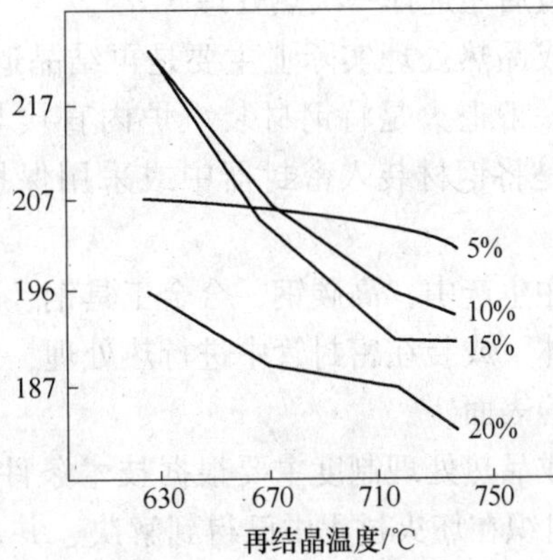

图 9-26 GCr9 不同变形量与再结晶温度关系

在生产中，当 45 钢用 10%变形量冷拔，采用 700℃中间退火，则抗张强度在标准要求的下限，有时不合格。改为 670℃中间退火，则抗拉强度提高了 30~60MPa，达到成品力学性能要求。50 钢也同样，从 700℃中间退火改变为 670℃中间退火，可提高抗拉强度 90~100MPa，而塑性不变。

应该指出，当钢材冷变形不均匀或处于临界变形量（5%~15%）时，进行再结晶退火则容易造成再结晶后晶粒粗大。

冷拔及退火工艺对硬度的影响：钢材经过冷拔以后，提高了硬度，原来硬度愈低者提高的愈大。其原因是由于球状珠光体塑性好，硬度低，在冷加工过程中，粒状渗碳体变形阻力比片状者小，因而易于滑移，即滑移量大，故强化要快，而消除强化也容易。从图 9-27 中可看出，变形量在 5%以下时，由于冷加工硬化程度低，基本保持原来的组织结构，故再结晶之后，硬度变化很小；而大于 20%的变形量，因加工硬化程度高，晶粒破碎程度大，容易发生再结晶，故硬度降低得快；变形量在 10%和 15%时，引起了部分的晶格歪扭，具有一定的应力，但没有足够程度的破碎，则不易再结晶，故硬度变化较慢。

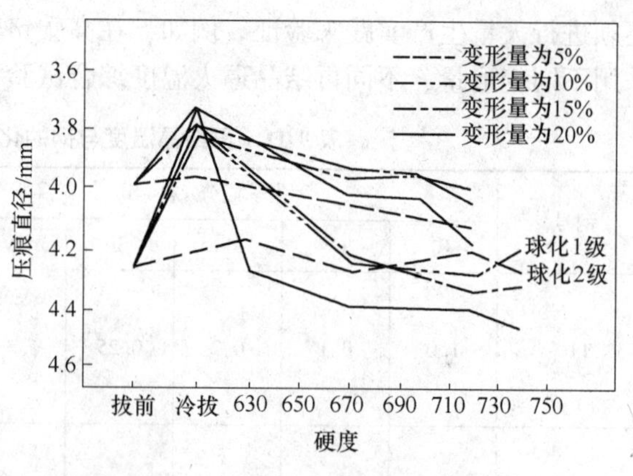

图 9-27　再结晶后两种组织在不同变形量条件下硬度的变化

9.4.3　冷拔材成品热处理

冷拔材按产品标准规定有两种交货状态，即冷拔状态和退火状态。冷拔状态是冷拉钢成品不经热处理而交用户直接使用；退火状态是冷拔钢成品经热处理后，不再经过其他冷变形而交用户使用，绝大部分冷拔材不进行热处理，主要直接利用其表面，但是有些冷拔材是专门为了提高力学性能，或者为了变形加工零件，或者为了提高综合力学性能的，往往冷拔后还选择一次热处理。

成品热处理实际上主要是再结晶退火，按冷拔材氧化不氧化分为一般退火和光亮退火。一般退火是将钢材装入炉内直接与空气接触，退火后冷拔材表面有氧化层。光亮退火是将钢材装入密封器中或采用保护气体于炉中进行退火。退火后冷拔材表面无氧化层。

在生产中，高碳钢、合金工具钢、高碳铬轴承钢大部分要求光亮退火，在现场采用保护气体下或装在密封管中进行热处理，但是也有在大气中热处理的。不过热处理后用磨削来改善表面。

成品热处理制度主要根据技术条件要求进行的，如高碳铬轴承钢主要要求组织和硬度，组织在坯火过程中已得到解决，并规定其硬度在合格界限内，冷拔后硬度稍许提高。成品热处理就解决硬度问题，通常采用 680~720℃来热处理。

上述热处理三个过程是紧密联系的，不能仅考虑某一个或某两个而制定。例如在生产中由于高碳铬轴承钢坯火热处理操作不当，在基体上出现细点状的团聚现象，处于组织合格的边缘，在这种情况下就不用重新坯火了，而在中间退火时，采用稍高一些中间退火温度或延长些保温时间，成品热处理保温时间也相对长些，就完全可以达到技术条件要求的球状珠光体级别。

冷拔影响因素繁多，一旦产品出现质量问题，不能仅仅局限某一因素解决问题，例如在生产中低碳结构钢出现魏氏组织，其问题在于锻尖快冷而引起的。又例如，冷拔过程中起毛刺，有时认为热处理没有软化好，但也应该考虑润滑作用，相反地润滑好，也大大减少热处理次数。因此，冷拔材工序多，就得全面考虑和处理各种质量问题。

9.5　不锈钢退火酸洗技术

不锈钢带钢在冷轧之前，对原料（热轧卷）要进行退火，在冷轧过程中还要进行中间退火，最终产品要进行成品退火。因此，退火是不锈钢生产中的重要工序。而不锈钢的种类繁多，各种钢的属性存在较大差异，因而热处理的目的、方法和要求也就不完全相同，需要根据钢种特点和产品要求制定不同的热处理工艺制度。

9.5.1　不锈钢退火的类型

不锈钢的退火及酸洗工艺可以分为热带退火酸洗工艺和冷带退火酸洗工艺两种。

9.5.1.1　热带退火酸洗工艺

又称原料退火酸洗工艺，是冷轧不锈钢产品生产的首道工序。热轧不锈钢卷（俗称黑卷）在进冷轧机进行轧制之前一般都要进行退火酸洗，这是因为不锈钢热轧卷在热轧工序是在高温（相变点以上）条件下进行轧制的，轧后金相组织呈带状，并且存在不良组织。如：奥氏体钢在热轧冷却时发生碳化物析出，铁素体以及马氏体钢在相变点以上热轧后可能会发生马氏体转变有马氏体存在，这些不良组织对后续的冷轧存在不良影响。

另外，不锈钢材料热轧及卷取时会发生高温氧化，钢卷表面生成的氧化铁皮牢固地覆盖在带钢表面上。因而，热带退火酸洗主要是通过退火使热轧卷软化并调整晶粒度或提高塑性，再经酸洗后除去在热轧或退火过程中生成的氧化铁皮等杂质。

9.5.1.2　冷带退火酸洗工艺

可分中间退火酸洗和成品退火酸洗，这是因为不锈钢冷轧卷在常温（相变点以下）条件下进行轧制，经轧制后带钢金相组织呈带状，并且加工硬化加大，不利于后续的材料加工和使用。冷带退火酸洗主要使经冷轧后的不锈钢通过加热再结晶来消除加工硬化，从而达到软化，得到要求的性能，并通过酸洗消除退火过程中生成的氧化铁皮等杂质，进一步提高带钢的表面质量。不锈钢冷带退火酸洗机组的退火炉一般采用卧式连续炉，其特点是带钢退火时间短、带钢表面氧化铁皮少、带钢受热均匀、带钢冷却均匀。

因此，不锈钢冷轧卷在冷轧后进行退火，根据退火环境的不同，在高温氧化环境下带钢表面会生成致密的氧化铁皮，因而同样需要去除带钢表面的氧化铁皮。

为了提高生产率，现代化的不锈钢生产线将退火与酸洗合在同一机组内进行连续作业，这种机组被称为连续退火酸洗机组。连续退火酸洗机组主要包括热轧连续退火酸洗机组（HAPL）、冷轧连续退火酸洗机组（CAPL）。热轧连续退火酸洗机组用于热轧卷退火和酸洗，通过退火使热轧板卷软化、调整晶粒度或提高塑性，再经酸洗后除去在热轧或退火过程中生成的氧化铁皮等杂质。冷轧连续退火酸洗机组用于冷轧卷退火和酸洗，通过退火使冷轧板卷软化、调整晶粒度或提高塑性，再经酸洗后除去在退火过程中生成的氧化铁皮等杂质。为了节约投资，也可以对热轧带钢、冷轧带钢共用同一生产线进行退火和酸洗，这样的生产线称为混合连续退火酸洗机组。

为了使不锈钢材料获得最佳的使用性能或为用户后续进行不锈钢冷热加工创造必要的

条件，不锈钢材料在出厂前必须进行热处理。对不锈钢生产而言，不论进行何种热处理，习惯上统称为退火。

不同类型的不锈钢，热轧和冷轧后的带钢内部组织是不同的，因此其退火目的和使用的设备也各不相同。

9.5.2　不锈钢退火的目的

9.5.2.1　热轧不锈钢退火目的

不锈钢材经热轧后其硬度都较高并伴有碳化物析出，各类型的热轧不锈钢的退火目的如表 9-12 所示。

表 9-12　热轧不锈钢的退火目的

钢　种	退　火　目　的
马氏体不锈钢	（1）软化；（2）碳化物扩散；（3）调整晶粒度
铁素体不锈钢	（1）提高塑性；（2）调整晶粒度
奥氏体不锈钢	（1）碳化物固溶；（2）调整晶粒度；（3）软化；（4）减少 δ 铁素体

马氏体热轧不锈钢在高温下为奥氏体，热轧后在冷却过程中发生马氏体相变，常温下得到高硬度的马氏体。该钢种的退火目的是将马氏体分解为铁素体，基体上均匀分布着球状碳化物，使钢变软。

铁素体不锈钢通常没有 γ→α 相的转变，在高温和常温下都是铁素体组织。但当钢中含有一定量的碳、氮等奥氏体形成元素时，即使有很高的 Cr 含量，高温时也会部分形成奥氏体，在热轧后冷却过程也会发生马氏体转变，使钢硬化。因此这类钢的退火目的一方面是使其被拉长的晶粒变为等轴晶粒；另一方面使马氏体分解为铁素体和颗粒状或球状碳化物，以达到软化的目的。

奥氏体不锈钢含有大量 Ni、Mn 等奥氏体形成元素，即使在常温下仍是奥氏体组织；但是钢中含碳量较高时，热轧后会析出碳化物；另外，晶粒也会因加工而变形。这种钢的退火就是使这些析出的碳化物在高温下固溶于奥氏体中，并通过急冷使固溶了碳的奥氏体保持到常温，同时在退火中调整晶粒度，以达到软化目的。

9.5.2.2　冷轧不锈钢退火目的

不锈钢的冷轧是在材料相变点温度以下进行的轧制，因此在轧制过程中，材料没有相组织的转变，其冷轧时主要发生的是材料的加工硬化。冷轧量越大，材料加工硬化的程度也越大。因此冷轧带钢退火目的是将经冷轧硬化的材料通过再结晶退火而软化，得到所要求的性能。将加工硬化的材料加热到 200~400℃就可消除变形应力，进一步提高温度，则发生再结晶，使材料软化。冷轧后的退火包括中间退火和最终退火，其目的都是为了消除材料的加工硬化、软化带钢，以达到合适的材料性能。

9.5.3　不锈钢退火工艺特点

不管热轧不锈钢还是冷轧不锈钢均需要退火处理，根据不同钢种特性以及产品种类等需求，选取合适的退火设备，常用的退火炉如表 9-13 所示。

表 9-13 常用的退火炉

生产模式	退火炉形式
周期式	室状炉（台车式炉）、罩式炉（BAF）
连续式	悬垂式炉（APL）、立式炉（BAL）、辊底式炉

各类不锈钢的退火炉炉型选择如表 9-14 所示。

表 9-14 不锈钢的退火炉炉型选择

钢 种	热轧后	冷轧后
马氏体不锈钢	罩式炉	通常均采用 AP（C）
铁素体不锈钢	罩式炉或连续炉 AP（H）	连续炉 AP（C）或 BA 等
奥氏体不锈钢	连续炉 AP（H）	连续炉 AP（C）或 BA 等

以下就对不锈钢的主要退火设备——罩式退火炉、卧式连续退火炉以及立式连续光亮炉的设备构成特点以及退火工艺特点进行介绍。

9.5.3.1 罩式退火

A 罩式退火特点

罩式炉最初是应用于铜基合金退火的，后推广到钢铁工业。炉子的保护气氛从最初的氮气气氛逐渐替换为氮氢混合气氛，最后是全氢保护气氛。目前的罩式炉几乎均是采用全氢型保护气体单垛式罩式炉，该炉型实质上不仅是只采用全氢而与氮氢混合保护相区别，同时这种全氢型罩式炉在设备和工艺上还采取了相应的技术措施，以适应于全氢保护气体新技术的发展，从而建成了以提高退火产量和质量为目的的新一代全氢型强对流保护气体单垛式罩式炉。图 9-28 为全氢型强对流保护气体单垛式罩式炉的布置图。

图 9-28 全氢型强对流保护气体单垛式罩式炉布置图

相对于连续式退火炉而言，罩式炉是周期式退火炉，热轧钢卷在罩式炉中固定，堆垛而放，然后进行退火，经过一个完整的退火周期后，退火结束，再进行下一轮的退火，周而复始。

B 罩式退火的工艺要点

因不锈钢材料的不同以及热处理方式的差异，热轧马氏体钢以及在热轧后容易生成部分马氏体的铁素体钢，均需采用罩式炉（BAF）退火。退火方法大致分为相变点以下退火和相变点以上退火两类。

罩式炉处理钢卷的基本特征是：将钢卷装入炉内，因钢卷的不同部位升温状态不同，最难升温的部位是钢卷下部的中心部分，工艺设定时，一般是以这一部位的温度作为设定温度（目标材温）。而钢卷的外圈，特别是接近内罩的部分就有超出设定温度的危险，这是采用 BAF 炉退火必须注意的。

a　相变点以下的退火

这种退火带钢基体上析出的是微细碳化物，硬度降低不充分，因此一般含碳低的钢，如低碳马氏体和铁素体钢都采用这种方法。

由于退火没有超过相变点，按理说冷却速度可以不必管理。但是，如前所述，在钢卷的外圈也有超过相变点的危险，所以当退火温度的设定值接近相变点时，仍应采用加热罩，控温冷却到一定温度后再开罩快速冷却。

b　相变点以上的退火

一般来说，退火后的硬度是由碳化物析出状态的差别所决定的，因此要想得到较低的硬度，宜采用相变点以上的退火。像含碳量较高的 2Cr13、3Cr13 等钢种，最好用这种退火。用这种方法退火，必须控制冷却速度。一般在 500℃ 以上，应以不超过 30℃/h 的速度慢冷。

热轧不锈钢的罩式炉退火基本均采用相变点以下的退火，其典型的罩式炉退火曲线如图 9-29 所示。

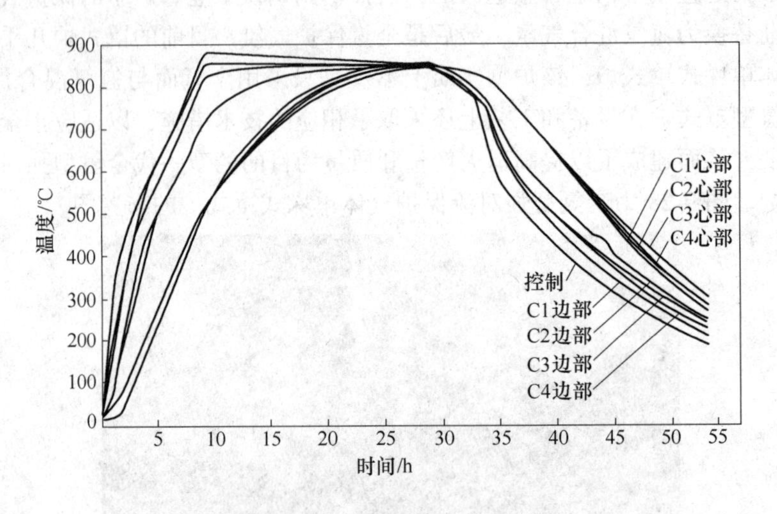

图 9-29　典型的罩式炉退火曲线

c　强对流全氢罩式退火技术

全氢罩式炉在不锈钢领域的作用主要是对热轧马氏体不锈钢及部分热轧铁素体不锈钢进行热处理。罩式炉退火采用间歇式生产方式，以液化石油气或天然气作为燃料，通过内罩壁对钢卷进行间接加热。罩式炉退火是以流体力学传导理论为基础，炉料得到热量的多少取决于内罩壁的辐射传热和气体对流传热的能力。

由于热轧卷横向存在着中间厚、两边薄的横向偏差，钢卷的层与层之间存在间隙，充满着空气，由于空气导热系数远远低于钢板的导热系数，因此带钢的径向导热能力很差，影响了钢卷径向的辐射传热效果。提高辐射传热效果，只有提高内罩壁的辐射温度，形成较高的温度差，但这势必造成钢卷的外圈过热。

通过增强内罩壁与保护气体之间的对流传热的主要途径是加大保护气的流速，采用保护气体流速高、流量大的循环系数，增强对流传热速度，把内罩壁上的热量尽量地传递给钢卷。

d　工艺气氛

所谓全氢是指用100%的氢作为保护气体，取代过去常规的氮氢型保护气体（氮氢型保护气体，一般指氢的体积分数为2%~4%，氮的体积分数为96%~98%）。

选择全氢作为保护气体，主要从氢的理化性质考虑的，氢、氮、空气及低碳钢的密度与导热系数如表9-15所示。

表9-15　气体和低碳钢密度与导热系数

项目	密度/kg · m^{-3}	导热系数/W · (m · K)$^{-1}$	项目	密度/kg · m^{-3}	导热系数/W · (m · K)$^{-1}$
氢气	0.0899	0.172	空气	1.293	0.024
氮气	1.251	0.024	低碳钢	7850	69.8

从表9-15可知，氢气的密度仅为氮气的1/14，而氢气的导热系数是氮气的7倍。氢质量轻，渗透能力强，可以渗入到钢卷层间，充分发挥导热系数大的特点，显著提高传热效率。全氢作为保护气体，不仅显著地提高了传热效率，从而提高了退火能力，同时提高了炉温均匀性，保证了钢卷的力学性能，提高了钢卷的内在质量及表面质量。

9.5.3.2　卧式连续退火

A　卧式连续退火工艺要点

凡不适宜在罩式炉退火的热轧卷（如奥氏体不锈钢、铁素体单相不锈钢）以及所有冷轧后的钢卷均在连续炉退火。连续退火具有以下基本特点。

连续退火炉各段温度保持恒定时，经开卷机开卷后的带钢在炉内匀速运行受热，因而大大缩短加热时间，减少带钢氧化，并使整个带钢受热均匀一致，当然也同样能让带钢均匀冷却。使带钢组织与性能均匀一致，这是连续炉与罩式炉的区别，也是连续炉的最大优点。

以何种速度运行，是影响生产能力、保证退火酸洗质量的关键。一般说来，通板速度的设定应能在炉子热负荷允许条件下，首先保证退火工艺条件的实现。由于连续炉在退火与酸洗之间没有活套，所设定的速度还必须同时满足除鳞要求。当退火与酸洗发生不同效应时，应该调整酸洗工艺，而不应简化退火工艺，或者降低运行速度。

运行速度与通板厚度成反比。当板厚增加时，运行速度需降低，以保持瞬间通板恒定，这是调整板厚与速度的重要依据。板厚与该板厚的机组允许最高工艺速度之乘积称为*XV*值，机组的最大*XV*值受退火炉性能决定，因此，一般用最大*IV*值来衡量一个炉子的退火能力。

连续退火炉的操作与维护要求特别严格。由于炉子比较长，退火与酸洗又互相牵制，机组速度和炉温一旦发生变化，在带钢上容易形成比较长的不良段。比如一旦突然停机、烧嘴熄火等，带钢材质都会出现异常。

B 热轧后连续退火

奥氏体不锈钢和铁素体单相不锈钢要求退火后快冷，而罩式炉做不到这一点，所以尽管这两种钢在软化机理上不相同，其热轧卷均采用连续炉退火。

热轧卷奥氏体不锈钢的退火实质上是固溶处理，其加热温度大致为1010～1150℃，然后水冷。最合适的加热温度应该比碳化物完全固溶的温度稍高一些。

热轧卷铁素体单相不锈钢的退火，一般选择在850℃以下，然后风冷。为避免晶粒过分长大，退火温度不应选择过高。在实际操作中，部分降低机组速度或作业线停止运行都是不利的。图9-30为典型的奥氏体热轧卷退火曲线。

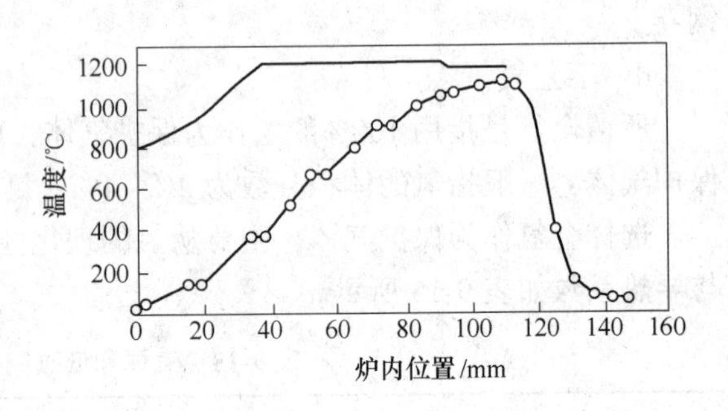

图9-30 典型的奥氏体热轧卷退火曲线

C 冷轧后连续退火

所有冷轧后的不锈带钢一般都用连续炉再结晶退火，所以必须掌握所有钢种的再结晶特性。由于钢的再结晶性随化学成分、退火条件、冷轧压下率而变化，因此，所设定的退火温度必须能使钢充分软化和再结晶完全。

奥氏体钢的再结晶一般从900℃左右开始，大体上在1050～1200℃温度区间完成。随着退火温度提高，晶粒粗化，硬度降低，二者之间大体成比例。如果晶粒过于粗大，不仅使钢板表面粗糙影响加工性，而且对耐晶间腐蚀也有不良影响，因此设定退火温度不能太高。

晶粒度不仅取决于退火温度，而且还受退火时间和冷轧压下量的影响。所以这种钢在退火中，对退火温度、加热时间、保温时间都要严格管理，退火后原则上仍采取快速冷却。

马氏体不锈钢和铁素体不锈钢冷轧后的退火也是以再结晶特性为基础。这里应该重复强调的是马氏体不锈钢一旦加热到相变点以上，就会发生马氏体相变而使材质硬化，特别是高碳马氏体钢更是如此。所以这种钢一般要求炉温设定在800℃以下，通板时要注意控制，退火后强风冷却。

铁素体不锈钢的再结晶从600～650℃左右开始，大体上在900℃附近完成。因此，加热到900℃附近时，也可能有相变发生。所以炉温设定应低于900℃，通常为850℃。退火后强风冷却。

图9-31为典型的奥氏体不锈钢冷轧退火曲线，图9-32为典型的铁素体不锈钢冷轧退火曲线。

9.5.3.3 光亮连续退火

不锈钢在大气中一经退火其表面会产生氧化层，因此退火后必须酸洗，对需要光亮的产品还须进行抛光研磨等处理。很自然，要省略这些后处理，使退火后的表面和退火前的一样，甚至超过而呈光亮状，这就要求在保护气氛下进行光亮热处理。

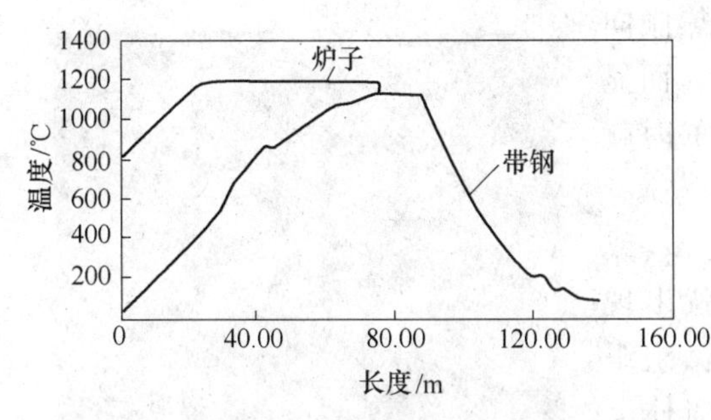

图 9-31 典型的奥氏体不锈钢冷轧退火曲线图

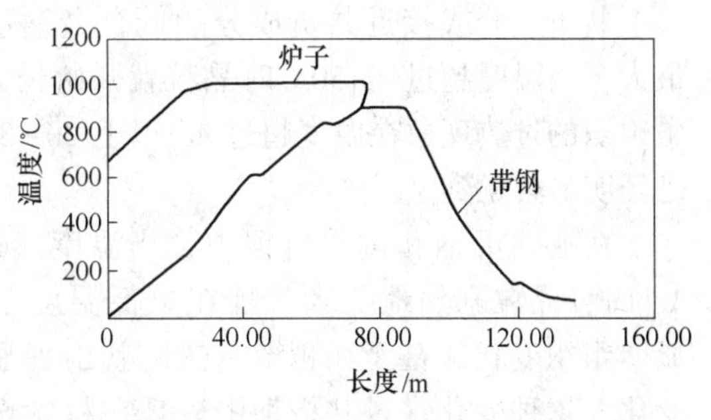

图 9-32 典型的铁素体不锈钢冷轧退火曲线

光亮连续退火炉主要是冷轧后的不锈钢退火，光亮炉除必要的冷轧后带钢的退火处理外，主要承担带钢表面质量的处理。光亮炉都采用全氢或氮氢混合保护气氛生产光亮板(也称 BA 板或镜面板)。

在不锈钢带中，铁素体不锈钢、马氏体不锈钢带的坯料和中厚钢带，一般采用全氢或氮氢混合保护气氛的罩式退火炉处理，而对奥氏体不锈钢带和铁素体不锈钢薄带往往采用连续光亮热处理。采用热处理炉的形式有立式炉和卧式炉两种。

不锈钢带光亮热处理与退火酸洗相比有以下优点：

(1) 提高了钢带表面质量和物理性能。不锈钢在氧化性气氛中加热，铬的氧化速度比铁快，因此钢带表层铬的损失比铁多，钢带表层的含铬量低于基体的含铬量，酸洗后这个贫铬层往往不能完全消除，这样会降低不锈钢的抗蚀性。采用光亮退火就不会出现这种情况，而且光亮退火后钢带表面的光洁度也远比酸洗后的表面光洁度更高。

(2) 提高金属收得率。不锈钢在氧化性气氛中加热，再经过酸洗，金属损耗会很大。对于薄带，其损耗甚至高达 10%以上。

(3) 生产成本低，省去了酸洗、抛光、研磨等工序。

(4) 能精确控制成品尺寸，因为没有氧化损失，故可由轧制来控制最终尺寸。

9.6 轧锻材及冷拔材在热处理中的缺陷

钢的生产过程中，制定合理工艺规程能保证钢在生产各个工序中不出现各类缺陷。轧锻材及冷拔材在热处理过程中常出现的缺陷，主要有过热、过烧、氧化、脱碳、硬度、组织、石墨化、外形及表面、力学性能、裂纹等方面。

9.6.1 过热、过烧

过热、过烧是常见的冶金缺陷。过热是指钢加热温度已超过 Ac_3 并继续升高温度时，钢中晶粒度发生急骤长大，使钢具有粗大的结晶组织。这种粗大的结晶组织在低倍检验试样上肉眼可见，图 9-33 就是钢材局部晶粒粗大的低倍组织照片。在断口试样上同样看到粗大的结晶断口（萘状断口）。

此外由于热处理时加热温度稍高或保温时间长，虽没引起晶粒粗化，但已产生过热现象。例如：高碳铬轴承钢等温球化退火时，由于加热温度高至 845℃，保温 1h，缓慢冷却后，出现片状珠光体，这种现象也称为过热。

共析成分或接近共析成分的低合金钢过热倾向最大。当温度超过 $Ac_1$50℃时晶粒就开始长大，而显微组织的过热现象在温度超过 Ac_1 以上 20～30℃时就已经明显察觉到。

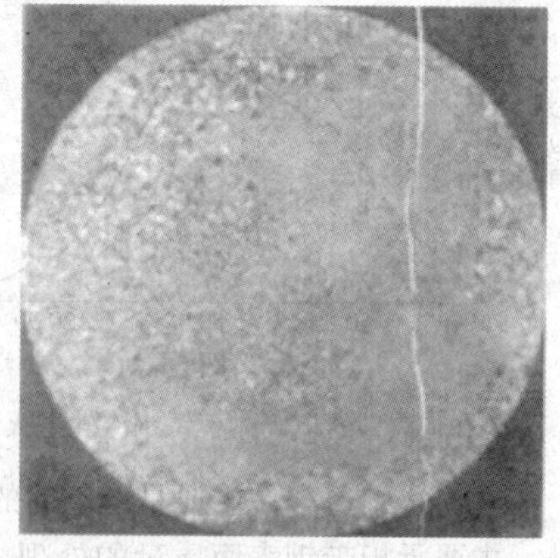

图 9-33　局部晶粒粗大低倍组织

在亚共析钢和过共析钢中，当温度超过 Ac_3 或 A_{cm} 时，晶粒剧烈地长大。且在更低温度下就出现显微组织变化，甚至在稍微过热时就出现显微组织变化。这种变化在过共析钢中表现在粒状珠光体上出现有片状珠光体。超过 Ac_3 或 Ac_{cm} 时的过热钢，在缓慢冷却后，则在晶粒周围形成铁素体或碳化物网络。

对于已经造成晶粒长大，并促使过剩相沿晶界析出的过热现象的钢，必须将其于或略高于 Ac_3 或 Ac_{cm}，温度下正火，必要时连续两次正火。

对于产生过热组织的钢，不要采用正火方法挽救，一般只用原工艺再热处理一次。如高碳铬轴承钢，热处理后出现少量片状珠光体组织时，再用原热处理工艺热处理一次便可以解决。

过烧就是钢加热温度比过热温度再高时，钢中非金属夹杂集中在晶粒边界上并开始氧化和部分溶解现象，使晶粒之间存在一薄层非金属薄膜，将其隔开。当钢变形时就产生裂纹或龟裂（图 9-34）。过烧由于晶粒间氧化，无法挽救，只能成为废品，重新冶炼。

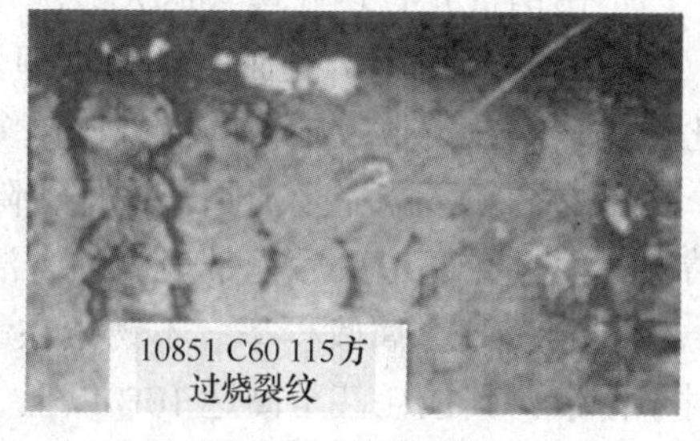

图 9-34　钢材裂纹

9.6.2　脱碳和氧化

在高温下钢表面与周围介质之间可能发生各种化学反应，其中主要有两种，一种是钢的脱碳（即表面层碳被烧掉），一种是钢的氧化（即钢的表面形成氧化铁皮）。

钢的表面脱碳主要化学反应是：

$$F(\gamma)C + 2H_2 \longrightarrow Fe + CH_4 \uparrow$$

$$F(\gamma)C + \frac{1}{2}O_2 \longrightarrow Fe + CO_2 \uparrow$$

如果上述反应向相反方向进行，则产生增碳作用。钢的渗碳就是这个原理。换句话来说，氢和氧是脱碳气体，而甲烷和一氧化碳则为增碳剂。钢的表面氧化主要化学反应是：

$$2Fe + O_2 \longrightarrow 2FeO$$

$$2Fe + CO_2 \longrightarrow FeO + CO \uparrow$$

$$Fe + H_2O \longrightarrow FeO + H_2 \uparrow$$

从上述反应式看出，氧、二氧化碳和水蒸气是氧化气体，而一氧化碳和氢则为非氧化气体。

钢的氧化过程是当钢和氧反应后，在钢的表面上形成氧化膜，使钢和氧隔开，但是由于氧化铁层疏松多孔，故氧通过氧化膜扩散到钢的表面。在这一过程中，钢中的碳也不断从钢中向表面扩散，被氧烧掉，这是两个同时进行的过程。

氧化和脱碳与温度关系是随温度升高，由于氧和碳的扩散速度随温度升高，氧化层及脱碳层快速增加。

氧化和脱碳与时间关系是随时间增加，氧化层及脱碳层也随之缓慢增加。氧化和脱碳与炉气关系是炉气为氧化气氛，则氧化层增加，而脱碳层相对地少些；相反地，炉气是还原气氛，脱碳层多些，氧化层少些。

钢的脱碳在超过 Ac_1+40℃时就产生。对于在普通氧化炉气中加热的钢，在 Ac_1 以下温度加热时，一般不产生脱碳现象。但对硅钢超过 Ac_1 时就开始脱碳。这是因为当氧气不足时钢表面上不能形成氧化铁皮，而发生脱碳。在低温脱碳时，脱碳层与正常组织截然分开。当加热温度超过 Ac_1+40℃时，脱碳层就存在过渡层。

脱碳层一般分为完全脱碳层和过渡层两个层区。对于粒状珠光体组织的钢，过渡层为片状珠光体。说明这个温度对低碳部分已经过热了。其他脱碳层在组织上也同样存在相应的区别。

为了防止脱碳，在热处理时就要降低加热温度及缩短保温时间。首要的仍然是温度。另外也要考虑炉子气氛，应保持氧化气氛。

对于脱碳层已超过相应标准允许脱碳深度的钢材，挽救方法有：

（1）用磨削的方法改为较小尺寸的钢材。

（2）采用酸洗法，腐蚀部分钢材表面，减少脱碳层深度达到相应标准要求。

（3）采用 Ac_1 以下温度的氧化处理，通常将脱碳不合格的钢材加热至 720℃保温，保温时间根据要求去掉脱碳层深度考虑。如高碳铬轴承钢在空气炉中，在 720℃停留 1h，氧化表面厚度为 0.09mm 左右，对碳素工具钢则为 0.05mm 左右。

热处理过程中的脱碳和氧化都造成了极大的损耗，存在脱碳层部分在零件加工中必须削掉，氧化则造成金属损失，从而降低成品率，提高生产成本。此外钢氧化，尤其当氧化不均匀时，会造成不良的钢材表面，使钢材表面粗糙，在轧辊上矫直时，往往氧化铁皮被压入钢材内，因而形成钢材表面麻坑。因此，热处理除必须尽可能降低加热温度和缩短保温时间，来减轻氧化程度，还可以采用在退火后冷至 Ac_1 以下温度时，将钢材浸入水中数分钟，氧化皮容易脱落，钢的表面显得光洁。

对于表面要求高而又无脱碳层的钢材，采用保护气体或装入密封管中进行热处理。

9.6.3 硬度

各类钢经退火、正火、回火以及调质等热处理后均经布氏硬度检验，对工具钢淬火后还进行洛氏硬度检验，因此，钢材硬度存在的问题是钢厂热处理中主要问题之一。热处理后的钢材硬度不合格现象大致有以下三种：

（1）硬度比标准要求的高。

（2）硬度比标准要求的低。

（3）硬度高于标准规定的上限，又低于标准规定的下限（硬度不均）。

热处理材出现硬度偏高，由下面几个工艺因素引起的。对马氏体类型钢，在采用高温回火后硬度偏高，其主要原因是保温时间短了。而对采用退火工艺的钢材硬度偏高，在加热温度选择正确的情况下，其主要原因仍然是保温时间少了，其次是冷却速度快了。例如在现场生产中曾遇到670℃热处理18CrNiWA和800℃热处理3Cr2W8V时，其硬度偏高，经试验发现均因保温时间短引起的。又如用800℃热处理Cr17Ni2和2Cr13时，其硬度偏高，经试验发现是因为冷却速度快了造成的。对其他类型钢偏高，仍要考虑保温时间和加热温度选择是否得当，冷却速度是否快了。

热处理出现硬度偏低，大部分是在标准规定硬度值具有上下限的钢号中出现，这些钢号大部分要求具有一定的退火组织。其产生原因在于加热温度、保温时间及冷却速度三个过程，只有达到组织要求，硬度才能合格。其影响因素详见高碳铬轴承钢部分。

热处理产生硬度不均，其主要原因是设备不良或操作不好而引起的，即设备各部分温差过大或操作时局部温度过高或过低。其次应考虑钢材原始组织的不均匀性。对于出现硬度不合格的热处理材挽救方法，主要是：

（1）对硬度比标准规定偏高的热处理材，采用原工艺重新热处理一次。或经试验选择最佳的加热温度、保温时间及冷却速度，再进行热处理。

（2）对于硬度比标准规定偏低的和硬度不均的热处理材，必须采用正火，再重新热处理一次。有时对于硬度稍微偏低的热处理材，可以采用抛光时效硬化方法挽救。

热处理材通常是在棒材侧面（轧制方向）上距离端面100mm处测布氏硬度，对整炉钢材根据情况，抽检5%、10%、20%，甚至100%，不合格的必须重新热处理。

钢材的淬火硬度、调质硬度主要是按标准进行淬火，测其洛氏硬度，硬度偏高或偏低，则与钢的化学成分、原始组织、淬火回火制度有关。

对其硬度不合格的钢材，因为不能改变钢的化学成分，只要成分合格，应从原始组织及允许调整范围内对淬火回火温度进行调整，使其达到合乎标准要求。

应该指出：硬度测量必须严格按标准规定进行，才能保证测量结果的正确性。

【实例】 在生产小规格ϕ16~18mm高碳铬轴承钢时，热处理后组织合格，可是布氏硬度低于170，为了找出这个原因进行如下试验：利用28mm的GCr15加工成65×5×8、65×7×8、65×9×8、65×11×8、65×13×8、65×15×8、65×17×8、65×19×8、65×21×8。各两个试样，每个试样均用10mm的钢球压痕，从其压痕的直径数值看出试样宽度与压痕直径的关系和压痕的椭圆度与试样宽度的关系，分别绘出曲线（图9-35、图9-36），从曲线可以知道，对于采用10mm的钢球压痕，其硬度随着磨面（试样宽度）的增加而显著的升高，仅当试样宽度达到19mm时，才能测出钢材的真正硬度值。因此可以看出，由于压痕引起的周围产生滑移的区域是以压痕中心为圆心，以10mm为半径的圆范围内。

《金属布氏硬度试验》（GB/T 231.1~231.3—2009）规定压痕中心距试样边缘不应小于钢球直径，即对于用10mm的钢球压痕时，试样表面应该是20mm以上是完全正确的。

由此可知，在生产中遇到的用10mm钢球去测量ϕ16~18mm的钢材硬度，必然要低，再按标准采用5mm钢球去测量硬度，就不出现组织合格而硬度偏低的现象。

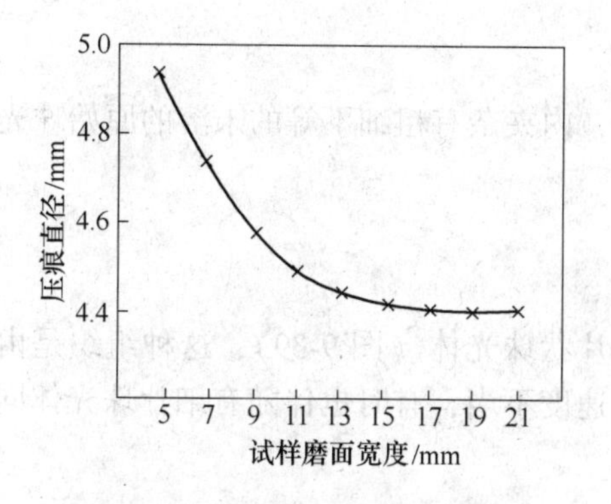

图 9-35 试样宽度与压痕直径的关系

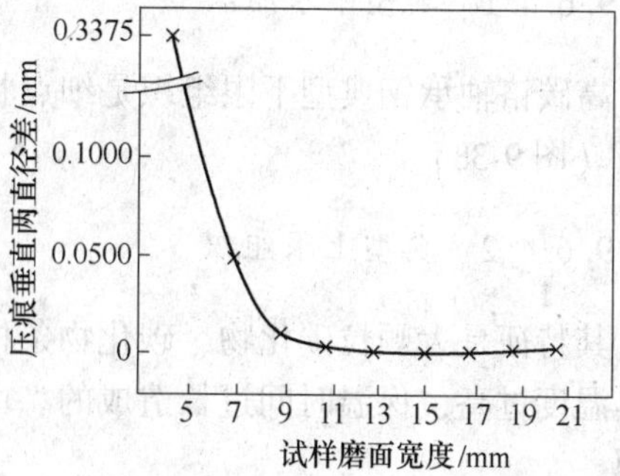

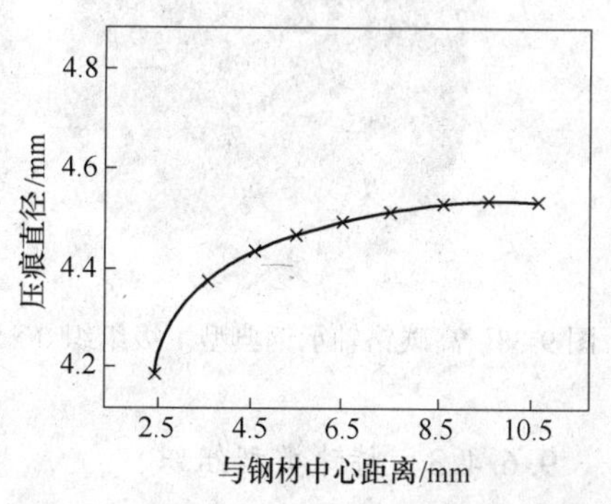

图 9-36 压痕椭圆度与试样宽度的关系

关于压痕的椭圆度问题，也同样随试样宽度增加而增加，当达到 13mm 后，则不出现椭圆度。在此注意：“大直径的方向不是试样宽度方向，而是试样长度方向”。试样磨面不同深度对硬度值也存在影响，同样用上述加工试样，用 2.5mm 钢球测其侧面硬度，其变化如图 9-37 所示。

上述现象的原因，在于钢锭的中心碳化物多于钢锭表面，成材后虽有改善，但仍然避免不了中心碳化物高于表面，高碳铬轴承钢大型材中心与外部网状相差 1 级，因此球化后，内部组织与外部组织仍相差 0.5 级（中心组织劣化），故其硬度也相应出现了区别。

图 9-37 钢材磨面深度与硬度值的关系

高碳铬轴承钢退火后的硬度与其强度有一定关系。经过试验，国产铬轴承钢退火后抗拉强度与布氏硬度得出如下关系：

$$\sigma_b = 0.3578\text{HB}$$

可用此关系判定高碳铬轴承钢能否合格，将作为高碳铬轴承钢退火后硬度合格的另一个判定依据。

上述试验说明了生产过程中出现质量问题时，不能只找热处理原因，也应考虑其他因素，才能正确解决质量问题。

9.6.4 组织

对钢厂生产的八大钢种来说，只有碳素工具钢、高碳铬轴承钢、合金工具钢要求具有一定组织，但也有个别钢种，如石墨钢种要求有雪花状石墨组织，这是少数的。碳素工具钢、高碳铬轴承钢、合金工具钢的组织问题主要要求热处理后具有粒状珠光体组织，组织中碳化物呈现均匀粒状，但在热处理后往往会出现下面两种情况：（1）按相应标准中的评级图出现加热温度不足组织；（2）按相应标准中的评级图出现加热温度过高组织。

但实际生产中遇到的不合格组织类型比较复杂。以高碳铬轴承钢为例，大致可分为以下四种类型。

9.6.4.1　典型下限组织

高碳铬轴承钢典型下限组织是细点状碳化物，内夹杂有粗细不等的未溶的原始珠光体组织（图 9-38）。

9.6.4.2　典型上限组织

其特征是大颗粒碳化物、碳化物条杆和粗大片状珠光体（图 9-39），这种组织是由于加热温度过高，保温时间过长造成的。由于冷却速度不当，有时也伴随有细片珠光体同时出现。

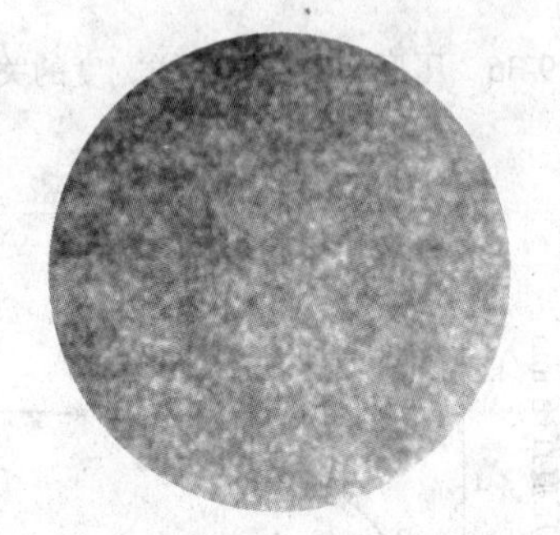

图 9-38　高碳铬轴承钢典型 1 级组织（×500）

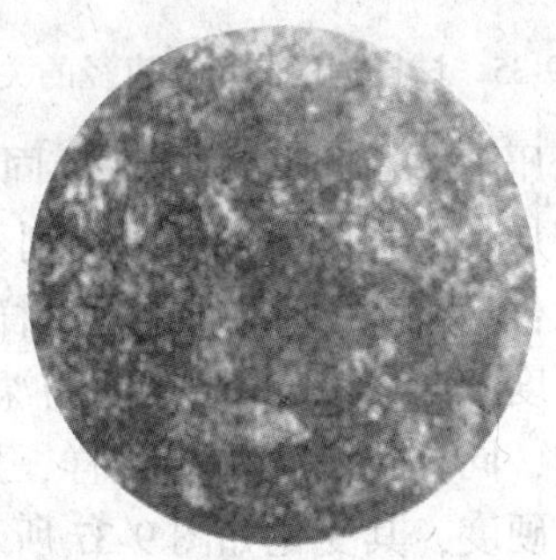

图 9-39　高碳铬轴承钢典型 6 级组织（×500）

9.6.4.3　特殊类型组织

这种组织是颗粒状碳化物、碳化物密集黑团与粗片状碳化物组成，从碳化物密集黑团看是下限组织，要从颗粒碳化物和粗片碳化物来看又像上限组织，形成原因可能是：加热温度过高，而冷却又较快，温度过高奥氏体局部迅速均匀化。冷却快时又析出密集碳化物黑团。

由于原始组织不均匀，在较低温度下长时间保温过程中，原始组织中的粗大片状，珠光体又不能够消除。

9.6.4.4　点状密集黑团组织

在组织中呈现颗粒碳化物和点状碳化物的密集黑团。它主要原因是由于冷却快，使奥氏体在共析转度时，碳化物分散度增大，在显微镜放大 500 倍下观察，点状碳化物呈黑团，另外原始组织不均匀增大了形成这类组织的倾向性。

对于上述组织不合格的钢材，属于温度不足的可以用原热处理工艺重新处理一次，或采用高温回火。对于过热组织或原始组织不均匀引起过热组织，应采用正火，然后再用较低一点温度（原工艺加热温度下限）原热处理工艺热处理一次。对于具有点状密集黑团组织的钢材，可用低温退火（高温回火）来改善。

9.6.5　石墨化

高碳钢及含硅的弹簧钢容易出现石墨化，主要原因是热加工时终轧温度过高，而冷却较慢。另外热处理又选择促进石墨化的温度（700～800℃），才造成有棉絮状的黑色析出物。

对冷拔材，不断地反复热处理、冷拔。就像GCr15反复热处理、冷拔6次，也同样会促进石墨化形成。

在过共析碳素工具钢（T12、T13）中可以看到黑斑点状的退火石墨．这就是碳的析出物，是渗碳体分解产物，是高碳工具钢在（760~800℃）长期退火的结果。当硅含量增加，可以促使渗碳体分解，有助退火石墨形成。以石墨形式析出碳在淬火加热（780~800℃）时不向固溶体内溶解，因此钢的硬度降低，使用寿命也降低。

钢中石墨化程度，按评级图评定。严重者，其断口也呈黑色。碳素工具钢出现石墨化断口，基本上成为钢厂废品。虽然在1050℃高温下加热，急冷方法可以使大块石墨溶解，但是伴随着产生脱碳和显微组织过热，甚至过烧。另外操作也困难。采用正火方法消除或减少石墨化，但在退火中又重新出现，甚至更严重。

但是应该指出，弹簧钢出现石墨化，明显地降低疲劳寿命，尤其70Si3Mn和60SiCr等。本溪钢厂进行了65Si2MnWA钢石墨化试验情况来看，弹簧钢经淬火回火后使用，在淬火温度加热Ac_3以上时，如果保温时间足够，石墨大部分重新溶入奥氏体中。在使用情况下，对弹簧钢的寿命并无明显影响，经过现场使用试验，也是同样的。

钢厂在制定工艺过程中应该考虑防止石墨化出现的合理工艺，尤其含硅钢更应控制终轧加工温度（830~870℃）。在热处理时，尽量不在石墨化形成温度（700~800℃）下热处理，即使采用这个温度热处理了，也要尽量缩短保温时间。

9.6.6 外形及表面

由于轧材、锻材经过热处理后称为热处理材。轧材、锻材经过高温热处理产生了一定变形，因此，要求矫直供应，要求除去表面缺陷。除去轧材、锻材在热加工时产生的氧化铁皮和在热处理时产生氧化铁皮，尤其采用1050℃热处理的钢材，其氧化铁皮通常用酸洗法消除，酸洗后的钢材必然产生麻点，要求除去轧材、锻材在热加工过程中尚遗留下来斑痕、裂纹、结疤等缺陷。

一般马氏体钢均采用酸洗后清理，其主要是清理裂纹。

钢材的尺寸必须符合要求标准规定的正负公差。有的订户为了节约钢材从制件尺寸出发，要求厂以定尺或倍尺供应。

热处理后切头只允许冷切。关于出厂钢材标志及包装，应按标准要求进行，必须又经济，包装又好。

9.6.7 力学性能

对钢厂来说，热处理后直接进行力学性能检验的热处理材主要是结构钢正火材。还有经过试验室淬火回火后进行力学性能检验的钢材，这些钢主要是结构钢、不锈耐酸钢、不锈耐热钢、弹簧钢等。对于热处理后直接进行力学性能检验的结构钢正火材，主要是强度指标常存在不合现象，即强度达不到指标。其原因主要是冷却速度，应采用合适冷却速度。对于经淬火回火后产生力学性能不合项目较多，力学性能检验各项指标都有不合格的，其原因大致有以下几个方面：

（1）化学成分影响。目前各钢厂根据本厂生产条件和生产经验，往往规定有厂内控制的化学成分，从而保证检验合格率。

(2) 在允许范围内纠正淬火、回火的加热温度和保温时间。

(3) 原始组织状态，必须获得良好组织。钢的化学成分对钢的综合性能有重大影响，生产实践表明，一般可以在规定允许范围内找到一种最合适的化学成分，不但可保证达到或超过标准要求的力学性能，而且质量稳定，并节约贵重合金元素。

这条措施在很多钢厂都产生了良好效果，特别是在保证性能、提高质量方面很有成效。例如北满钢厂用以下几个钢号规定了厂内标准：

1) 20CrMnTi 平炉钢，将原标准碳从 0.17%~0.24%缩为 0.18%~0.2%，硫、磷从原标准 ≤0.04%分别缩为 ≤0.025%、0.020%，这样使力学性能合格率从 76.5%提升到 100%。

2) 40 号~50 号平炉碳素结构钢，由于厂内规定控制在中下限，才使力学性能达到基本稳定。

3) 18CrNiWA，将碳从 0.14%~0.21%控制在 0.14%~0.17%，磷≤0.03%控制在≤0.02%，才能使力学性能稳定地达到标准要求。

4) 20Cr 电炉钢，原标准碳 0.17%~0.24%，磷≤0.035%。但生产中摸索到碳>0.22%，磷≥0.02%的钢，其力学性能中冲击值和断面收缩率常出现不合格现象。只有当 C<0.22%、P<0.015%才能使力学性能稳定地达到标准要求。因此厂内规定 20Cr 的 C 在 0.17%~0.22%、P<0.015%。按厂内规定的化学成分出钢，在操作上要困难些，但从生产实践中看到它是保证产品合格率的有效措施。虽然没有严格明文规定但实际上已普遍为钢厂所接受，成为公认的制度。在标准中规定淬火温度允许调整±20℃，回火温度允许调整±50℃，保温时间及冷却均可调整，利用上述可调因素进行调整，一般无冶金缺陷的钢材，力学性能均能处理合格。

必须充分考虑，原始组织状态。一般有的钢规定先正火一次，然后淬火回火，这就是创造良好组织，一般轧材、锻材按正常加工工艺冷却下来，其组织是良好的。

钢的力学性能能否合格，必须从冶炼、热加工直至热处理全部过程来保证，单靠热处理是难以保证的。

9.6.8　裂纹

当对水冷、油冷退火后的钢及在空气中淬硬的高合金钢进行正火时，可能产生裂纹。如果在退火后进行水冷以除去表面氧化皮，但钢浸入水中以前还没有在全部体积内完成转变，这样处理就可能产生裂纹。因此，为了防止产生废品，钢在浸入水中之前必须保证其中奥氏体完全转变珠光体。钢淬硬后不及时回火可能产生裂纹，钢热加工后冷送热处理进行回火，在这期间也可能产生裂纹，可以根据裂纹处脱碳及氧化来鉴别裂纹是如何产生的。

由于热处理不好，在矫直过程中也会产生裂纹。图 9-40 就是 9SiCr 要矫直过程中出现螺旋裂纹。

图 9-40　9SiCr 螺旋裂纹

习　题

9-1 什么叫热加工？什么叫冷加工？

9-2 什么叫光亮退火，其特点及用途是什么？

9-3 简述罩式炉退火中的脱氮工艺要点。

9-4 中间退火的实质及其目的是什么？

9-5 什么是再结晶退火，其目的是什么？

10 钢材的缺陷及改善方法

10.1 钢材的冶金缺陷

钢材在生产过程中要经过冶炼、铸造、轧制（或锻造）等工序，最后成材。由这些工艺过程所控制的质量，一般称为冶金质量。冶金工厂生产的各种钢材，出厂时要按照相应的标准及技术文件的规定进行各项检验。

为了鉴定钢材的冶金质量，通常采用化学分析、低倍分析、高倍分析和断口分析等方法进行检验。本节主要介绍钢材的低倍、高倍、断口缺陷的特征及其对钢材性能的影响。

10.1.1 钢的低倍缺陷

钢的低倍组织缺陷种类很多，常见的有下列几种。

10.1.1.1 疏松

钢的组织不致密称为疏松。在经热酸腐蚀的横向试片上，疏松呈现分散的小空隙和暗色的小圆点，其中小孔隙为多边形或圆形。疏松可分为一般疏松和中心疏松两种。

疏松对钢材性能的影响程度取决于疏松点的大小、数量和密集程度。一般疏松不太严重时，对力学性能及使用寿命无太大的影响。但严重时，可降低钢的横向力学性能（塑性与韧性），对零件的加工光洁度也有影响。

防止或减少疏松的措施主要是控制冶炼和铸锭的质量，减少钢中的杂质和气体，轧制时加大钢材的压缩量等。

10.1.1.2 缩孔残余

金属在凝固过程中，由于体积收缩，在冒口一端一般都存在缩孔。在正常情况下，钢锭在切除冒口时，都可以将缩孔切去，但在生产中由于种种原因，缩孔难以除净。残余缩孔破坏了金属的连续性，是一种不允许的缺陷。为了防止缩孔残余，应采取正确的浇注工艺、合理的锭型设计，并适当地切除冒口。

10.1.1.3 偏析

钢中化学成分的不均匀性称为偏析。根据偏析形成的原因和表现形式，一般分为树枝状偏析、方形偏析、点状偏析等。

采用高温扩散退火方法，可使偏析减轻。若钢材或锻件树枝状偏析严重时，则钢的塑性、韧性降低，这种情况尤以中碳铬钼钢、铬镍钼钢大锻件最为普遍。在压力加工时，树枝状偏析严重时还可使锻件破裂。

大多数钢中易产生方形偏析，一般说来，合金钢比碳钢中出现率高，且比较严重。不严重的方形偏析是允许存在的缺陷，但严重的方形偏析会降低钢的塑性和韧性。

轻微的点状偏析对力学性能没有明显的影响，但严重的点状偏析使钢的塑性和韧性降低，特别是横向断面收缩率的降低最为显著。

在合金钢中，由于合金元素的加入，使钢的流动性降低，气体析出更加困难，所以更易于出现点状偏析。

10.1.1.4 气泡

根据气泡在钢中分布位置的不同，将气泡分为皮下气泡和内部气泡两种。皮下气泡分布在表皮附近。热加工用钢不允许有皮下气泡，冷加工用钢如果皮下气泡存在于表面不深的区域，在机械加工时是可以清除掉的，如果存在较深，则加工后仍留在工件内，使用时会造成事故。内部气泡是镇静钢中不允许存在的缺陷。

10.1.1.5 发纹

发纹即是裂纹，是沿钢材的加工方向呈现的类似头发丝粗细的裂纹。钢材皮下容易出现发纹，不同的钢种对发纹的敏感性也不同，最容易出现发纹的是 Cr13 型不锈钢，其次是 30CrMnSiA 等钢。

发纹严重地降低钢的疲劳强度。因此，对制造重要零件所用的钢材，必须做发纹检验，并对发纹的数量、长度和分布情况严格限制。防止发纹最好的办法是提高冶炼质量，降低钢中的气体和夹杂。

10.1.1.6 白点

白点是钢中的内裂。检查白点最好在淬火状态下折断，以免试样在折断时由于塑性变形而使白点失真。

白点主要发生在珠光体钢、马氏体钢、贝氏体钢的锻轧件中，当锻轧后冷却较快时，有出现白点的危险。白点的存在会大大降低钢的力学性能。用存在白点的钢材制成零件后，在最后热处理淬火过程中，将使裂纹逐渐扩大，甚至完全开裂，所以白点是一种不允许存在的缺陷。为了防止白点产生，在热压力加工后进行锻后热处理，又称第一热处理。

10.1.2 钢的高倍缺陷

在钢材冶金质量的检验中，有些缺陷低倍检验是不能反映出来的，或者不能充分反映出来，所以还必须进行高倍检验。钢中常见的高倍缺陷有带状组织、非金属夹杂物、碳化物液析、魏氏组织及网状碳化物。这里着重介绍前三种。

10.1.2.1 带状组织

钢锭在热压力加工时，沿压延方向可能出现两种组织交替呈层状分布的情况，在显微镜下看到的这种组织称带状组织。在亚共析钢中可出现铁素体的带状组织；在高碳合金钢中则可出现碳化物的带状组织。

带状组织是造成钢材各向异性的主要原因，它使钢的横向塑性、韧性明显降低。带状组织严重，影响切削加工性能，即加工时表面光洁程度变差；渗碳时易引起渗层不均匀；

热处理时易变形且硬度不均匀。带状组织一般通过正火进行改善，合金元素偏析所引起的带状组织要通过高温扩散退火进行改善。为了防止带状碳化物，应当掌握适当的出钢温度，加快钢锭的结晶速度，以降低碳偏析。但高温扩散退火不能完全消除带状碳化物。

10.1.2.2　液析

某些高碳高合金钢在结晶过程中从钢液中结晶出共晶碳化物或从钢液中直接析出一次碳化物的现象称为液析。其形状在钢锭中呈块状或共晶骨骼状，经加工后破碎成链状或条状，沿加工流线分布。

液析对钢材性能的影响与下述的夹杂物的影响相似，同时还降低淬火组织中碳和合金元素的固溶浓度。液析经高温扩散退火能以带状碳化物形式出现。

10.1.2.3　钢中非金属夹杂物

钢中非金属夹杂物一般为氧化物、硫化物和硅酸盐。夹杂物的存在使钢材性能降低，特别是使断面收缩率和冲击韧性显著降低，对钢的疲劳强度也有很大影响。夹杂物在热加工后易于产生带状组织。

钢中的夹杂物是难以避免的，在生产中可根据夹杂物的数量、形态及分布情况来评定级别，具体方法可参考有关标准。

改善夹杂物的根本措施是控制钢材的冶炼和浇注质量。如采用真空冶炼及电渣重熔等方法，可以减少钢中的夹杂物。

10.1.3　断口分析

断口分析常作为评定材料冶金质量和热处理质量的常规检验手段之一。根据钢材种类和检验要求的不同，断口检验试样在折断以前要经过热处理，其目的在于使真实的缺陷容易显露。常见的断口组织如下。

10.1.3.1　纤维状断口

纤维状断口无金属光泽，无结晶颗粒，呈暗灰色，并有明显的塑性变形。纤维状断口属于正常断口，如调质钢经调质处理后就有这种断口。

10.1.3.2　结晶状断口

结晶状断口一般具有强烈的金属光泽和明显的结晶颗粒，断口齐平，呈亮灰色，属于脆性断口。

一般具有珠光体组织的热轧或退火钢的断口往往呈现这种形态，属于正常断口。但若调质钢出现这种断口，则属缺陷断口。结晶状断口是解理或准解理断裂。

10.1.3.3　瓷状断口

经过正确淬火或低温回火处理的高碳钢和某些合金结构钢的断口，呈亮灰色、致密，有绸缎光泽，类似细瓷片的断口，属正常断口。

10.1.3.4 层状断口

在纵向断口上，沿热加工方向呈现凸凹不平、无金属光泽的条带。目前国内根据层状断口的不同形式和不同的特征，将其分为撕痕状断口、木纹状断口、台状断口、分层断口等。层状断口会使钢材在纵向或横向的塑性和韧性明显下降，甚至会造成钢材报废。

10.1.3.5 萘状断口

萘状断口是一种脆性穿晶的粗晶断口。断口有类似萘晶的颗粒，这些颗粒多显微弱的金属光泽，并有反光的亮点，有时呈光亮小片。

萘状断口是合金结构钢过热或者高速钢重复淬火而产生的一种粗晶缺陷。具有萘状断口的钢力学性能很差，特别是冲击韧性很低，在产品中是不允许存在这种缺陷的。萘状断口可以通过多次重结晶的方法予以消除。

10.1.3.6 石状断口

粗晶粒沿晶界断裂产生石状断口，其特征是颜色灰暗，无金属光泽，像有棱角的小石块堆砌而成的一样。石状断口表明材料过烧或严重过热。具有严重石状断口的钢材，其室温冲击韧性显著下降，且不能用热处理方法来消除，所以也是一种不允许有的缺陷。

10.2 热处理可挽救的冶金缺陷

热处理在钢的生产过程中非常重要，除了轧锻材及冷拔材热处理外，应用热处理工艺可使冶金废品重新被利用。

热处理可挽救的冶金缺陷有：碳化物液析、带状碳化物、网状碳化物、点状偏析、晶粒度、萘状断口、力学性能、脱碳。

10.2.1 碳化物液析

高碳铬轴承钢中的碳化物液析是由于碳元素的严重树枝状偏析所形成的亚稳定共晶莱氏体组织。在钢锭浇注时，这种碳化物形状不同于一般非金属夹杂（球状体），而呈连续或半连续的不规则多角块状分布，所以在热加工变形后，多呈断续或连续的条状沿加工方向分布，如图10-1所示。

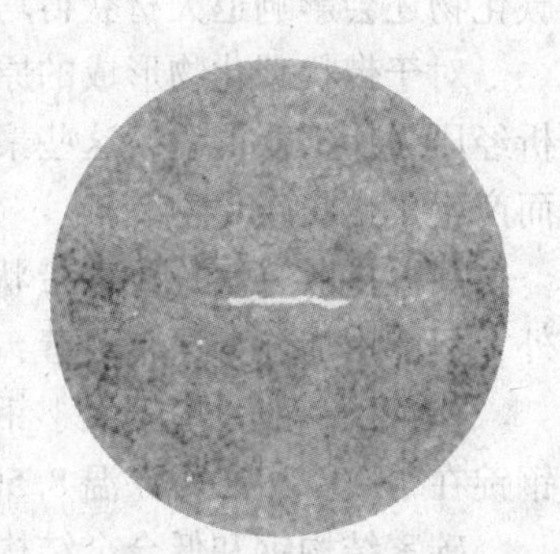
图10-1 Gr15碳化物液析（×100）

高碳铬轴承钢碳化物液析，在一定高温条件下，可以借助于扩散作用而减少或消失。这种扩散在钢厂生产中，一般在热加工加热制度中就可体现出来。

在现场生产高碳铬轴承钢成材中，碳化物液析超过标准规定合格界限0.5级时，就会给生产带来严重损失。经过生产统计发现：3.2t高碳铬轴承钢钢锭在热机械加工中加热总时间达到8.5h或超过8.5h，其中在1280℃高温下保证停留5～11h，则碳化物液析可完全合格，280kg高碳铬轴承钢钢锭在热加工中加热至1150～1200℃保温3h，同样可解决碳化物液析问题。

在从高碳铬轴承钢钢坯上消除碳化物液析试验中发现：当用 2. 8t 钢锭采用一般加热 1000~1150℃轧成 140mm^2 方坯，其碳化物液析 5 级，但经 1150℃保温 18h 后，同样轧成 140mm^2 方坯，则碳化物液析消失。

高碳铬轴承钢碳化物液析力图用改轧方法减少或消除是收效甚微的。改变碳化物液析主要方法是钢锭在热加工中创造高温停留时间，有时也有在钢锭或钢坯上事先进行高温扩散，在特殊情况下，也有在钢材上进行高温扩散，因为在钢材上进行高温扩散，虽然碳化物液析合格了，但是往往又带来脱碳等其他冶金缺陷。

应该指出，高碳铬轴承钢在冶炼方面应采用中低温浇注、加快钢锭冷却以及改变钢锭型等措施，有效地消除或减少碳化物液析。

10. 2. 2　带状碳化物

带状碳化物是由于钢锭中碳化物呈聚集状态分布，导致压力加工变形后碳化物沿加工方向呈带状不均匀分布的结果。图 10-2、图 10-3 就是高碳铬轴承钢的带状碳化物照片。

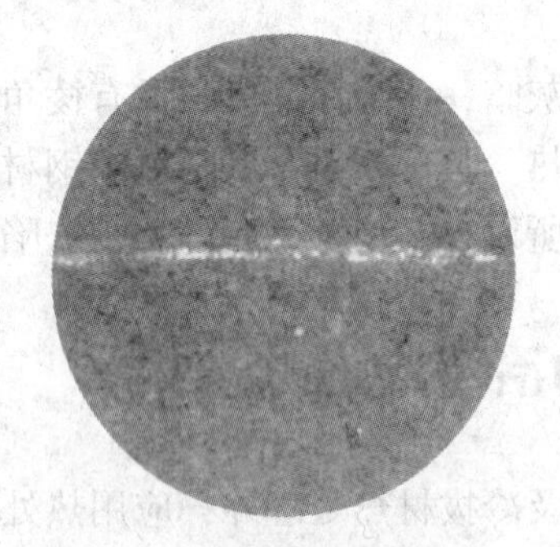

图 10-2　Gr15 带状碳化物（×100）

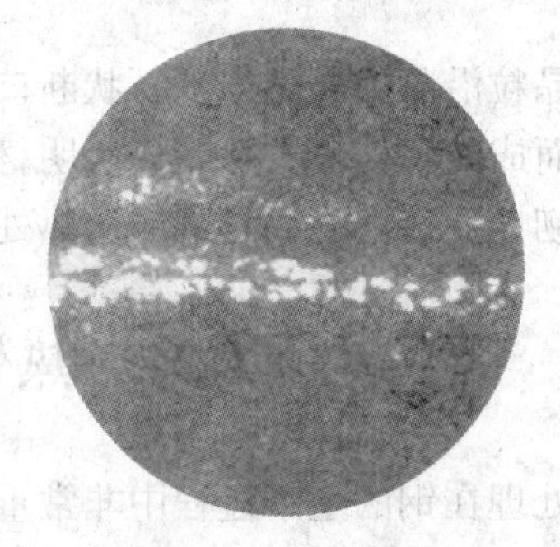

图 10-3　Gr15 带状碳化物（×500）

由于高碳铬轴承钢存在带状碳化物，在钢中的碳化物聚集和分布区域不同，在轴承分件淬火后碳化物聚集区域生成马氏体-屈氏体组织；而在碳化物少的区域，则生成针状马氏体组织，这样就会造成不同区域具有不同硬度，从而降低轴承零件耐磨性。此外，带状碳化物还会影响退火材获得均匀的粒状珠光体。

对于带状碳化物形成的原因目前认为是由于钢锭中树枝状偏析所致，形成的树枝状偏析经压力加工变形后，这些聚集的碳化物就沿加工方向被拉长，呈条状分布于钢材中，从而产生了带状碳化物。

高温扩散方法是改善带状碳化物的有效措施。除采用调整化学成分和减少钢锭质量外，只能用加热方法来改善，使碳在钢中进行扩散，达到部分均匀或减少不均匀程度。

在钢厂一般采用钢锭、钢坯联合高温扩散方法，其良好工艺是：3. 2t 高碳铬轴承钢钢锭在 1280~1220℃保温 8. 5h，130mm^{2}钢坯在 1150~1200℃保温 1. 5~2. 5h。

碳素结构钢和低合金结构钢也由于钢锭结晶时出现树枝状偏析，引起钢锭中碳分布不均匀，经压力加工变形后出现了带状。图 10-4 就是 20 钢的带状组织。这种带状是珠光体和铁素体交替成带状分布。

带状严重时，会使钢的性能变坏，并容易造成淬火时变形开裂。这种缺陷可以用完全退火或正火消除，必要时也采用高温扩散方法解决。

10.2.3 网状碳化物

过共析钢中网状碳化物是 Me_3C、Fe_3C 型的碳化物沿晶粒间界析出，形成包围晶粒的断续或连续的网络，如图 10-5 所示。网状碳化物的存在，使钢的塑性下降。如具有网状碳化物的 CrMn 钢比没有网状碳化物的 CrMn 钢断面收缩率降低 12 倍，冲击韧度下降了 6~8倍，并且在淬火时网状将成为破裂起点，生成裂纹，恶化工具质量。

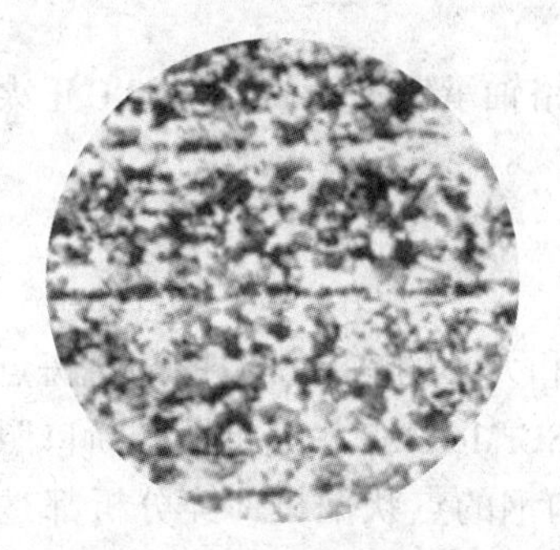

图 10-4 20 钢带状碳化物

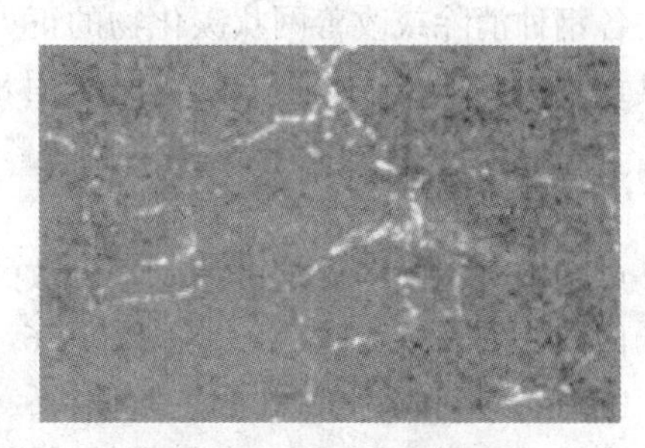

图 10-5 Gr15 网状碳化物

为了避免形成网状碳化物，必须使过共析钢热加工终了温度低于 Ac_m 以下，尽可能接近于 Ac_1，因为热加工过程是在高温下结束的，加工后的钢材要随后冷却。钢在冷却过程中，由于在奥氏体中碳的溶解度逐渐地减少，过剩的碳化物将沿着奥氏体晶界析出，形成了网络，在完全冷却后，碳化物把晶粒包围起来，使钢发脆。

当热加工过程在接近于 Ac_1 温度结束时，碳化物析出过程已经完结，已析出的碳化物已在热加工过程中得到破碎。在这种情况下，完全冷却后，便不存在网状碳化物了，则过剩碳化物也均匀分布在钢中。

高碳铬轴承钢碳化物析出温度是 850~680℃之间，经过小型试验（表 10-1）又证明高碳铬轴承钢碳化物析出温度主要是在 700℃左右。

由于网状碳化物形成机理所致，现场人员为了避免钢中出现网状碳化物，采用降低热加工终轧温度，并在热加工后空冷，甚至采用喷雾冷却，尤其热加工后快冷至 700~600℃显著降低网状碳化物级别。

表 10-1 高碳铬轴承钢不同冷却速度与网状碳化物的关系

冷却过程	网状碳化物（级）
1050℃/60min↓炉冷 850℃↓灌冷	1
1050℃/60min↓炉冷 850℃/30min↓空冷	1
1050℃/60min↓炉冷 850℃/60min↓炉冷 740℃↓空冷	2
1050℃/60min↓炉冷 850℃/60min↓炉冷 740℃/30min↓炉冷 730℃/30min↓炉冷 720℃/30min↓空冷	3
1050℃/60min↓炉冷 850℃/60min 炉冷 740℃/30min↓炉冷 730℃/30min↓炉冷 720℃/30min↓炉冷 710℃/30min↓炉冷 700℃/30min↓空冷	5

应该指出，钢的化学成分对网状碳化物也有影响，当高碳铬轴承钢含量由 0.95%增至1.6%时，网状碳化物级别由 1.16 提高到 1.67 级，高碳铬轴承钢的铬由 1.35%增至1.58%时，网状碳化物级别由 1.16 提高到 1.67 级。钢材出现不合格网状碳化物时，当其级别高出标准规定的合格界限 0.5 级时，采用球化退火能达到合格。既完成钢材球化退火的要求，网状碳化物也得到改善，又达到标准要求。对冷拔材，除球化退火外，还有中间热处理，可以降低网状碳化物 1 级。只有当钢材网状碳化物高于 0.5 级以上（冷拔材高于1 级以上）才进行正火，以改善钢材网状碳化物。

各钢种消除或改善网状碳化物的正火工艺中高碳铬轴承钢采用 850~860℃正火。碳素工具钢采用 830℃正火。CrWMn 等采用 870℃正火。

10.2.4　点状偏析

点状偏析在横向低倍试片上呈分散的、不同形状和大小的略行凹陷的暗色斑点，在纵向低倍试片上表现为暗色条带。图 10-6、图 10-7 是 38CrMoAl 点状偏析及其断口照片。在生产中主要遇到 38CrMoAl 的点状偏析，还有碳素结构钢的点状偏析。经分析都是碳的富聚造成的。如对 38CrMoAl 点状偏析试样进行化学分析，其结果列入表 10-2 中。

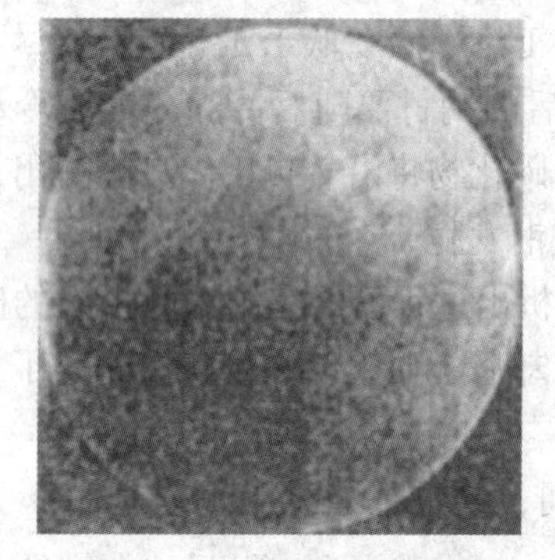

图 10-6　38CrMoAl 点状偏析

图 10-7　38CrMoAl 点状偏析断口

表 10-2　38CrMoAl 点状偏析试样分析结果　　(%)

部位	C	P	S
点状处	0.41	0.010	0.005
邻近基体	0.37	0.011	0.005

又如对 30 钢点状偏析试样进行金相分析，点状处金相组织相当于 70 钢。图 10-8 是 30 钢点状偏析低倍照片。

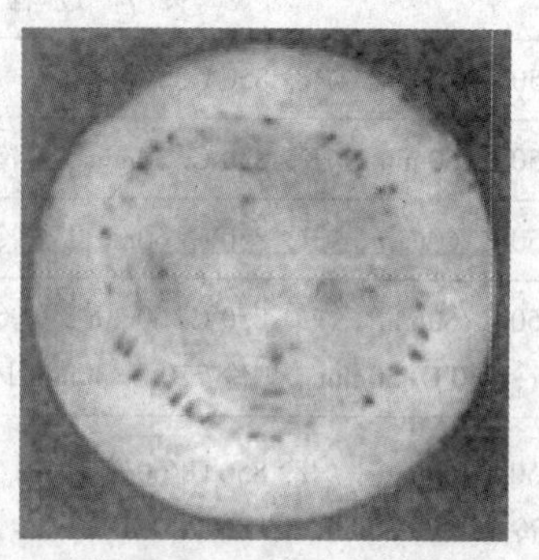

图 10-8　30 钢点状偏析

由于点状偏析主要是由碳偏析造成的，所以采用高温扩散是可以改善的。在 38CrMoAl 上进行高温扩散退火。取得了一定进展，不过这样工序，在经济上划不来。故应尽量从冶炼、浇铸方面解决，如已在钢材上存在了，可用扩散退火改善。

10.2.5 晶粒度挽救方法

奥氏体本质晶粒度是在标准规定的试验条件下所得到的晶粒尺度（图 10-9），它衡量钢的奥氏体晶粒长大的倾向，它的大小对钢的性能影响极大。

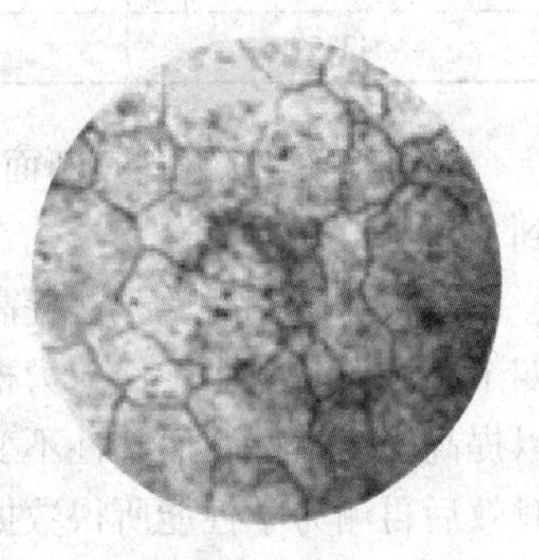

图 10-9 40Cr 晶粒度（×100）

关于本质晶粒度实质尚不十分清楚，一般认为 AlN 起主要作用，当钢加热冷却时，钢中的 AlN 含量（析出、溶解）及其分布状态相应地也发生变化，因此有可能通过检验晶粒度前，用适当的热处理改善钢中 AlN 的析出和分布状况，达到改善奥氏体晶粒度的目的。

对本质晶粒度不合格钢材挽救热处理工艺是：

对 38CrMoAl，高温热处理工艺为加热 1000℃、保温 2h，然后炉冷 100℃/h 至 600℃后空冷。对 40CrNiMoA 则为加热 1000℃、保温 3h 炉冷至 600℃后空冷。但是，试验中发现，当钢中残余 Al 量达到满足细化晶粒度的要求时（加入铝量为 1kg/t）。

由于热加工不当（停轧温度低）会造成“混晶”，以及晶粒度不合格。可用热处理来改善钢中 Al 分布，达到改善钢材奥氏体晶粒度的目的。当钢中铝量低时（如加入铝量 0.5kg/t），形成弥散度太小的氮化铝，高温热处理仍然为混晶，达不到改善钢材奥氏体晶粒度的目的。

10.2.6 萘状断口

萘状断口外形主要是呈鱼鳞状的闪点，它是由于热加工过程以及热处理过程中造成钢材过热使晶粒粗化形成的，图 10-10 是典型的萘状断口。

图 10-10 典型的萘状断口

为了消除萘状断口，通常采用正火方法来消除。较轻的萘状断口可用一次正火得到消除，较重的则必须二次甚至于三次正火才能消除。

10.2.7 力学性能

轧锻材经淬火回火检验力学性能产生不合格时，轧锻材如何进行热处理，然后再进行淬火回火检验力学性能，达到标准要求。

轧锻材力学性能不合格的项目主要是强度指标、冲击指标和断面收缩率。

钢材的强度指标和冲击指标不合格时，一般采用正火热处理，进一步细化钢材组织，可大大提高钢的强度指标和冲击指标。对断面收缩率指标不合格时，通常认为是钢中气体造成的，一般采用 720~700℃长期退火，使钢材组织均匀，减少气体。现场生产中发现同炉钢，热加工后直接进行检验和停留几天后进行检验，其断面收缩率不同，后者高些。冬天与夏天也有明显区别，现场多半在冬天发现碳素结构钢有不合格现象。表 10-3 为 45 钢断面收缩率不合格（低于 40%）经不同处理后在测试结果。

表 10-3　45 钢 ϕ60mm 各种处理后的断面收缩率　（%）

200℃	停放 3 天	低温装炉或 630℃预热	水煮 8h
43.5	40.5	42.2	42.5

又如两炉 20 钢，其断面收缩率 39%～40%，经过停放 2 年后，则测其断面收缩率达到 63%～64%。

冷拔材采用时效方法提高力学性能。钢的再结晶的过程分时效、回复、再结晶和长大四个阶段。时效由于使应力松弛，可使晶界夹杂部分地溶解到晶粒中或重新分布，这样可以提高强度指标，而塑性不变，甚至可以提高些。例如 50 钢冷拔材直接测力学性能和经时效后再测力学性能所得数据，列入表 10-4 中。

表 10-4　50 钢冷拔材不时效与时效的力学性能

冷拔工艺	时效温度/℃	力学性能		
		R_m/MPa	R_{eL}/MPa	A/%
ϕ31.7 坯火→ϕ30 中间退火→ϕ24	—	686	549	13
		652	559	11
	400	676	598	15
		686	598	18
ϕ31.7 坯火→ϕ30 中间退火→ϕ24	—	622	559	12
		622	490	12
	400	715	451	13
		681	573	15
ϕ31.7 坯火→ϕ30 中间退火→ϕ24	—	686	539	13
		637	603	12
	400	710	559	15
		696	539	15

注：ϕ31.7mm 经坯火冷拔至 ϕ30mm，ϕ30mm 经中间退火冷拔至 ϕ24mm。表中是两组试样测试结果。

时效温度范围根据钢种、化学成分、变形量等不同而变化，通常采用 400℃左右作为时效温度。

10.2.8　脱碳

由于钢在生产过程中加热次数较多，钢锭加热、钢坯加热、热处理加热等，分析是哪个加热工序产生脱碳的多，以便采取相应技术措施减少其脱碳，脱碳层如图 10-11 所示。

图 10-11　脱碳层（×100）

在钢厂中主要在轧制及热处理两工序遇到脱碳，它们区别是：如果脱碳现象在试样截面上具有局部的性质，那么，这种脱碳是在轧制加热时发生的。如果脱碳现象扩展至钢的整个表面且深度又大致相同，那么，脱碳是在热处理时发生的。如果脱碳现象扩展到钢的整个表面，其深度不均匀，那么，轧制及热处理两者都产生了脱碳。

在钢厂生产中，对脱碳要求严格的钢种，都是在轧制后取脱碳试样。热处理后再作出厂检验脱碳试样，分清脱碳发生在哪个工序。

习　题

10-1 钢厂常见的冶金缺陷有哪些？

10-2 什么是碳化物液析、网状碳化物、萘状断口？如何消除？

10-3 晶粒度的挽救方法有哪些？

参 考 文 献

[1] 王学武. 金属材料与热处理 [M]. 北京：机械工业出版社，2016.
[2] 才鸿年，赵宝荣. 金属材料手册 [M]. 北京：化学工业出版社，2011.
[3] 崔昆. 钢铁材料学及有色金属材料 [M]. 北京：机械工业出版社，1981.
[4] 张伟，郝晨生. 钢铁材料学及有色金属材料 [M]. 长沙：中南大学出版社，2010.
[5] 王晓敏. 工程材料学 [M]. 哈尔滨：哈尔滨工业大学出版社，2005.
[6] 朱黎江. 金属材料与热处理 [M]. 北京：北京理工大学出版社，2011.
[7] 朱学仪. 钢材热处理手册 [M]. 北京：中国标准出版社，2007.
[8] 杨朝聪，张文莉. 金属材料学 [M]. 沈阳：东北大学出版社，2014.
[9] 王学武. 金属学基础 [M]. 北京：机械工业出版社，2012.
[10] 马春来，王学武. 金属材料 [M]. 北京：机械工业出版社，2013.
[11] 崔忠圻，谭耀春. 金属学与热处理 [M]. 北京：机械工业出版社，2007.
[12] 侯旭明. 热处理原理与工艺 [M]. 北京：机械工业出版社，2010.
[13] 伍玉娇. 金属材料学 [M]. 北京：北京大学出版社，2011.
[14] 王运炎，朱莉. 机械工程材料 [M]. 北京：机械工业出版社，2001.
[15] 文九巴. 金属材料学 [M]. 北京：机械工业出版社，2011.